플래티넘 Platinum 내신

전국 고난도 내신 기출

수학 I

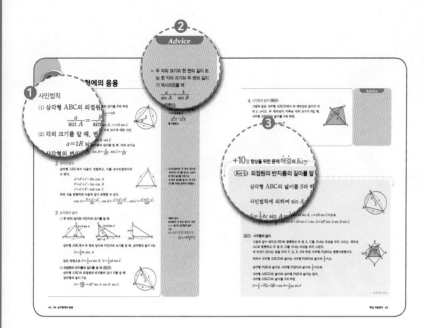

## 핵심 개념정리

**① 핵심 개념정리**

교과서의 핵심 개념들로만 일목요연하게
정리하였습니다.

**② Advice**

개념 이해에 도움이 되는 개념 부연 설명 및
참고 사항을 제시하였습니다.

**③ +10점 향상을 위한 문제 해결의 Key**

고난도 문제 해결의 비법 또는 내신 고득점을
위한 심화 개념을 이해하기 쉽게 정리하였습니다.

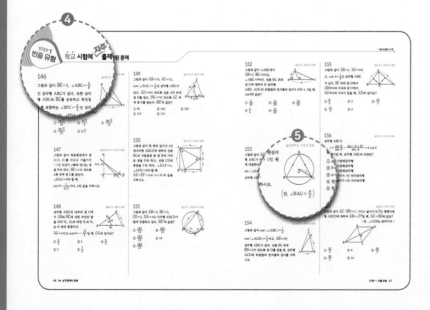

## STEP ①

### 학교 시험에 자주 출제된 문제

**④ 빈출 유형**

전국 기출 문제 중에서 가장 많이 출제된
유형들을 엄선하여 구성하였습니다.

**⑤ 출제 학교명 표기**

해당 학교 학생들의 학습을 돕기 위해
동일 또는 유사 문제를 출제한 학교명을
표기하였습니다.

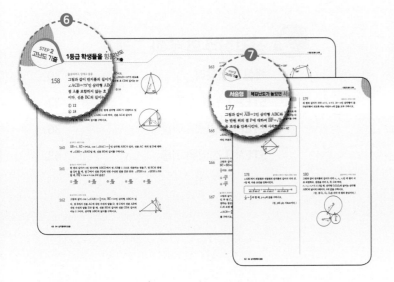

## 1등급 학생들을 힘들게 했던 고난도 기출

**⑥ 고난도 기출**

1등급 학생들이 힘들게 해결했던 기출 문제들을
선별하여 구성하였습니다.

**⑦ 서술형 기출**

고난도 문제 중 단답형 주관식 또는 서술형으로
출제된 문제들로 구성하였습니다.

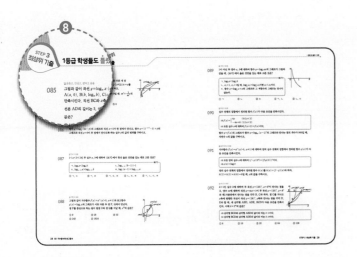

## 1등급 학생들도 틀렸던 최상위 기출

**⑧ 최상위 기출**

각 학교마다 변별력을 두기 위해 출제된 문제 중
1등급 학생 대부분이 틀렸던 최상위 기출 문제들로
구성하였습니다.

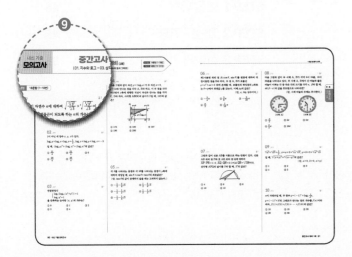

## 내신 기출 모의고사 (중간/기말)

**⑨ 내신 기출 모의고사 (중간 2회/기말 2회)**

학교 시험 난이도보다 조금 높은 수준으로
실제 기출 문제를 이용하여 중간, 기말고사 대비
모의고사를 구성하였습니다.

# 차례

# 01 지수와 로그

**Advice**

## 1 거듭제곱과 거듭제곱근

(1) 실수 $a$와 양의 정수 $n$에 대하여 $a$를 $n$번 곱한 것을 $a$의 $n$제곱이라 하고, $a^n$으로 나타낸다. 이때 $a$, $a^2$, $a^3$, ⋯을 통틀어 $a$의 거듭제곱이라 하고, $a^n$에서 $a$를 거듭제곱의 밑, $n$을 거듭제곱의 지수라고 한다.

(2) 거듭제곱근: 2 이상의 정수 $n$에 대하여 $n$제곱하여 실수 $a$가 되는 수, 즉 방정식 $x^n = a$를 만족하는 $x$를 $a$의 $n$제곱근이라 한다. 이때 $a$의 제곱근, $a$의 세제곱근, $a$의 네제곱근, ⋯을 통틀어 $a$의 거듭제곱근이라 한다.

▶ $n$제곱근 $a$는 많아야 한 개이지만, $a$의 $n$제곱근은 복소수의 범위에서 $n$개이다.

## 2 거듭제곱근의 성질

$a > 0$, $b > 0$이고, $m$, $n$이 2 이상의 자연수일 때

① $\sqrt[n]{a}\,\sqrt[n]{b} = \sqrt[n]{ab}$

② $\dfrac{\sqrt[n]{a}}{\sqrt[n]{b}} = \sqrt[n]{\dfrac{a}{b}}$

③ $(\sqrt[n]{a})^m = \sqrt[n]{a^m}$

④ $\sqrt[m]{\sqrt[n]{a}} = \sqrt[mn]{a} = \sqrt[n]{\sqrt[m]{a}}$

⑤ $\sqrt[np]{a^{mp}} = \sqrt[n]{a^m}$ (단, $p$는 자연수)

▶ $\sqrt[n]{a^n} = \begin{cases} a & (n\text{이 홀수}) \\ |a| & (n\text{이 짝수}) \end{cases}$

$(\sqrt[n]{a})^n = a$

## 3 지수의 확장과 지수법칙

(1) 0 또는 음의 지수

$a \neq 0$이고, $n$이 자연수일 때

① $a^0 = 1$

② $a^{-n} = \dfrac{1}{a^n}$

(2) 유리수 지수

$a > 0$이고, $m$은 정수, $n$은 2 이상의 자연수일 때

① $a^{\frac{1}{n}} = \sqrt[n]{a}$

② $a^{\frac{m}{n}} = \sqrt[n]{a^m}$

(3) 지수법칙

$a > 0$, $b > 0$이고, $m$, $n$이 실수일 때

① $a^m \times a^n = a^{m+n}$

② $a^m \div a^n = a^{m-n}$

③ $(a^m)^n = a^{mn}$

④ $(ab)^n = a^n b^n$

▶ 지수가 정수일 때는 밑이 음수인 경우에도 지수법칙이 성립하지만, 지수가 정수가 아닌 유리수, 실수일 때는 반드시 밑이 양수인 경우에만 지수법칙이 성립한다.

즉, 지수가 정수가 아닌 경우 밑이 음수이면 지수법칙을 적용하지 않는다.

## 4 로그의 정의

$a > 0$, $a \neq 1$일 때, 임의의 양수 $N$에 대하여 $a^x = N$을 만족시키는 실수 $x$는 오직 하나 존재한다. 이 실수 $x$를 $x = \log_a N$으로 나타낸다. 즉,

$$a^x = N \Leftrightarrow x = \log_a N$$

이때 $a$를 밑, $N$을 진수라고 한다.

## 5 로그의 성질과 밑의 변환 공식

(1) 로그의 성질

$a>0$, $a\neq1$이고 $M>0$, $N>0$일 때

① $\log_a 1=0$, $\log_a a=1$    ② $\log_a MN=\log_a M+\log_a N$

③ $\log_a \dfrac{M}{N}=\log_a M-\log_a N$

④ $\log_a M^k=k\log_a M$ (단, $k$는 실수)

⑤ $\log_{a^m} M^n=\dfrac{n}{m}\log_a M$ (단, $m$, $n$은 실수, $m\neq0$)

(2) 로그의 밑의 변환 공식

$a>0$, $a\neq1$, $b>0$, $b\neq1$, $x>0$일 때

① $\log_a x=\dfrac{\log_c x}{\log_c a}$ (단, $c>0$, $c\neq1$)

② $\log_a x=\dfrac{1}{\log_x a}$ (단, $x\neq1$)

③ $\log_a b\times\log_b a=1$    ④ $a^{\log_a b}=b$, $a^{\log_b M}=M^{\log_b a}$

## 6 상용로그

밑을 10으로 하는 로그를 상용로그라고 하며, 보통 밑을 생략한다.

$$\log_{10} N \Leftrightarrow \log N$$

### Advice

▶ 로그의 계산시 유의할 점

① $\log_a (M+N)$
$\neq\log_a M+\log_a N$

② $\dfrac{\log_a M}{\log_a N}$
$\neq\log_a M-\log_a N$

③ $\log_a M^k\neq(\log_a M)^k$

---

## +10점 향상을 위한 문제 해결의 Key

### Key① 반감기 함수의 이해

어떤 물질의 초기값을 $M_0$, 시간을 $t$, 시간 $t$의 경과 후의 물질의 양을 $M_x$라 할 때, 반감기 함수에 대한 문제는 $M_x=M_0\times a^{\frac{x}{t}}$, $\dfrac{M_x}{M_0}\geq a^{\frac{x}{t}}$, $\log_a \dfrac{M_x}{M_0}=\dfrac{x}{t}$ 등의 형태로 출제된다.

≫ 10쪽 15번

### Key② 상용로그의 정수 부분과 소수 부분

$M>0$, $N>0$일 때

(1) $\log N$의 정수 부분이 $n$이면 $\log N=n+\alpha$ (단, $0\leq\alpha<1$)

즉, $n\leq\log N<n+1$이므로 $10^n\leq N<10^{n+1}$

(2) $\log M$과 $\log N$의 소수 부분이 같으면 $\log M-\log N=$(정수)

$\log M$과 $\log N$의 소수 부분의 합이 1이면 $\log M+\log N=$(정수)

≫ 15쪽 33번 / 16쪽 38번

## 001
신봉고, 수도여고 응용

거듭제곱근에 대한 설명 중 〈보기〉에서 옳은 것만을 있는 대로 고른 것은?

─ 보기 ─

ㄱ. $-8$의 세제곱근 중에서 실수인 것은 1개이다.

ㄴ. 실수 $a$의 제곱근 중 실수인 것은 항상 존재한다.

ㄷ. 6의 네제곱근 중에서 실수인 것은 $\sqrt[4]{6}$, $-\sqrt[4]{6}$이다.

ㄹ. $n$이 2보다 큰 짝수일 때, 4의 $n$제곱근 중에서 실수인 것은 2개이다.

① ㄱ, ㄴ  ② ㄱ, ㄷ  ③ ㄴ, ㄹ

④ ㄱ, ㄴ, ㄷ  ⑤ ㄱ, ㄷ, ㄹ

## 002
성남여고, 휘문고 응용

두 실수 $a$, $b$에 대하여 $3^{2a+3b}=256$, $3^{a-2b}=\sqrt{2}$일 때, $2^{\frac{a+b}{ab}}$의 값은?

① $\sqrt[7]{3^2}$  ② $\sqrt[7]{3^4}$  ③ $\sqrt[7]{3^5}$

④ $\sqrt[5]{3^2}$  ⑤ $\sqrt[5]{3^7}$

## 003
돌마고, 진흥고 응용

양수 $x$, $y$에 대하여 연산 $\otimes$를 $x \otimes y = \left(\dfrac{x}{y}\right)^{x-y}$으로 정의할 때, 〈보기〉에서 옳은 것만을 있는 대로 고른 것은?

─ 보기 ─

ㄱ. $x \otimes y = y \otimes x$

ㄴ. $x < y$일 때, $x \otimes y > 1$

ㄷ. $x > y$일 때, $x \otimes y > (x+1) \otimes (y+1)$

① ㄱ  ② ㄷ  ③ ㄱ, ㄴ

④ ㄴ, ㄷ  ⑤ ㄱ, ㄴ, ㄷ

## 004
동우여고, 금호고 응용

세 양수 $a$, $b$, $c$에 대하여 $a^3=3$, $b^4=5$, $c^6=7$일 때, $\left(\dfrac{1}{abc}\right)^{\frac{36}{n}}$이 자연수가 되도록 하는 정수 $n$의 값의 합을 구하시오.

## 005
풍덕고, 숭일고 응용

두 실수 $a$, $b$가 $2^{\frac{a+b}{2}}=27$, $2^{\frac{a-b}{2}}=3$을 만족시킬 때, $3^{\frac{8}{a}+\frac{2}{b}}$의 값을 구하시오.

## 006
늘푸른고, 삼성고 응용

네 수 $\sqrt[4]{\dfrac{1}{27}}$, $\sqrt[5]{\dfrac{1}{81}}$, $\sqrt[3]{\dfrac{1}{243}}$, $\sqrt[4]{\dfrac{1}{9}}$ 중에서 가장 작은 수를 $a$, 가장 큰 수를 $b$라 할 때, $ab^3=3^k$이다. 이때 상수 $k$의 값은?

① $-\dfrac{11}{2}$  ② $-\dfrac{10}{3}$  ③ $-\dfrac{19}{6}$

④ $-\dfrac{5}{3}$  ⑤ $-\dfrac{7}{6}$

## 007

📄 송림고, 성남고 응용

세 양수 $a$, $b$, $c$에 대하여 $a^2=7$, $b^5=13$, $c^6=15$일 때, $(abc)^n$이 자연수가 되도록 하는 자연수 $n$의 최솟값을 구하시오.

## 008

📄 늘푸른고, 동덕여고 응용

$0$이 아닌 임의의 실수 $a$에 대하여 $f(a, n)$을 $a$의 $n$제곱근 중 실수인 것의 개수라 할 때,

$$f(a, 2)+f(a, 3)+\cdots+f(a, 10)+f(-a, 2)$$
$$+f(-a, 3)+\cdots+f(-a, 10)$$

의 값은?

① 12      ② 15      ③ 18
④ 20      ⑤ 23

## 009

📄 대진고, 반포고 응용

$$\log_3 \frac{1}{\left(1-\frac{1}{3}\right)}+\log_3 \frac{1}{\left(1-\frac{1}{4}\right)}+\log_3 \frac{1}{\left(1-\frac{1}{5}\right)}+\cdots$$
$$+\log_3 \frac{1}{\left(1-\frac{1}{18}\right)}$$

의 값은?

① 2      ② 3      ③ 4
④ 5      ⑤ 6

## 010

📄 고려고, 살레고, 세화고 응용

세 양수 $a$, $b$, $c$에 대하여

$$\begin{cases} \log_{ab} 3+\log_{bc} 9=4 \\ \log_{bc} 3+\log_{ca} 9=5 \\ \log_{ca} 3+\log_{ab} 9=6 \end{cases}$$

이 성립할 때, $a^2bc$의 값은?

① 1      ② $\sqrt{3}$      ③ 3
④ $3\sqrt{3}$      ⑤ 9

## 011

📄 서현고, 여의도고 응용

$1$보다 큰 세 실수 $a$, $b$, $c$가 $\log_a b=\dfrac{\log_b c}{3}=\dfrac{\log_c a}{9}$를 만족시킬 때, $(\log_a b)^2+(\log_b c)^2+(\log_c a)^2$의 값은?

① $\dfrac{17}{3}$      ② $\dfrac{61}{9}$      ③ $\dfrac{71}{9}$
④ 9      ⑤ $\dfrac{91}{9}$

## 012

📄 성남여고, 문성고 응용

$2$ 이상의 자연수 $n$에 대하여 $\log_n 7\sqrt{7} \times \log_7 16$의 값이 자연수가 되도록 하는 $n$의 값의 합은?

① 12      ② 14      ③ 74
④ 76      ⑤ 78

## 013

📄돌마고, 상무고 응용

양수 $x$에 대하여 함수 $f(x)$를 $f(x)=\log x-[\log x]$라 하면 두 양수 $A$, $B$가 다음 조건을 만족시킨다.

> (개) $f(A)-f(B)=f(100)$
>
> (내) $f(A)+f(B)=f(256)$

아래 상용로그의 값들 중 일부를 이용하여 세 자리 자연수 $A$의 값을 구할 수 있다. $A$의 값은?

(단, $[x]$는 $x$보다 크지 않은 최대의 정수이다.)

> $\log 1.28=0.1072$, $\log 1.60=0.2041$,
> $\log 1.61=0.2068$, $\log 1.62=0.2095$,
> $\log 2.56=0.4082$, $\log 5.12=0.7093$

① 128      ② 160      ③ 161
④ 162      ⑤ 512

## 014

📄보평고, 서울고 응용

폐수처리장에서는 물속의 오염된 물질을 걸러내기 위하여 흡착제를 사용하는데 흡착제의 무게를 $M$g, 흡착된 물질의 양을 $X$g, 흡착이 일어난 후 용액 속에서 흡착물질의 평형농도를 $C$mg/L라 할 때, 다음 식이 성립한다.

$$\log \frac{X}{M}=\log K+\frac{1}{n}\log C \text{ (단, } K, n\text{은 양의 상수이다.)}$$

두 개의 흡착제 A, B의 무게를 각각 $M_1$g, $M_2$g, 흡착된 물질의 양을 각각 $X_1$g, $X_2$g이라 하면 $M_1:M_2=3:4$, $X_1:X_2=2:1$이다. 이때 흡착제 A를 이용했을 때의 평형농도는 흡착제 B를 이용했을 때의 평형농도의 몇 배인가?

① $\left(\dfrac{3}{5}\right)^n$     ② $2^n$     ③ $\left(\dfrac{7}{3}\right)^n$

④ $\left(\dfrac{8}{3}\right)^n$     ⑤ $3^n$

## 015

📄상현고, 용산고 응용

어떤 식물성 플랑크톤은 바다 수면에 비치는 햇빛의 양의 2 % 이상이 도달하는 깊이까지 살 수 있다고 한다. 어떤 지역에서 햇빛이 수면으로부터 10 m씩 내려갈 때마다 햇빛의 양이 16 %씩 감소한다고 할 때, 이 식물성 플랑크톤이 살 수 있는 깊이는 최대 몇 m인지 구하시오.

(단, $\log 5=0.7$, $\log 8.4=0.9$로 계산한다.)

## 016

📄동광고, 경신여고 응용

0이 아닌 서로 다른 세 실수 $x$, $y$, $z$가 $2^x=5^y=10^z$을 만족시킬 때, 〈보기〉에서 옳은 것만을 있는 대로 고른 것은?

> ━━━━━━━━━━━━●보기●
>
> ㄱ. $2^z\times5^{z-y}=1$
>
> ㄴ. $z=1$이면 $\dfrac{1}{x}+\dfrac{1}{y}=10$이다.
>
> ㄷ. $x+y=1$이면 $z=\log 2\times\log 5$이다.

① ㄱ      ② ㄱ, ㄴ      ③ ㄱ, ㄷ
④ ㄴ, ㄷ      ⑤ ㄱ, ㄴ, ㄷ

📄 대진고, 진선여고 응용

**017** 등식 $2^{\frac{a}{b}}=3$을 만족시키는 두 실수 $a$, $b$에 대하여 〈보기〉에서 옳은 것만을 있는 대로 고른 것은? (단, $ab \neq 0$)

┌─────────────────────────────────────────── ●보기 ┐
ㄱ. $\left(\dfrac{1}{2}\right)^a = \left(\dfrac{1}{3}\right)^b$

ㄴ. $6^a > 6^b$

ㄷ. $0 < a < 1$이면 $\dfrac{1}{2} < \dfrac{b}{a} < 1$이다.
└────────────────────────────────────────────────────┘

① ㄱ      ② ㄴ      ③ ㄷ      ④ ㄱ, ㄷ      ⑤ ㄱ, ㄴ, ㄷ

📄 보평고, 단대부고 응용

**018** 두 집합 $A = \left\{ \sqrt[3]{135n}, \sqrt[5]{\dfrac{n}{75}} \right\}$, $B = \{ xy \mid x \in A, \ y \in A \}$에 대하여 집합 $B$가 자연수 전체의 집합의 부분집합이 되기 위한 자연수 $n$의 집합을 $C$라 하자.

집합 $C$의 원소 중 $3^a \times 5^b$ ($a$, $b$는 3 이상의 자연수) 꼴로 나타내어지는 자연수 $n$의 최솟값에 대하여 $a+b$의 값은?

① 15      ② 17      ③ 19      ④ 21      ⑤ 23

📄 낙생고, 중동고 응용

**019** $n \geq 2$인 자연수 $n$에 대하여 0이 아닌 실수 $a$의 $n$제곱근 중 실수인 것의 개수를 $f(a, n)$이라 하자. 〈보기〉에서 옳은 것만을 있는 대로 고른 것은?

┌─────────────────────────────────────────── ●보기 ┐
ㄱ. $a < 0$일 때, $f(a, 2n+1) - f(a, 2n) = 1$이다.

ㄴ. $g(n) = f(3, n) - f(3, n+1)$이라 할 때, $g(n+1) = g(n)$이다.

ㄷ. $a > 0$일 때, 1보다 큰 자연수 $p$, $q$에 대하여 $f(a, p+q) < f(a, pq)$이면 $p$, $q$는 홀수이다.
└────────────────────────────────────────────────────┘

① ㄱ      ② ㄴ      ③ ㄷ      ④ ㄱ, ㄷ      ⑤ ㄱ, ㄴ, ㄷ

성남여고, 세화여고 응용

**020** 1이 아닌 세 양수 $a$, $b$, $c$와 2 이상의 두 자연수 $m$, $n$이 다음 조건을 모두 만족시킬 때, 순서쌍 $(m, n)$의 개수는?

> (가) $a$는 $c$의 세제곱근이다.
> (나) $\sqrt[4]{a}$는 $b$의 $m$제곱근이다.
> (다) $\sqrt[5]{b}$는 $c$의 $n$제곱근이다.

① 4　　　　② 6　　　　③ 8　　　　④ 10　　　　⑤ 12

신봉고, 상문고 응용

**021** $2 \leq n \leq 9$인 자연수 $n$에 대하여 $-n^2 + 8n - 15$의 $n$제곱근 중에서 음의 실수가 존재하도록 하는 $n$의 값을 모두 구하시오.

광덕고, 풍생고, 살레시오고 응용

**022** $\dfrac{10^{2023}}{10^{10} + 10^6} = a \times 10^n$ (단, $1 < a < 10$)을 만족시키는 자연수 $n$의 값은?

① 2014　　　　② 2013　　　　③ 2012　　　　④ 2011　　　　⑤ 2010

고려고, 설월여고 응용

**023** 음의 실수 $a$가 등식 $\dfrac{\sqrt[4]{|a|} \times \sqrt[4]{a^6}}{\sqrt[6]{a^4} \times \sqrt[12]{|a|}} \times (\sqrt[5]{2a+1})^5 = 4a - 3$을 만족시킬 때, $a$의 값은?

① $-5$　　　　② $-4$　　　　③ $-3$　　　　④ $-2$　　　　⑤ $-1$

**024** 서현고, 대광여고 응용

1이 아닌 세 양수 $a$, $b$, $c$가 다음 조건을 만족시킨다.

> (가) $\sqrt[3]{a}$는 $ab$의 네제곱근이다.
>
> (나) $\log_a bc + \log_b ac = 5$

$\dfrac{b}{c}$가 $\sqrt[3]{2}$의 세제곱근일 때, $a$의 값은?

① $2^{-\frac{4}{3}}$      ② $2^{-\frac{3}{4}}$      ③ $2^{-\frac{1}{12}}$      ④ $2^{\frac{4}{3}}$      ⑤ $2^{12}$

**025** 낙생고, 송파여고 응용

2 이상의 자연수 $n$과 두 실수 $a$, $b$에 대하여 〈보기〉에서 옳은 것만을 있는 대로 고른 것은?

> ───────────── 보기 ─────────────
>
> ㄱ. $\sqrt[n]{a^n} = (\sqrt[n]{|a|})^n$
> ㄴ. $\sqrt[n]{a^n} \times (a^{-n+2})^{\frac{1}{n}} = \sqrt[n]{a^2}$
> ㄷ. $n$이 홀수일 때, $\sqrt[n]{a} \times \sqrt[n]{b} = \sqrt[n]{ab}$이면 $a$와 $b$ 둘 중 하나는 음수이다.

① ㄱ      ② ㄴ      ③ ㄷ      ④ ㄱ, ㄴ      ⑤ ㄱ, ㄴ, ㄷ

**026** 대진고, 반포고 응용

1보다 큰 자연수 $n$에 대하여 세 수 $A = \dfrac{1}{2} \times \sqrt{3}^{\frac{n}{n+1}}$, $B = \left(\dfrac{1}{2}\right)^{\frac{n}{n+1}} \times \sqrt{3}^{\frac{n+1}{n}}$, $C = \left(\dfrac{1}{2}\right)^{\frac{n+1}{n}} \times \sqrt{3}$의 대소 관계를 구하시오.

**027** 동광고, 용산고 응용

모든 실수 $x$에 대하여 $\log_{a-1}(ax^2 - 2ax + 4)$가 정의되도록 하는 정수 $a$가 있다.

$\dfrac{1}{\log_{3a-1}(10a+2)} + \log_{a+1}(2a^3 + 3a + 1) = \dfrac{q}{p}$라 할 때, $p+q$의 값을 구하시오.

(단, $p$와 $q$는 서로소인 자연수이다.)

**028**

🗎 숭신여고, 서석고 응용

1이 아닌 네 양수 $a$, $b$, $c$, $d$가 다음 조건을 만족시킬 때, $\log_d abc$의 값은?

> (가) $\log_a d + \log_b d + \log_c d = 0$
> (나) $\log_a b \log_d c + \log_b c \log_d a + \log_c a \log_d b = 16$

① $-2$      ② $-4$      ③ $-8$      ④ $-16$      ⑤ $-32$

**029**

🗎 고려고, 광덕고, 석산고 응용

두 양의 실수 $a$, $b$가 다음 조건을 만족시킨다.

> (가) $4\left(\log_9 \dfrac{a}{b}\right)^2 - (\log_3 ab)^2 = -48$
> (나) $\log_9 a$와 $b$는 모두 자연수이다.

$ab$의 최댓값은?

① $3^9$      ② $3^{10}$      ③ $3^{11}$      ④ $3^{12}$      ⑤ $3^{13}$

**030**

🗎 광덕고, 수피아여고 응용

양수 $x$에 대하여 $\log x$의 정수 부분과 음이 아닌 소수 부분을 각각 $f(x)$, $g(x)$라 하자. 다음 조건을 만족시키는 자연수 $m$, $n$의 순서쌍 $(m, n)$의 개수를 구하시오.

> (가) $1 \le m < n < 1000$
> (나) $f(m) + f(n) = 2$
> (다) $|g(m) - g(n)| = \log 4$

**031**

🗎 신봉고, 동신여고 응용

$\dfrac{1}{3} < x < 1$인 실수 $x$에 대하여 $10^x$을 3으로 나누었을 때, 몫이 정수이고 나머지가 2가 되도록 하는 $x$의 값의 합은? (단, $\log 2 = 0.3$으로 계산한다.)

① $1.3$      ② $1.6$      ③ $1.9$      ④ $2.3$      ⑤ $2.6$

**032**

늘푸른고, 중대부고 응용

자연수 $n$에 대하여 부등식 $n < \log_2 m \leq n+2$를 만족시키는 자연수 $m$의 개수를 $f(n)$이라 하자. $f(2k) - 6f(k) + 24 = 0$이 되도록 하는 자연수 $k$의 값을 모두 구하시오.

**033**

태원고, 세종고 응용

양의 실수 $x$에 대하여 $\log x$의 정수 부분을 $f(x)$라 하자. $f(kx) = f(x) + 1$을 만족시키는 자연수 $k$의 최솟값이 5가 되도록 하는 세 자리의 자연수 $x$의 최댓값은?

① 247　　　② 248　　　③ 249　　　④ 250　　　⑤ 251

**034**

불곡고, 삼성고 응용

다음 조건을 만족시키는 자연수 $n$의 개수는? (단, $[x]$는 $x$보다 크지 않은 최대의 정수이다.)

(가) $[\log_3 n] = 3$
(나) $\log_3 [[\log 2n] - 1] = 0$

① 11　　　② 18　　　③ 21　　　④ 23　　　⑤ 31

**035**

상현고, 양재고 응용

지진의 크기를 절대적 수치로 나타내는 방법인 '규모'는 진앙에서 100 km 떨어진 지점에서 지진계로 측정한 지진파의 최대 진폭이 $A$ $\mu$m(마이크로미터)일 때, 지진의 규모 $M$은 $M = \log A$이다. 또, 규모가 $M$인 지진의 에너지의 크기를 $E$라 하면 $\log E = 11.8 + 1.5M$이라 한다. 이때 지진의 규모가 1만큼 증가하면 에너지의 크기는 몇 배 증가하는가?

① 10　　　② $10\sqrt{10}$　　　③ 100　　　④ $100\sqrt{2}$　　　⑤ 200

서술형 체감난도가 높았던 서술형 기출

## 036

🖹 울산고, 대성여고 응용

$\log_a b = \dfrac{3}{4}$, $\log_c d = \dfrac{3}{2}$을 만족시키는 네 자연수 $a$, $b$, $c$, $d$에 대하여 $c-a=19$일 때, $d-b$의 값을 구하시오.

## 037

🖹 태원고, 인성고 응용

이차방정식 $x^2+2x-4=0$의 두 근을 $\alpha$, $\beta$라 할 때,

$\left(\dfrac{2^\beta}{2^\alpha}\right)^{\frac{\sqrt{5}}{2}} - \left(\dfrac{1}{2^\alpha}\right)^\beta$의 값을 구하시오. (단, $\alpha < \beta$)

## 038

🖹 동탄국제고, 대동고 응용

$a>b$인 두 자연수 $a$, $b$에 대하여 $\log_4 a$의 소수 부분을 $A$라 하고, $\log_4 b$의 소수 부분을 $B$라 할 때, $100<ab<500$, $A+B=1$이다. $a+b$의 최솟값을 구하시오.

## 039

🖹 수내고, 성덕고 응용

어느 제과업체에서는 다음과 같은 방법으로 아이스크림 가격을 실질적으로 인상한다.

> 아이스크림 개당 가격은 그대로 유지하고, 무게를 그 당시 무게에서 10% 줄인다.

이 방법을 $n$번 시행하면 아이스크림의 단위 무게당 가격이 처음의 2배 이상이 된다. $n$의 최솟값을 구하시오.
(단, $\log 2=0.30$, $\log 3=0.47$로 계산한다.)

## 040

🖹 태원고, 운남고 응용

대기의 소용돌이 현상인 토네이도의 중심 주변의 바람속도 $v$ (km/시)와 토네이도가 이동하는 거리 $d$ (km) 사이에는 다음과 같은 관계식이 성립한다.

$$v=125\log d+k \text{ (단, $k$는 상수이다.)}$$

이동거리가 $d_1$ km인 토네이도 중심 주변의 바람속도가 200 (km/시)일 때, 중심 주변의 바람속도가 240 (km/시)인 토네이도의 이동거리는 $ad_1$ km이다. 상수 $a$의 값은? (단, 다음 상용로그표를 이용하고, 반올림하여 소수점 아래 둘째 자리까지 구한다.)

| 수 | 4 | 5 | 6 | 7 | 8 | 9 |
|---|---|---|---|---|---|---|
| 1.8 | 0.264 | 0.267 | 0.269 | 0.271 | 0.274 | 0.276 |
| 1.9 | 0.287 | 0.290 | 0.292 | 0.294 | 0.296 | 0.298 |
| 2.0 | 0.309 | 0.311 | 0.313 | 0.316 | 0.318 | 0.320 |
| 2.1 | 0.330 | 0.332 | 0.334 | 0.336 | 0.338 | 0.340 |
| 2.2 | 0.350 | 0.352 | 0.354 | 0.356 | 0.357 | 0.359 |

① 1.95 ② 1.99 ③ 2.04
④ 2.09 ⑤ 2.24

**041** ☐ 공주사대부고, 고려고 응용

실수 $r=\dfrac{4}{\sqrt[3]{9}-\sqrt[3]{3}+1}$에 대하여 $r+r^2+r^3=a\sqrt[3]{9}+b\sqrt[3]{3}+c$일 때, $a+b+c$의 값을 구하시오.

(단, $a$, $b$, $c$는 유리수이다.)

**042** ☐ 대진고, 서강고 응용

1 이상의 실수 $x$에 대하여 $[\sqrt[n]{x}]=1$을 만족시키는 2 이상의 자연수 $n$의 최솟값을 $f(x)$라 할 때, 〈보기〉에서 옳은 것만을 있는 대로 고른 것은?

(단, $[x]$는 $x$보다 크지 않은 최대의 정수이다.)

┌─────────────────────────────────────────── 보기 ─┐
  ㄱ. $f(5)=3$
  ㄴ. 2보다 큰 서로 다른 두 정수 $a$, $b$에 대하여 $f(a)+f(b)=f(a+b)$
  ㄷ. $f(2)+f(3)+f(4)+\cdots+f(50)=242$
└────────────────────────────────────────────────┘

① ㄱ     ② ㄴ     ③ ㄱ, ㄷ     ④ ㄴ, ㄷ     ⑤ ㄱ, ㄴ, ㄷ

**043** ☐ 대진고, 수완고 응용

양의 실수 $x$에 대하여 $\log ax=[\log x]+2$를 만족시키는 양의 실수 $a$를 $f(x)$라 할 때, 〈보기〉에서 옳은 것만을 있는 대로 고른 것은? (단, $[x]$는 $x$보다 크지 않은 최대의 정수이다.)

┌─────────────────────────────────────────── 보기 ─┐
  ㄱ. $f(20)=50$               ㄴ. $x_1<x_2$이면 $f(x_1)<f(x_2)$이다.
  ㄷ. $f(x)$의 최댓값은 100이다.
└────────────────────────────────────────────────┘

① ㄱ     ② ㄷ     ③ ㄱ, ㄴ     ④ ㄱ, ㄷ     ⑤ ㄱ, ㄴ, ㄷ

**044** ☐ 현암고, 휘문고 응용

$10^{12}<x<10^{112}$인 자연수 $x$에 대하여 $\dfrac{4}{3}\left\{\log(10x)-\dfrac{1}{2}\log\sqrt[4]{x}\right\}$의 값이 자연수가 되도록 하는 $x$의 최솟값과 최댓값을 각각 $\alpha$, $\beta$라 하자. 이때 $\log\alpha\beta$의 값은? (단, $\alpha$, $\beta$는 상수이다.)

① 120     ② 122     ③ 124     ④ 126     ⑤ 128

**045** ☐ 현암고, 광덕고 응용

양의 실수 $x$에 대하여 $\log x$의 소수 부분을 $f(x)$라 하고, 집합 $X$를 $X=\{(x, y)|f(x)+f(y)=1\}$이라 할 때, 〈보기〉에서 옳은 것만을 있는 대로 고른 것은?

┌─────────────────────────────────────────── 보기 ─┐
  ㄱ. $\left(a, \dfrac{1}{a}\right)\in X$           ㄴ. $(a, b)\in X$이면 $\left(\dfrac{1}{a}, \dfrac{1}{b}\right)\in X$이다.
  ㄷ. $(a, b)\in X$이면 $(a^2, b^2)\in X$이다.
└────────────────────────────────────────────────┘

① ㄱ     ② ㄴ     ③ ㄷ     ④ ㄴ, ㄷ     ⑤ ㄱ, ㄴ, ㄷ

# 02 지수함수와 로그함수

## 1 지수함수와 그 그래프

(1) **지수함수**: $a>0$, $a\neq1$일 때, 임의의 실수 $x$에 $a^x$을 대응시키는 함수 $y=a^x$ $(a>0,\ a\neq1)$을 $a$를 밑으로 하는 지수함수라고 한다.

(2) 지수함수 $y=a^x$ $(a>0,\ a\neq1)$의 그래프

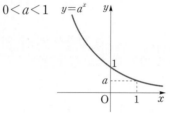

① 정의역은 실수 전체의 집합이고, 치역은 양의 실수 전체의 집합이다.

② $a>1$일 때, $x$의 값이 증가하면 $y$의 값도 증가한다.

　$0<a<1$일 때, $x$의 값이 증가하면 $y$의 값은 감소한다.

③ 그래프는 점 $(0,\ 1)$을 지나고, $x$축을 점근선으로 갖는다.

## 2 로그함수와 그 그래프

(1) **로그함수**: $a>0$, $a\neq1$일 때, 지수함수 $y=a^x$의 역함수 $y=\log_a x$를 $a$를 밑으로 하는 로그함수라고 한다.

(2) 로그함수 $y=\log_a x$ $(a>0,\ a\neq1)$의 그래프

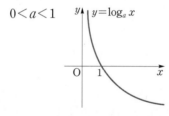

① 정의역은 양의 실수 전체의 집합이고, 치역은 실수 전체의 집합이다.

② $a>1$일 때, $x$의 값이 증가하면 $y$의 값도 증가한다.

　$0<a<1$일 때, $x$의 값이 증가하면 $y$의 값은 감소한다.

③ 그래프는 점 $(1,\ 0)$을 지나고, $y$축을 점근선으로 갖는다.

## 3 지수함수와 로그함수의 관계

지수함수 $y=a^x$ $(a>0,\ a\neq1)$와 로그함수 $y=\log_a x$ $(a>0,\ a\neq1)$는 서로 역함수 관계이므로 두 함수의 그래프는 직선 $y=x$에 대하여 대칭이다.

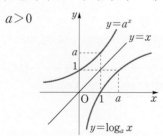
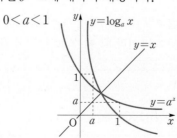

**4** 지수함수와 로그함수의 최대, 최소

(1) $y=a^{f(x)}$ $(a>0,\ a\neq 1)$ 꼴의 함수에서

   ① $a>1$이면 $f(x)$가 최대일 때, $y$도 최대, $f(x)$가 최소일 때, $y$도 최소이다.

   ② $0<a<1$이면 $f(x)$가 최대일 때 $y$는 최소, $f(x)$가 최소일 때 $y$는 최대이다.

(2) $y=\log_a f(x)$ $(a>0,\ a\neq 1)$ 꼴의 함수에서

   ① $a>1$이면 $f(x)$가 최대일 때, $y$도 최대, $f(x)$가 최소일 때, $y$도 최소이다.

   ② $0<a<1$이면 $f(x)$가 최대일 때 $y$는 최소, $f(x)$가 최소일 때 $y$는 최대이다.

**5** 지수방정식, 지수부등식의 풀이

(1) **지수방정식의 풀이**

   ① 밑을 같게 할 수 있을 때 : $a^{f(x)}=a^{g(x)} \Rightarrow a=1$ 또는 $f(x)=g(x)$

   ② 밑을 같게 할 수 없을 때 : $a^{f(x)}=b^{g(x)} \Rightarrow f(x)\times\log a=g(x)\times\log b$

   ③ 지수가 같을 때 : $a^{f(x)}=b^{f(x)} \Rightarrow a=b$ 또는 $f(x)=0$

(2) **지수부등식의 풀이**

   ① 밑을 같게 할 수 있을 때

     $a>1$이면 $a^{f(x)}>a^{g(x)} \Rightarrow f(x)>g(x)$

     $0<a<1$이면 $a^{f(x)}>a^{g(x)} \Rightarrow f(x)<g(x)$

   ② 지수가 같을 때는 양변에 로그를 취하여 푼다.

▶ 항이 3개 이상인 경우 $a^x=t$ $(t>0)$로 치환하여 방정식, 부등식을 푼 후 $x$의 값 또는 범위를 구한다.

**6** 로그방정식, 로그부등식의 풀이

(1) **로그방정식의 풀이**

   ① 밑을 같게 할 수 있을 때 $(a>0,\ a\neq 1,\ f(x)>0,\ g(x)>0)$

     $\log_a f(x)=\log_a g(x) \Rightarrow f(x)=g(x)$ 또는 $\log_a f(x)=b \Rightarrow a^b$

   ② 밑을 같게 할 수 없을 때 : 밑의 변환 공식을 이용하여 밑을 같게 한 후 푼다.

   ③ 진수가 같을 때 : $\log_a f(x)=\log_b f(x) \Rightarrow a=b$ 또는 $f(x)=1$

(2) **로그부등식의 풀이**

   ① 밑을 같게 할 수 있을 때

     $a>1$이면 $\log_a f(x)>\log_a g(x) \Rightarrow f(x)>g(x)>0$

     $0<a<1$이면 $\log_a f(x)>\log_a g(x) \Rightarrow 0<f(x)<g(x)$

   ② 밑을 같게 할 수 없을 때 : 밑의 변환 공식을 이용하여 밑을 같게 한 후 푼다.

▶ 로그방정식에서 해는 로그의 밑 조건과 진수 조건을 만족시키는 $x$의 값만 해가 된다.

**+10**점 향상을 위한 문제 *해결*의 *Key*

**Key①** 지수함수의 그래프와 로그함수의 그래프의 혼합 문제들

두 함수의 그래프에서 교점의 위치를 확인하는 방법으로 접근한다.

» 25쪽 73번

**Key②** $y=k\times a^{x-p}+q$의 역함수는 $y=\log_a \dfrac{1}{k}(x-q)+p$

» 24쪽 72번 / 25쪽 75번

## 046

📖 동우여고, 현대고, 충남고 응용

함수 $f(x)=3^{2x}-6\times 3^x+a$가 $x=b$에서 최솟값 1을 가질 때, 실수 $a+b$의 값은?

① 3          ② 5          ③ 7

④ 9          ⑤ 11

## 047

📖 문정여고, 울산여고 응용

부등식 $2+\log_{\frac{1}{3}}(2x-5)>0$을 만족시키는 모든 정수 $x$의 개수를 구하시오.

## 048

📖 광덕고, 전주고 응용

1보다 큰 양수 $a$에 대하여 함수 $f(x)=a^x$에 대한 설명으로 옳은 것만을 〈보기〉에서 있는 대로 고른 것은?

┌─────────────────── 보기 ───┐
ㄱ. $f(x)>0$

ㄴ. $\dfrac{1}{f(x)+f(-x)}$의 최댓값은 $\dfrac{1}{2}$이다.

ㄷ. $f(x)+f(-x)\leq 2f(|x|)$
└──────────────────────────┘

① ㄱ          ② ㄷ          ③ ㄱ, ㄴ

④ ㄴ, ㄷ          ⑤ ㄱ, ㄴ, ㄷ

## 049

📖 서현고, 광주고 응용

함수 $f(x)=-2^{4-3x}+k$의 그래프가 제4사분면을 지나지 않도록 하는 자연수 $k$의 최솟값은?

① 10          ② 12          ③ 14

④ 16          ⑤ 18

## 050

📖 광덕고, 국제고 응용

함수 $y=9^x$의 그래프를 평행이동 또는 대칭이동하여 겹쳐질 수 있는 그래프의 식만을 〈보기〉에서 있는 대로 고른 것은?

┌─────────────────────── 보기 ───┐
ㄱ. $y=\left(\dfrac{1}{9}\right)^x-1$          ㄴ. $y=3^{2x-1}$

ㄷ. $y=3^{3x+1}$          ㄹ. $y=8\times 9^{x+1}-2$
└────────────────────────────────┘

① ㄱ          ② ㄱ, ㄴ          ③ ㄱ, ㄹ

④ ㄴ, ㄹ          ⑤ ㄱ, ㄴ, ㄹ

## 051

📖 여의도고, 서석고 응용

함수 $y=\dfrac{3^{x+3}}{3^{2x}+3^x+1}$의 최댓값을 구하시오.

## 052

📖 인성고, 동아여고 응용

곡선 $y=\log_2 4x$ 위의 점 $A(a, b)$를 지나고 $x$축에 평행한 직선이 곡선 $y=\log_2 x$와 만나는 점을 B, 점 B를 지나고 $y$축에 평행한 직선이 곡선 $y=\log_2 4x$와 만나는 점을 C라 하자. $\overline{AB}=\overline{BC}$일 때, $a+2^b$의 값은?

(단, $a$, $b$는 상수이다.)

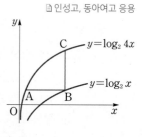

① $\dfrac{8}{3}$          ② $\dfrac{10}{3}$          ③ 4

④ $\dfrac{14}{3}$          ⑤ $\dfrac{16}{3}$

## 053

📖 숭일고, 살레고, 대동고 응용

방정식 $\log_2(x+4)+\log_{\frac{1}{2}}(x-4)=1$을 만족시키는 실수 $x$의 값을 구하시오.

## 054
휘문고, 금호중앙고 응용

함수 $y=4^x-1$의 그래프를 $x$축의 방향으로 $a$만큼, $y$축의 방향으로 $b$만큼 평행이동한 그래프가 함수 $y=2^{2x-3}+3$의 그래프와 일치할 때, $ab$의 값은?

① 2      ② 3      ③ 4
④ 5      ⑤ 6

## 055
늘푸른고, 사대부고 응용

함수 $f(x)=\log_3 x$에 대하여 $(f\circ f)(x)\leq 1$을 만족시키는 자연수 $x$의 개수는?

① 17      ② 20      ③ 23
④ 26      ⑤ 29

## 056
돌마고, 휘문고 응용

방정식 $4^x+4^{-x}+a(2^x-2^{-x})+2=0$이 실근을 갖기 위한 양수 $a$의 최솟값을 $n$이라 할 때, $n^2$의 값은?

① 12      ② 16      ③ 20
④ 24      ⑤ 28

## 057
광교고, 단대부고 응용

함수 $f(x)=\log_3\left(1+\dfrac{1}{x+1}\right)$에서
$f(1)+f(2)+\cdots+f(n)=3$을 만족시키는 자연수 $n$의 값은?

① 50      ② 51      ③ 52
④ 53      ⑤ 54

## 058
상현고, 문성고 응용

함수 $y=\log_{\frac{1}{2}}(x-1)+\log_{\frac{1}{2}}(9-x)$의 최솟값은?

① $-4$      ② $-2$      ③ 2
④ 4      ⑤ 5

## 059
풍생고, 분당고 응용

함수 $f(x)=\dfrac{3^x-3^{-x}}{3^x+3^{-x}}$에 대하여 $f(a)=\dfrac{1}{2}$이다.

이때 $f(3a)=\dfrac{q}{p}$를 만족하도록 하는 $p+q$의 값은?

(단, $p$, $q$는 서로소인 자연수이다.)

① 28      ② 27      ③ 26
④ 25      ⑤ 24

## 060
광덕고, 진선여고 응용

방정식 $9^x-2\times 3^{x+1}+k+5=0$이 서로 다른 두 실근을 갖도록 하는 정수 $k$의 개수는?

① 4      ② 5      ③ 6
④ 7      ⑤ 8

## 061
효성고, 반포고 응용

1이 아닌 두 양수 $a$, $b$에 대하여 두 함수 $y=\log_a x$와 $y=\log_b x$의 그래프가 다음 그림과 같을 때, 〈보기〉에서 옳은 것만을 있는 대로 고른 것은?

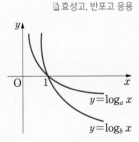

┌─────────────── 보기 ───┐
ㄱ. $\log_b a<\log_a b$
ㄴ. $\log_a(b+1)<0$
ㄷ. $\log_a(b+1)<\log_{\sqrt{b}}a<\log_{(b+1)}(a+1)^2$
└────────────────────┘

① ㄱ      ② ㄴ      ③ ㄷ
④ ㄴ, ㄷ      ⑤ ㄱ, ㄴ, ㄷ

**062**

현암고, 울산고 응용

지수함수 $y=2^x$의 그래프와 원 $x^2+y^2=r^2$이 만나는 두 점의 좌표를 각각 $A(x_1, y_1)$, $B(x_2, y_2)$라 할 때, 〈보기〉에서 옳은 것만을 있는 대로 고른 것은? (단, $r>1$, $x_1<x_2$)

보기

ㄱ. $|x_2|<|x_1|$  ㄴ. $x_1x_2+y_1y_2<r^2$
ㄷ. $x_1-y_1<x_2-y_2$

① ㄱ  ② ㄴ  ③ ㄱ, ㄷ  ④ ㄴ, ㄷ  ⑤ ㄱ, ㄴ, ㄷ

**063**

상현고, 보문고, 동아여고, 상산고 응용

두 함수 $f(x)=a^{bx}$, $g(x)=a^{2-bx}$가 다음 조건을 모두 만족시킨다. 이때 두 상수 $a$, $b$에 대하여 $a+b$의 값은? (단, $a>1$)

(가) 함수 $y=f(x)$의 그래프와 함수 $y=g(x)$의 그래프는 직선 $x=4$에 대하여 대칭이다.
(나) $f(8)+g(8)=10$

① $\frac{7}{4}$  ② $\frac{9}{4}$  ③ $\frac{5}{2}$  ④ $\frac{11}{4}$  ⑤ $\frac{13}{4}$

**064**

동우여고, 한일고 응용

다음은 함수 $y=\log_2(-x+1)+3$의 그래프에 대한 설명이다. $a+b+c+d$의 값은?

(가) 정의역은 $\{x|x<a\}$이다.  (나) 그래프의 점근선은 $x=b$이다.
(다) 점 $(0, c)$를 지난다.  (라) 그래프가 제$d$사분면을 지나지 않는다.

① 4  ② 6  ③ 8  ④ 11  ⑤ 13

**065**

풍덕고, 삼성고 응용

좌표평면 위에 네 점 $A(2, 1)$, $B(2, -2)$, $C(6, -2)$, $D(6, 1)$을 꼭짓점으로 하는 직사각형 ABCD가 있다. 함수 $y=\log_a(x+2)+4$의 그래프가 직사각형 ABCD와 만나기 위한 상수 $a$의 최댓값을 $M$, 최솟값을 $m$이라 할 때, $\left(\dfrac{M}{m}\right)^3$의 값은?

① 4  ② 8  ③ 16  ④ 32  ⑤ 64

**066** 늘푸른고, 문성고 응용

곡선 $y=\log_3(5x-3)$과 직선 $y=kx$가 서로 다른 두 점 A, B에서 만난다. $\overline{OA}=\overline{AB}$일 때, $k$의 값은? (단, O는 원점이고, 점 B의 $x$좌표는 점 A의 $x$좌표보다 크다.)

① $\dfrac{2}{3}$  　　② $\dfrac{3}{4}$  　　③ $\dfrac{4}{5}$  　　④ $\dfrac{5}{6}$  　　⑤ $\dfrac{6}{7}$

**067** 이매고, 서초고 응용

함수 $y=\log_2(x+k)$의 그래프와 $x$축, $y$축으로 둘러싸인 도형의 내부에 있는 $x$좌표와 $y$좌표가 모두 정수인 점의 개수를 $n_k$라 하자. $4<n_k<20$을 만족시키는 자연수 $k$의 개수는?

（단, 축과 도형의 경계는 제외한다.）

① 4  　　② 5  　　③ 6  　　④ 7  　　⑤ 8

**068** 현암고, 은광여고 응용

그림과 같이 곡선 $y=\log_5(x+4)$와 원점을 지나는 세 직선과의 교점을 각각 P, Q, R라 하자. 세 점의 좌표가 각각 $P(a, \log_5(a+4))$, $Q(t, \log_5(t+4))$, $R(b, \log_5(b+4))$이고 $t=1$일 때, 〈보기〉에서 옳은 것만을 있는 대로 고른 것은?

（단, $0<a<1<b$）

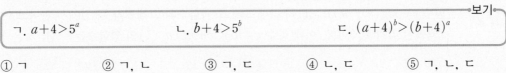

┌──────────────────────────────────────────────── 보기 ─┐
ㄱ. $a+4>5^a$ 　　　　ㄴ. $b+4>5^b$ 　　　　ㄷ. $(a+4)^b>(b+4)^a$
└──────────────────────────────────────────────────────┘

① ㄱ  　　② ㄱ, ㄴ  　　③ ㄱ, ㄷ  　　④ ㄴ, ㄷ  　　⑤ ㄱ, ㄴ, ㄷ

STEP 2
고난도 기출

📄 풍덕고, 양정고 응용

**069** 그림과 같이 지수함수 $y=a^x$과 $y=a^{2x}$의 그래프는 직선 $y=x$와 각각 서로 다른 두 점에서 만난다. $y=a^x$, $y=a^{2x}$의 그래프와 직선 $x=k$의 교점이 각각 P, Q이고, 두 직선 $y=x$와 직선 $x=k$의 교점이 R이며 $k=2$일 때는 두 점 Q, R가 일치한다. $\overline{PQ}=\dfrac{1}{n}$을 만족시키는 실수 $k$의 개수를 $p_n$이라 할 때, $p_3$, $p_4$, $p_5$의 값을 각각 구하시오.

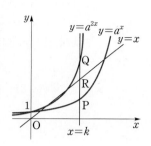

📄 돌마고, 숙명여고 응용

**070** 그림과 같이 1보다 큰 실수 $a$에 대하여 곡선 $y=|\log_a x|$가 직선 $y=k$ $(k>0)$와 만나는 두 점을 각각 A, B라 하고, 직선 $y=k$가 $y$축과 만나는 점을 C라 하자. $\overline{OC}=\overline{CA}=\overline{AB}$일 때, 곡선 $y=|\log_a x|$와 직선 $y=2\sqrt{2}$가 만나는 두 점 사이의 거리는 $d$이다. $40d$의 값을 구하시오. (단, O는 원점이고, 점 A의 $x$좌표는 점 B의 $x$좌표보다 작다.)

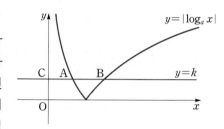

📄 이매고, 미림여고 응용

**071** 그림과 같이 직선 $y=-2x+10$이 $y$축, $x$축과 만나는 점을 각각 A, B라 하고, 직선 $y=-2x+10$이 두 함수 $f(x)=a^{x+1}+4$, $g(x)=a^{x-1}$의 그래프와 만나는 점을 각각 P, Q라 하자. $\overline{AP}:\overline{QB}=1:2$일 때, 상수 $a$의 값을 구하시오. (단, $a>1$)

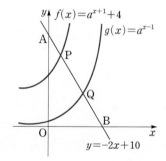

📄 상현고, 숭의여고 응용

**072** 함수 $y=\log_a x+m$ $(a>1)$의 그래프와 그 역함수의 그래프가 두 점에서 만나고, 이 두 점의 $x$좌표는 각각 1, 3이다. 이때 함수 $y=\log_a x+m$ $(a>1)$의 역함수는? (단, $m$은 상수이다.)

① $y=2^{x-1}$  ② $y=(\sqrt{3})^x-1$  ③ $y=(\sqrt{3})^{x-1}$
④ $y=2^{x-1}+\sqrt{3}$  ⑤ $y=(\sqrt{2})^{x-1}+1$

**073**

📄 보평고, 서울고 응용

그림과 같이 두 곡선 $y=4^{-x}$과 $y=|\log_4 x|$가 만나는 두 점을 각각 $\mathrm{P}(x_1,\ y_1)$, $\mathrm{Q}(x_2,\ y_2)$ $(x_1<x_2)$라 하고 두 곡선 $y=4^x$과 $y=|\log_4 x|$가 만나는 점을 $\mathrm{R}(x_3,\ y_3)$라 하자. 〈보기〉에서 옳은 것만을 있는 대로 고른 것은?

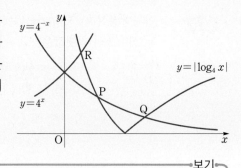

─────────────────────────── 보기

ㄱ. $\dfrac{1}{4}<x_1<\dfrac{\sqrt{2}}{2}$　　　　ㄴ. $\sqrt{2}<x_2<2$　　　　ㄷ. $x_2+y_2=x_3+y_3$

① ㄱ　　　　② ㄴ　　　　③ ㄱ, ㄷ　　　　④ ㄴ, ㄷ　　　　⑤ ㄱ, ㄴ, ㄷ

**074**

📄 동탄국제고, 세화여고 응용

부등식 $4^x-(a+4)2^x+4a<0$을 만족시키는 정수 $x$의 개수가 1이 되도록 하는 정수 $a$의 개수를 구하시오.

**075**

📄 숭신여고, 장훈고 응용

함수 $y=\log_2 (x+1)$의 역함수를 $f(x)$라 할 때, 방정식 $f(2x)-3f(x+1)+k+2=0$이 서로 다른 두 실근을 갖도록 하는 정수 $k$의 개수는 $a$이고, 정수 $k$의 최댓값은 $M$이다. $a+M$의 값은?

① 8　　　　② 9　　　　③ 10　　　　④ 11　　　　⑤ 12

**076**

📄 돌마고, 숭신여고, 여의도고 응용

함수 $f(x)=\begin{cases} \dfrac{4}{9}x+\dfrac{1}{9} & (0\le x<2) \\[2mm] -\dfrac{2}{3}x+\dfrac{7}{3} & (2\le x<3) \end{cases}$ 이 모든 실수 $x$에 대하여 $f(x+3)=f(x)$를 만족시킨다.

이때 함수 $g(x)=3^{-\frac{3x}{n}}$ 에 대하여 함수 $y=f(x)$의 그래프와 함수 $y=g(x)$의 그래프의 교점이 2개가 되도록 하는 자연수 $n$의 개수는?

① 2　　　　② 4　　　　③ 6　　　　④ 8　　　　⑤ 10

**077** 보평고, 동성고 응용

이차방정식 $kx^2-4kx+4=0$의 두 근을 $\alpha$, $\beta$라 할 때, 부등식 $|\log_3\alpha-\log_3\beta|\leq2$를 만족시키는 실수 $k$의 최댓값은?

① 1      ② $\dfrac{25}{9}$      ③ 3      ④ $\dfrac{11}{3}$      ⑤ 5

**078** 이매고, 상무고 응용

$x$에 대한 방정식 $(3\times x^{\log 3})^2+2k\times3^{\log x+1}-k+6=0$의 서로 다른 두 근 중 한 근만이 $\dfrac{1}{10}<x<1$ 사이에 존재하기 위한 모든 정수 $k$의 값의 합은?

① $-25$      ② $-23$      ③ $-22$      ④ $-18$      ⑤ $-15$

**079** 현암고, 풍암고 응용

두 실수 $x$, $y$에 대한 연립부등식

$$\begin{cases} x\geq0 \\ 9\times3^{-y}\geq\left(\dfrac{1}{3}\right)^{-x} \\ \log_{\frac{1}{5}}(y+2)\leq\log_{\frac{1}{5}}(x+3) \end{cases}$$

을 만족하는 점 $(x, y)$가 존재하는 영역의 넓이를 구하시오.

**080** 성일고, 숭덕고 응용

양수 $k$에 대하여 두 함수 $f(x)=\log_3(x+2)+2^k$, $g(x)=2^{x+k-1}+1$의 그래프가 서로 다른 두 점 A, B에서 만난다. 점 A의 $x$좌표는 점 B의 $x$좌표보다 크고 점 B가 $y$축 위의 점일 때, 삼각형 OAB의 넓이를 구하시오. (단, O는 원점이다.)

## 081

📄신봉고, 고려고 응용

$1<k<81$인 실수 $k$에 대하여 직선 $x=k$가 두 로그함수 $y=\log_{\sqrt{3}}x$, $y=\log_3\sqrt{x}$의 그래프와 만나는 점을 각각 A, B라 하자. 선분 AB의 길이가 자연수가 되도록 하는 모든 $k$의 값의 곱을 구하시오.

## 082

📄운중고, 살레시오고 응용

$\angle A=90°$ 이고 $\overline{AB}=\left(\dfrac{1}{3}\right)^x+2$, $\overline{AC}=8-\left(\dfrac{1}{3}\right)^x$인 삼각형 ABC의 넓이를 $S(x)$라 하자. $\dfrac{21}{2}\le S(x)\le12$를 만족시키는 실수 $x$의 값의 범위를 모두 구하시오.

(단, $x>-3\log_3 2$)

## 083

📄보평고, 고려고, 문정여고 응용

$0\le x\le8$에서 정의된 함수 $f(x)$가 다음 조건을 만족시킨다.

$$\text{(가)}\ f(x)=\begin{cases}3^x-1 & (0\le x\le1)\\3-3^{x-1} & (1\le x\le2)\end{cases}$$
$$\text{(나)}\ f(x)=kf(x-2)\ (2\le x\le8)$$

함수 $y=f(x)$의 그래프와 $x$축으로 둘러싸인 부분의 넓이가 80이 되도록 하는 양수 $k$의 값을 구하시오.

## 084

📄분당고, 동신고 응용

그림과 같이 곡선 $y=3^x$이 $y$축과 만나는 점을 A, 곡선 $y=\log_3(x-3)$이 $x$축과 만나는 점을 B라 하자. 곡선 $y=3^x$ 위의 점 C(2, 9)와 곡선 $y=\log_3(x-3)$ 위의 점 D에 대하여 $\overline{AC}=\overline{BD}$일 때, 삼각형 CBD의 넓이를 구하시오. (단, 점 D는 제1사분면 위의 점이다.)

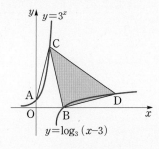

**085** 운중고, 인성고, 광덕고, 휘문고 응용

그림과 같이 곡선 $y=\log_m x$ $(m>1)$ 위에 서로 다른 세 점
$A(a, 0)$, $B(b, \log_m b)$, $C(c, \log_m c)$가 $b<a<c$이고 $bc=a$를
만족시킨다. 직선 BC와 $x$축의 교점을 점 D라 하고,

선분 AD의 길이는 3, 삼각형 ABC의 넓이가 9일 때, $m^3+\dfrac{1}{m^3}$의
값은?

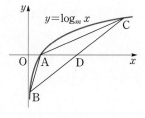

① 4 　　　　② 6 　　　　③ 8

④ 10 　　　　⑤ 12

**086** 서현고, 공주고 응용

함수 $y=\log_{\frac{1}{2}} (2x-p)$의 그래프와 직선 $x=2$가 한 점에서 만나고, 함수 $y=|2^{-x+2}-3|+p$의
그래프와 직선 $y=6$이 두 점에서 만나도록 하는 실수 $p$의 값의 범위를 구하시오.

**087** 판교고, 부산고 응용

$1<a<b<2$인 두 실수 $a$, $b$에 대하여 〈보기〉에서 항상 옳은 것만을 있는 대로 고른 것은?

━━━━━━━━━━━━━━━━━━━━━━━━ 보기 ━

ㄱ. $\log_b a<\log_a b$ 　　　　　　　　ㄴ. $\log_{(a-1)} (b-1)>1$

ㄷ. $\log_{(a-1)} a>\log_{(b-1)} b$ 　　　　　ㄹ. $\log_b (a-1)<\log_{(b-1)} a$

① ㄱ, ㄷ 　　　② ㄱ, ㄹ 　　　③ ㄱ, ㄷ, ㄹ 　　　④ ㄴ, ㄷ, ㄹ 　　　⑤ ㄱ, ㄴ, ㄷ, ㄹ

**088** 야탑고, 울산고 응용

그림과 같이 지수함수 $f(x)=a^x$ $(a>0, a\neq1)$과 로그함수
$g(x)=\log_a x$의 그래프가 서로 다른 두 점 P, Q에서 만난다.
점 P를 중심으로 하는 원이 원점 O와 점 Q를 지날 때, $a^{10}$의 값은?

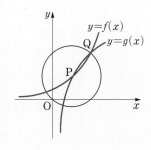

① 9 　　　　② 25 　　　　③ 32

④ 243 　　　　⑤ 1024

**089**

서현고, 동신고 응용

1이 아닌 두 양수 $a$, $b$에 대하여 함수 $y=\log_b ax$의 그래프가 그림과 같을 때, 〈보기〉에서 옳은 것만을 있는 대로 고른 것은?

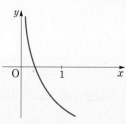

─ 보기 ─

ㄱ. $\log_b a < \log_a b$

ㄴ. $x_1>1$, $x_2>1$일 때, $\log_{\frac{1}{a}} x_1 = \log_{\frac{b}{a}} x_2$이면 $x_1 < x_2$이다.

ㄷ. 함수 $y=\log_{\frac{1}{b}} x + a$의 그래프와 그 역함수의 그래프는 만나지 않는다.

① ㄱ  ② ㄴ  ③ ㄷ  ④ ㄱ, ㄴ  ⑤ ㄴ, ㄷ

**090**

효성고, 영동고 응용

실수 전체의 집합에서 정의된 함수 $f(x)$가 다음 조건을 만족시킨다.

(가) $f(x)=\begin{cases} 4x & (0\le x<1) \\ -4x+8 & (1\le x<2) \end{cases}$

(나) 모든 실수 $x$에 대하여 $f(x+2)=f(x)$이다.

함수 $y=f(x)$의 그래프가 함수 $y=\log_{2n}(x-2)^2$의 그래프와 만나는 점의 개수가 966일 때, 자연수 $n$의 값을 구하시오.

**091**

동탄국제고, 금호고 응용

지수함수 $f(x)=a^x$ $(a>0,\ a\ne1)$에 대하여 양의 실수 전체의 집합에서 정의된 함수 $g(x)$가 다음 조건을 만족시킨다.

(가) 모든 양의 실수 $x$에 대하여 $(f\circ g)(3^x)=\{f(g(3))\}^x$이다.

(나) $g(4)=\log 2$

양의 실수 전체의 집합에서 정의된 함수 $h(x)$를 $h(x)=(f\circ g)(x)$라 하자. $h(2)\times h(3)\times h(6)=6$일 때, $a$의 값을 구하시오.

**092**

효성고, 고려고 응용

$k>1$인 실수 $k$에 대하여 두 곡선 $y=(2k)^x$, $y=k^x$이 만나는 점을 A, 양수 $m$에 대하여 직선 $y=mx+1$이 두 곡선 $y=(2k)^x$, $y=k^x$과 제1사분면에서 만나는 점을 각각 B, C라 하자. 점 C를 지나고 $x$축에 평행한 직선이 곡선 $y=(2k)^x$, $y$축과 만나는 점을 각각 D, E라 할 때, 세 삼각형 ABD, ADE, BCD가 다음 조건을 만족시킨다. 이때 $k\times 3^m$의 값은?

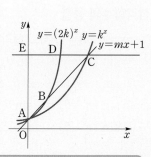

(가) 삼각형 BCD와 삼각형 ABD의 넓이의 비는 3:1이다.

(나) 삼각형 BCD와 삼각형 ADE의 넓이의 비는 3:4이다.

① 8  ② 16  ③ 32  ④ 64  ⑤ 128

# 03 삼각함수의 뜻과 그래프

## 1 일반각과 호도법

(1) 호도법 : 반지름의 길이와 같은 호의 길이로 각을 나타내는 방법

(2) 육십분법과 호도법 사이의 관계

$$1\text{라디안}=\frac{180°}{\pi}, \ 1°=\frac{\pi}{180}\text{라디안}$$

(3) 부채꼴의 호의 길이와 넓이 : 반지름의 길이가 $r$, 중심각의 크기가 $\theta$(라디안)인 부채꼴의 호의 길이를 $l$, 넓이를 $S$ 라 하면 $l=r\theta$, $S=\dfrac{1}{2}r^2\theta=\dfrac{1}{2}rl$

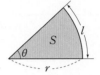

## 2 일반각

(1) $\angle XOP$의 크기는 반직선 OP가 고정된 반직선 OX의 위치에서 점 O를 중심으로 회전한 양이라 생각할 수 있다. 이때 반직선 OX를 시초선, 반직선 OP를 동경이라 한다.

(2) 시초선 OX와 동경 OP가 나타내는 한 각의 크기를 $\alpha°$라 하면
$\angle XOP$의 크기는 $360°\times n+\alpha°$ ($n$은 정수)
로 나타낼 수 있고, 동경 OP가 나타내는 일반각이라고 한다.

## 3 삼각함수

(1) 좌표평면에서 반지름의 길이가 $r$인 원과 각 $\theta$를 나타내는 동경이 만나는 점을 $P(x, y)$라 하면 $\sin\theta=\dfrac{y}{r}$, $\cos\theta=\dfrac{x}{r}$, $\tan\theta=\dfrac{y}{x}$ ($x\neq0$)

이때 $\sin\theta$, $\cos\theta$, $\tan\theta$는 각각 $\theta$에 대한 함수로 생각할 수 있고, 사인함수, 코사인함수, 탄젠트함수라 한다.

(2) 삼각함수 사이의 관계

① $\tan\theta=\dfrac{\sin\theta}{\cos\theta}$　　② $\sin^2\theta+\cos^2\theta=1$　　③ $1+\tan^2\theta=\dfrac{1}{\cos^2\theta}$

## 4 삼각함수의 성질

(1) $n\pi\pm\theta$ ($n$은 정수)의 삼각함수

① $\sin(2n\pi+\theta)=\sin\theta$, $\cos(2n\pi+\theta)=\cos\theta$, $\tan(2n\pi+\theta)=\tan\theta$

② $\sin(-\theta)=-\sin\theta$, $\cos(-\theta)=\cos\theta$, $\tan(-\theta)=-\tan\theta$

③ $\sin(\pi+\theta)=-\sin\theta$, $\cos(\pi+\theta)=-\cos\theta$, $\tan(\pi+\theta)=\tan\theta$

④ $\sin(\pi-\theta)=\sin\theta$, $\cos(\pi-\theta)=-\cos\theta$, $\tan(\pi-\theta)=-\tan\theta$

(2) $\dfrac{n}{2}\pi\pm\theta$ ($n$은 홀수)의 삼각함수

① $\sin\left(\dfrac{\pi}{2}+\theta\right)=\cos\theta$, $\cos\left(\dfrac{\pi}{2}+\theta\right)=-\sin\theta$

② $\sin\left(\dfrac{\pi}{2}-\theta\right)=\cos\theta$, $\cos\left(\dfrac{\pi}{2}-\theta\right)=\sin\theta$

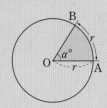

## 5 함수 $y = \sin \theta$의 성질

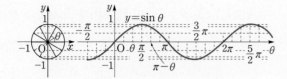

(1) 정의역은 실수 전체의 집합이고, 치역은 $\{y \mid -1 \le y \le 1\}$이다.

(2) $y = \sin \theta$의 그래프는 원점에 대하여 대칭이다. 즉, $\sin(-\theta) = -\sin \theta$

(3) 주기가 $2\pi$인 주기함수이다. 즉, $\sin(2n\pi + \theta) = \sin \theta$ ($n$은 정수)

## 6 함수 $y = \cos \theta$의 성질

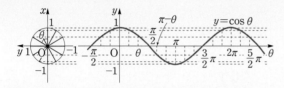

(1) 정의역은 실수 전체의 집합이고, 치역은 $\{y \mid -1 \le y \le 1\}$이다.

(2) $y = \cos \theta$의 그래프는 $y$축에 대하여 대칭이다. 즉, $\cos(-\theta) = \cos \theta$

(3) 주기가 $2\pi$인 주기함수이다. 즉, $\cos(2n\pi + \theta) = \cos \theta$ ($n$은 정수)

## 7 함수 $y = \tan \theta$의 성질

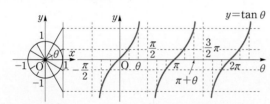

(1) 정의역은 $\theta = n\pi + \dfrac{\pi}{2}$ ($n$은 정수)를 제외한 실수 전체의 집합, 치역은 실수

전체의 집합이다.

(2) $y = \tan \theta$의 그래프는 원점에 대하여 대칭이다. 즉, $\tan(-\theta) = -\tan \theta$

(3) 주기가 $\pi$인 주기함수이다. 즉, $\tan(n\pi + \theta) = \tan \theta$ ($n$은 정수)

(4) 점근선은 직선 $\theta = n\pi + \dfrac{\pi}{2}$ ($n$은 정수)이다.

## 8 삼각함수의 방정식, 부등식의 풀이

[1단계] 주어진 방정식을 $\sin x = k$의 꼴로 나타낸다.

[2단계] 삼각함수의 그래프와 직선 $y = k$를 그린다.

[3단계] 주어진 범위에서 두 그래프의 교점의 $x$좌표를 구하거나 $x$의 값의 범위
를 구한다.

**Advice**

▶ 일반적으로 함수 $f(x)$의 정의역에 속하는 모든 $x$에 대하여 $f(x+p) = f(x)$를 만족시키는 상수 $p$ $(p \ne 0)$가 존재할 때, 함수 $f(x)$를 주기함수라 하고, 이 상수 $p$ 중에서 가장 작은 양수를 $f(x)$의 주기라고 한다.

▶ $y = a \sin bx$ $(b \ne 0)$의 최댓값은 $|a|$, 최솟값은 $-|a|$, 주기는 $\dfrac{2\pi}{|b|}$

▶ $y = a \cos bx$ $(b \ne 0)$의 최댓값은 $|a|$, 최솟값은 $-|a|$, 주기는 $\dfrac{2\pi}{|b|}$

▶ $y = \tan bx$ $(b \ne 0)$의 주기는 $\dfrac{\pi}{|b|}$, $bx = n\pi + \dfrac{\pi}{2}$일 때, $\tan bx$의 값은 정의되지 않는다. 최댓값, 최솟값도 정의되지 않는다.

## 093

수도여고, 영신고 응용

각 $\theta$를 나타내는 동경과 각 $5\theta$를 나타내는 동경이 서로 수직일 때, 각 $\theta$의 값의 합은? (단, $0<\theta<\pi$)

① $\dfrac{5}{4}\pi$　　　　② $\dfrac{3}{2}\pi$　　　　③ $\dfrac{7}{4}\pi$

④ $2\pi$　　　　⑤ $\dfrac{9}{4}\pi$

## 094

장훈고, 휘문고 응용

둘레의 길이가 10이고 넓이가 4인 부채꼴에 대하여 부채꼴의 호의 길이로 가능한 값을 구하시오.

## 095

경문고, 장훈고 응용

그림과 같이 정육각형 ABCDEF에서 대각선을 그어 $\angle ACE=\alpha$, $\angle ACD=\beta$라 할 때, $\sin\left(\dfrac{\pi}{6}-\alpha-\beta\right)$의 값을 구하시오.

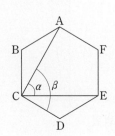

## 096

영등포고, 양락고 응용

$\sin\theta+\cos\theta=\dfrac{\sqrt{6}}{2}$일 때, $\sin\theta-\cos\theta$의 값은?

$$\left(\text{단, } 0<\theta<\dfrac{\pi}{4}\right)$$

① $-\dfrac{1}{2}$　　　　② $-\dfrac{\sqrt{2}}{2}$　　　　③ $-\dfrac{\sqrt{3}}{2}$

④ $-\dfrac{\sqrt{6}}{3}$　　　　⑤ $-\dfrac{2\sqrt{2}}{3}$

## 097

문영여고, 삼성고 응용

$\log_2(\sin\theta)-\log_2(\cos\theta)=-2$일 때, $\log_2(\sin\theta)+\log_2(\cos\theta)=2-\log_2 x$를 만족시키는 $x$의 값은?

① 13　　　　② 15　　　　③ 17

④ 19　　　　⑤ 21

## 098

성남고, 세화고 응용

이차방정식 $3x^2-ax+1=0$의 두 근이 $\cos\theta$, $\tan\theta$일 때, 상수 $a$의 값은? $\left(\text{단, } \dfrac{\pi}{2}<\theta<\pi\right)$

① $-\dfrac{5\sqrt{2}}{2}$　　　　② $-\dfrac{11\sqrt{2}}{4}$　　　　③ $-3\sqrt{2}$

④ $-\dfrac{13\sqrt{2}}{4}$　　　　⑤ $-\dfrac{7\sqrt{2}}{4}$

## 099

📋동덕여고, 반포고 응용

$0 \leq x \leq \dfrac{\pi}{6}$일 때, 함수 $y = \dfrac{2a \sin x}{\sin x - 3}$의 최솟값이 $-4$이다. $a$의 값은?

① 9      ② 10      ③ 11

④ 12      ⑤ 13

## 100

📋서울고, 상문고 응용

모든 실수 $x$에 대하여 $f(x) = f(x+\pi)$를 만족시키는 함수 $f(x)$를 〈보기〉에서 있는 대로 고른 것은?

┤보기├

ㄱ. $f(x) = \tan 2x + 3\pi$

ㄴ. $f(x) = \dfrac{1}{2} \cos 3x$

ㄷ. $f(x) = 2 \sin \left(2x - \dfrac{2}{3}\pi\right)$

ㄹ. $f(x) = \left| \sin \dfrac{x}{2} \right|$

ㅁ. $f(x) = \sin x + \cos x$

① ㄱ, ㄴ      ② ㄱ, ㄷ      ③ ㄴ, ㄷ

④ ㄷ, ㄹ      ⑤ ㄷ, ㅁ

## 101

📋장훈고, 성남고 응용

그림과 같이 $f(x) = 2 \sin \left(\dfrac{\pi}{2}x\right)$ $(0 \leq x \leq 2)$ 의 그래프와 등변사다리꼴 ABCD가 있다. 점 A의 $x$좌표가 $\dfrac{1}{2}$이고, 등변사다리꼴 ABCD의 넓이가 $\dfrac{5}{4}\sqrt{2}$일 때, 선분 BC의 길이를 구하시오. (두 점 A, D는 $y = f(x)$ 위의 점이고 두 점 B, C는 $x$축 위의 점이다.)

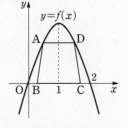

## 102

📋수도여고, 용산고, 세화고 응용

다음은 함수 $f(x) = \sqrt{3} \sin 2kx$의 그래프의 일부이다. $f(x) = a$를 만족시키는 $x$의 값을 $\alpha$, $\beta$라 하고 $f(x) = -a$를 만족시키는 $x$의 값을 $\gamma$, $\delta$라 할 때, $f\left(\dfrac{\alpha + \beta - \gamma + \delta}{2}\right)$의 값을 구하시오.

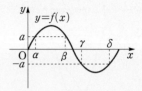

## 103

📋성남고, 장훈고 응용

상수 $a$에 대하여 정의역이 $\left\{ x \,\middle|\, 0 \leq x \leq \dfrac{2}{a}, \ x \neq \dfrac{1}{a} \right\}$인 함수 $f(x) = \tan(a\pi x)$가 있다. 그림과 같이 함수 $y = f(x)$의 그래프와 직선 $y = \sqrt{3}$의 교점을 각각 A, B라 할 때, $x$축 위의 점 C에 대하여 삼각형 ABC가 이등변삼각형이다. 직선 CA의 기울기가 $4\sqrt{3}$일 때, $a$의 값은?

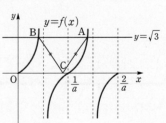

① 1      ② 2      ③ 3

④ 4      ⑤ 5

## 104

여의도여고, 용산고 응용

그림은 두 함수 $y=\tan x$와 $y=a\sin bx$의 그래프이다. 두 함수의 그래프가 점 $\left(\dfrac{\pi}{3},\ c\right)$에서 만날 때, 상수 $a$, $b$, $c$에 대하여 $a+b+c$의 값은? (단, $a>0$, $b>0$)

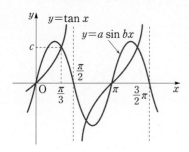

① $2-\sqrt{3}$  ② $2+\sqrt{3}$  ③ $4+\sqrt{3}$

④ $4-\sqrt{3}$  ⑤ $4-2\sqrt{3}$

## 105

서울고, 세화고, 성남고 응용

함수 $y=a\cos b(x-c)+d$의 그래프가 다음 그림과 같을 때, 옳은 것만을 〈보기〉에서 있는 대로 고른 것은?

(단, $a>0$, $b>0$, $0<c<\pi$)

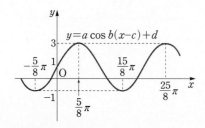

── 보기 ──

ㄱ. 주기가 $\dfrac{5}{2}\pi$인 주기함수이다.

ㄴ. 함수 $y=a\sin bx+d$의 그래프와 일치한다.

ㄷ. 상수 $a$, $b$, $c$, $d$에 대하여 $abcd=\pi$이다.

① ㄱ  ② ㄱ, ㄴ  ③ ㄱ, ㄷ

④ ㄴ, ㄷ  ⑤ ㄱ, ㄴ, ㄷ

## 106

수도여고, 숭의여고 응용

정의역이 $\left\{x\,\middle|\,0\le x\le\dfrac{3}{2},\ x\ne\dfrac{1}{2}\right\}$인 함수 $f(x)=\tan(\pi x)$가 있다. 그림과 같이 점 $A(1,\ 0)$을 지나는 직선과 함수 $y=f(x)$의 그래프의 교점을 각각 B, C라 할 때, $\angle BOC=\dfrac{\pi}{2}$이다. 〈보기〉에서 옳은 것만을 있는 대로 고른 것은?

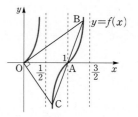

── 보기 ──

ㄱ. 선분 AB의 길이는 1이다.

ㄴ. 점 B를 $x$축의 방향으로 $-1$만큼 평행이동한 점은 원 $x^2+y^2=1$ 위의 점이다.

ㄷ. 직선 AB의 기울기를 $l$이라 할 때, $l>\sqrt{3}$이다.

① ㄱ  ② ㄴ  ③ ㄱ, ㄴ

④ ㄴ, ㄷ  ⑤ ㄱ, ㄴ, ㄷ

## 107

서문여고, 숭의여고 응용

상수 $a$에 대하여 함수 $f(x)=\left|3\sin 2x-\dfrac{1}{3}\right|+a$의 최솟값이 $-1$일 때, $f(x)$는 $x=k$에서 최댓값 $M$을 갖는다. $a\times k\times M$의 값은? (단, $0\le x\le\pi$)

① $-\dfrac{3}{2}\pi$  ② $-\dfrac{7}{4}\pi$  ③ $-2\pi$

④ $-\dfrac{9}{4}\pi$  ⑤ $-\dfrac{5}{2}\pi$

## 108
세화여고, 진선여고 응용

$\theta = \dfrac{\pi}{8}$일 때,

$\sin\theta + \sin 3\theta + \sin 6\theta + \sin 9\theta + \sin 10\theta + \sin 11\theta$
의 값을 구하시오.

## 109
성남고, 영등포고 응용

$\dfrac{\sin 15° + \sin 105° + \sin 195° + \cos 105°}{\cos 75° - \cos 15°}$의 값을 구하시오.

## 110
성보고, 미림여고 응용

$1 \le x < 300$인 $x$에 대하여 방정식 $\sin(\pi \log_2 x) = 0$의 근을 작은 수부터 크기 순서대로 나열한 것을 $x_1,\ x_2,\ \cdots,\ x_n$이라 할 때, $n + \log_2(x_1 \times x_2 \times \cdots \times x_n)$의 값은?

(단, $n$은 자연수이다.)

① 45 　　　 ② 43 　　　 ③ 41

④ 39 　　　 ⑤ 37

## 111
성보고, 상문고 응용

$0 < x < 2\pi$에서 방정식 $\tan x + \dfrac{\sqrt{3}}{\tan x} = 1 + \sqrt{3}$의 서로 다른 네 실근을 작은 것부터 차례대로 $x_1,\ x_2,\ x_3,\ x_4$라 할 때, $x_2 - x_1 + x_4 - x_3 = \dfrac{q}{p}\pi$이다. $p + q$의 값은?

(단 $p,\ q$는 서로소이다.)

① 7 　　　 ② 8 　　　 ③ 9

④ 10 　　　 ⑤ 11

## 112
중경고, 영동고 응용

$0 < \theta < 2\pi$에서 이차방정식
$3x^2 + x\cos\theta - 2\sin^2\theta - 2 = 0$의 두 근을 $\alpha,\ \beta$라 할 때, $\alpha < -1 < \beta$가 성립하도록 하는 $\theta$의 값의 범위는 $a < \theta < b$, $c < \theta < d$이다. $a + b + c + d$의 값을 구하시오.

## 113
영등포고, 강서고 응용

$0 \le x < 2\pi$에서 방정식 $3\sin^2 x + 2\cos x - k = 0$이 서로 다른 4개의 실근을 갖도록 하는 상수 $k$의 값의 범위가 $\alpha < k < \beta$일 때, $\alpha\beta$의 값은?

① 4 　　　 ② $\dfrac{14}{3}$ 　　　 ③ $\dfrac{16}{3}$

④ 6 　　　 ⑤ $\dfrac{20}{3}$

## 114
여의도여고, 중산고 응용

모든 실수 $\theta$에 대하여 부등식 $\cos^2\theta - 2k\cos\theta + k + 2 > 0$이 항상 성립하도록 하는 상수 $k$의 값의 범위를 구하시오.

**115**

📄 단대부고, 숭의여고 응용

자연수 $n$에 대하여 다음 조건을 만족시키는 점의 좌표를 $P_n(a_n, b_n)$이라 하자.

> (가) 점 $P_1$의 좌표는 $(1, 0)$이다.
>
> (나) 점 $P_{n+1}$은 점 $P_n$을 원 $x^2+y^2=1$의 호를 따라 시계 반대 방향으로 $\dfrac{\pi}{m}$만큼 이동한 점이다.
>
> (단, $m$은 자연수이다.)

집합 $A_m=\{(a_n, b_n)\,|\,n$은 자연수$\}$라 할 때, 〈보기〉에서 옳은 것만을 있는 대로 고른 것은?

─── 보기 ───

ㄱ. $A_1=\{(1, 0), (-1, 0)\}$

ㄴ. 점 $P_k$와 점 $P_{k+m}$은 원점에 대하여 대칭이다. ($k$는 자연수이다.)

ㄷ. 집합 $A_m$의 원소의 개수는 $2m$이다.

① ㄱ      ② ㄱ, ㄴ      ③ ㄱ, ㄷ      ④ ㄴ, ㄷ      ⑤ ㄱ, ㄴ, ㄷ

**116**

📄 용산고, 단대부고 응용

자연수 $n$에 대하여 $\theta=2n\pi+\alpha$ $\left(\dfrac{\pi}{2}<\alpha<\pi\right)$일 때, 각 $\dfrac{\theta}{4}$를 나타내는 동경과 각 $\dfrac{\theta}{3}$를 나타내는 동경이 모두 제1사분면에 위치하도록 하는 $n$의 최솟값을 구하시오.

**117**

📄 상문고, 성남고 응용

그림과 같은 직원뿔에서 밑면의 반지름의 길이를 $r$, 선분 AB의 길이를 $R$라 할 때, $r:R=1:6$이다. 선분 AB의 중점 M에 대하여 점 B에서 출발하여 옆면을 한 바퀴 돌아 점 M으로 가는 최단거리가 $4\sqrt{3}$일 때, $r+R$의 값은?

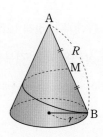

① 9      ② $\dfrac{28}{3}$      ③ $\dfrac{29}{3}$

④ 10      ⑤ $\dfrac{31}{3}$

**118**

성남고, 단대부고 응용

함수 $f(x)=[(\log_3 k)x(x-2)]$에 대하여 집합 $\left\{\sin\left(\dfrac{\pi}{6}f(x)\right)\middle|0\leq x\leq 2\right\}$의 원소의 개수가 3이

되도록 하는 실수 $k$의 값의 범위는 $\alpha<k\leq\beta$이다. $\left(\dfrac{\beta}{\alpha}\right)^2$의 값은?

(단, $k<1$이고, $[x]$는 $x$보다 크지 않은 최대의 정수이다.)

① 9　　　　② 8　　　　③ 7　　　　④ 6　　　　⑤ 4

**119**

상문고, 휘문고 응용

$\dfrac{1}{5}\leq\tan\theta\leq a$일 때, $\cos\theta$의 최댓값과 $\sin\theta$의 최댓값이 같다. $a$의 값을 구하시오. (단, $a>0$)

**120**

여의도고, 반포고 응용

정의역이 $\left\{x\middle|0\leq x\leq\dfrac{\pi}{3}\right\}$인 함수 $f(x)=\dfrac{\sin x-\sqrt{3}}{\cos x+1}$의 치역이 $\{y\,|\,a\leq y\leq b\}$일 때, $a+b$의 값

은?

① $-\dfrac{\sqrt{3}}{6}$　　② $-\dfrac{\sqrt{3}}{3}$　　③ $-\dfrac{\sqrt{3}}{2}$　　④ $-\dfrac{2\sqrt{3}}{3}$　　⑤ $-\dfrac{5\sqrt{3}}{6}$

**121**

여의도여고, 중동고 응용

$3(\sin\theta-\cos\theta)^2+6\cos\theta(\sin\theta-\cos\theta)-1=0$을 만족시키는 $\theta$에 대하여 $\sin\theta+\tan\theta$의

값을 구하시오. $\left(단, \dfrac{3}{2}\pi<\theta<2\pi\right)$

**122** 숭의여고, 중대부고 응용

$0<\theta<\dfrac{\pi}{2}$에서 $\theta$가 다음 조건을 만족시킨다.

> (가) $\dfrac{\sin^3\theta+\cos^3\theta}{\sin\theta+\cos\theta}=\dfrac{3}{4}$
>
> (나) 상수 $a$, $b$에 대하여 이차방정식 $2x^2+ax+6=0$의 두 근은 $b\sin\theta$, $b\cos\theta$이다. (단, $b>0$)

$a^2+b^2$의 값은?

① 82  ② 84  ③ 86  ④ 88  ⑤ 90

**123** 영동고, 영등포고 응용

$0<x<2$에서 함수 $y=\sin(2\pi x)$의 그래프와 $x$축의 교점과 함수 $y=k\cos(3\pi x)$의 그래프와 $x$축의 교점을 각각 작은 것부터 크기 순서대로 $P_1$, $P_2$, $\cdots$, $P_n$이라 하자. $1\le m_1<m_2\le n$인 두 자연수 $m_1$, $m_2$와 함수 $y=k\cos(3\pi x)$ 위의 임의의 점 Q에 대하여 삼각형 $P_{m_1}P_{m_2}Q$의 넓이의 최댓값이 5일 때, $n+k$의 값을 구하시오. (단, $k$는 양수이다.)

**124** 수도여고, 세종고 응용

그림과 같이 양수 $a$에 대하여 함수 $f(x)$를

$f(x)=\cos(ax)$ $\left(0\le x\le\dfrac{3}{2a}\pi\right)$라 하자. 곡선 $y=f(x)$ 위의 점

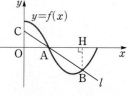

$A\left(\dfrac{\pi}{2a},\ 0\right)$을 지나는 직선 $l$이 곡선 $y=f(x)$와 만나는 점 중에서 A

가 아닌 점을 B, 직선 $l$과 $y$축의 교점을 C, 점 B에서 $x$축에 내린 수선의 발을 H라 할 때, 삼각형 OAC의 넓이가 $4\sqrt{2}$, 삼각형 HAB의 넓이가 $9\sqrt{2}$이다. $a$의 값은?

① $\dfrac{\pi}{24}$  ② $\dfrac{\pi}{30}$  ③ $\dfrac{\pi}{36}$  ④ $\dfrac{\pi}{48}$  ⑤ $\dfrac{\pi}{54}$

**125** 성남고, 양재고 응용

함수 $f(\theta)=\sin^2\theta-2a^2\sin\theta+3$ $(0\le\theta<2\pi)$는 $\theta=\alpha$일 때, 최댓값 10을 갖는다. $a^4\times\alpha$의 값은?

① $\dfrac{15}{2}\pi$  ② $9\pi$  ③ $\dfrac{21}{2}\pi$  ④ $12\pi$  ⑤ $\dfrac{27}{2}\pi$

**126**

영동고, 용산고 응용

양수 $a$, $b$에 대하여 함수 $f(x)=x^2-2ax+3+a^2$, $g(x)=b\cos x$라 하자. 함수 $(f\circ g)(x)$의 최솟값이 3, 최댓값이 12일 때, $a$의 최댓값을 구하시오.

**127**

영등포고, 성남고 응용

그림과 같이 양수 $a$에 대하여 집합 $\left\{x\left|-\dfrac{a}{2}<x\leq a,\ x\neq\dfrac{a}{2}\right.\right\}$에서 정의된 함수 $f(x)=\tan\dfrac{\pi x}{a}+b$ 위의 세 점 A, B, C를 지나는 직선이 있다. $x$축과 $y=f(x)$가 만나는 점 중에서 A가 아닌 점을 D라 하자. $\triangle$ABD는 정삼각형이고, 넓이가 $\dfrac{16\sqrt{3}}{9}$일 때, $f\left(\dfrac{4}{9}\right)$의 값은?

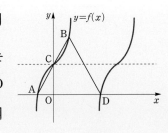

① $\dfrac{\sqrt{3}}{3}$   ② $\dfrac{2\sqrt{3}}{3}$   ③ $\sqrt{3}$   ④ $\dfrac{4\sqrt{3}}{3}$   ⑤ $\dfrac{5\sqrt{3}}{3}$

**128**

영등포고, 대일고 응용

자연수 $n$에 대하여 $-\dfrac{n\pi}{6}\leq x\leq\dfrac{n\pi}{6}$에서 정의된 함수

$f(x)=\cos^2 x\sin x+\sin^3 x-\dfrac{3}{2}\cos\left(x-\dfrac{\pi}{2}\right)$가 있다. 함수 $\{f(x)\}^2-f(x)+1$의 최댓값과 최솟값을 각각 $M(n)$, $m(n)$이라 할 때, $M(n)$과 $m(n)$으로 가능한 값을 모두 구하시오.

**129**

중동고, 장훈고 응용

$0\leq x\leq k$에서 정의된 함수 $f(x)=\sin^2 x+\sin\left(\dfrac{\pi}{2}+x\right)-4\cos x+2\cos^2 x$에 대하여 함수 $af(x)$ $(a>0)$의 최솟값이 $-3$, 최댓값이 $\dfrac{33}{4}$일 때, $k=\dfrac{q}{p}\pi$라 하자. $p+q$의 값은?

(단, $0<k<\pi$이고, $p$, $q$는 서로소인 자연수이다.)

① 3   ② 4   ③ 5   ④ 6   ⑤ 7

성남고, 영동고 응용

**130** 양수 $k$에 대하여 $0 \leq x \leq 1$일 때, 곡선 $y = 1 - 2\cos(2\pi x)$의 그래프와 직선 $y = k$의 교점을 각각 A, B라 하자. 〈보기〉에서 옳은 것만을 있는 대로 고른 것은?

(단, A의 $x$좌표는 B의 $x$좌표보다 작다.)

┌─────────────────────────────────────── 보기 ──┐
│ ㄱ. $k = 1$이면 점 A와 점 B의 $x$좌표의 차가 1이다. │
│ ㄴ. 점 A와 점 B의 $x$좌표의 합은 2이다. │
│ ㄷ. 직선 OA의 기울기가 직선 OB의 기울기의 2배이면 $k = 2$이다. │
└────────────────────────────────────────────┘

① ㄱ      ② ㄷ      ③ ㄱ, ㄴ      ④ ㄴ, ㄷ      ⑤ ㄱ, ㄴ, ㄷ

여의도고, 단대부고 응용

**131** 함수 $f(x) = \sqrt{1 + \sin x} + \sqrt{1 - \sin x}$에 대하여 〈보기〉에서 옳은 것만을 있는 대로 고른 것은?

┌─────────────────────────────────────── 보기 ──┐
│ ㄱ. $\{f(x)\}^2$의 최댓값은 4이다. │
│ ㄴ. $f(x)$의 최솟값은 $\sqrt{2}$이다. │
│ ㄷ. $\{f(x)\}^2 - 3f(x)$의 최댓값과 최솟값의 차는 $\dfrac{1}{4}$이다. │
└────────────────────────────────────────────┘

① ㄱ      ② ㄱ, ㄴ      ③ ㄱ, ㄷ      ④ ㄴ, ㄷ      ⑤ ㄱ, ㄴ, ㄷ

중대부고, 장훈고 응용

**132** 그림과 같이 양수 $a$에 대하여 함수 $f(x) = a\{2\sin(\pi x) - 1\}$ $(x \geq 0)$의 그래프와 $x$축의 교점을 각각 A, B, C라 하자. 함수 $f(x)$가 최댓값을 갖는 점 D의 좌표를 $D(x_1, f(x_1))$, 함수 $f(x)$가 최솟값을 갖는 점 E의 좌표를 $E(x_2, f(x_2))$라 할 때, 삼각형 ABD의 넓이는 2이다. 삼각형 BEC의 넓이를 구하시오.

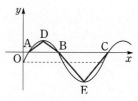

성남고, 세종고 응용

**133** $f(x) = \sin x$, $g(x) = \dfrac{5x + 3}{2x - 1}$과 실수 $k$에 대하여 함수 $y = g\{f(x) - k\}$가 최댓값과 최솟값을 모두 갖도록 하는 $k$의 값의 범위를 구하시오.

**134** 압구정고, 숭의여고 응용
함수 $f(x)=\sin(a\pi x)+\cos\left(\dfrac{\pi}{3}+b\pi x\right)$에 대하여 $f(1)=2$일 때, $f(5)$의 값을 구하시오.

(단, $a>0$, $b>0$)

**135** 중동고 응용
함수 $f(x)=a\tan x+b\ (0\le x\le 2\pi)$의 그래프가 그림과 같이 직선 $y=2\sqrt{3}$과 만나는 점을 각각 A, B라 하고, $x$축과 만나는 점을 C, D라 하자. 점 E$(0, 2\sqrt{3})$에 대하여

$\dfrac{\overline{\text{CO}}-\overline{\text{AE}}}{\overline{\text{DO}}-\dfrac{3}{2}\pi}=2$, $3\overline{\text{AC}}=2\sqrt{27+\pi^2}$일 때, $f\left(\dfrac{\pi}{3}\right)$의 값은?

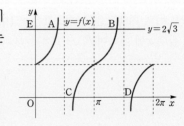

(단, $a>0$, $0<b<2\sqrt{3}$)

① 1      ② $\sqrt{3}$      ③ 3      ④ $4\sqrt{3}$      ⑤ 9

**136** 남창고 응용
자연수 $m$, $n$에 대하여 함수 $f(x)$를

$$f(x)=\begin{cases} 3\sin(2x)+1 & (0\le x<\pi) \\ m\cos x+n & (\pi\le x\le 2\pi) \end{cases}$$

라 할 때, 함수 $f(x)$는 다음 조건을 만족시킨다.

> (가) 방정식 $f(x)=0$의 모든 실근의 합은 $\dfrac{17}{6}\pi$이다.
>
> (나) 함수 $f(x)$의 최솟값은 $-2$이다.

$n$이 최댓값을 가질 때, 함수 $f(x)$의 최댓값은?

① 4      ② 5      ③ 6      ④ 7      ⑤ 8

**137** 수도여고, 중동고 응용
$x$에 대한 방정식 $(x^2+1)(1+\cos\alpha)+2x(1+\sin\alpha)=0$이 실근을 가질 때, $\alpha$의 최솟값을 구하시오. (단, $0\le\alpha<2\pi$)

**서술형** 체감난도가 높았던 **서술형** 기출

## 138

▣ 여의도여고, 중동고 응용

상수 $a$, $b$에 대하여 다음 조건을 만족시키는 함수

$f(x)=a \sin \left(\dfrac{x}{n^2}\right)+b$ (단, $n$은 자연수)가 있다.

$f(\pi)$의 값의 합을 구하시오.

> ㈎ 함수 $f(x)$의 최댓값은 3, 최솟값은 $-1$이다.
> ㈏ 모든 실수 $x$에 대하여 $f(x+16\pi)=f(x)$이다.

## 139

▣ 영등포여고, 대일고 응용

$\dfrac{\pi}{2}<\theta<\dfrac{7}{2}\pi$에서 $2\cos^2\theta \sin\theta-9\sin^2\theta-14\sin\theta=4$

를 만족시키는 $\theta$를 작은 것부터 크기 순서대로 나열한 것을 $\theta_1$, $\theta_2$, $\cdots$, $\theta_n$ (단, $n$은 자연수)이라 하자.

$\tan(\theta_1+\theta_n)=M$이라 할 때, $n \times M^2$의 값을 구하시오.

## 140

▣ 숭의여고, 목동고 응용

$0 \leq \theta < 2\pi$에서 방정식 $(1+\sin\theta)(1-\sin\theta)\tan^4\theta=2$

의 모든 실근의 합을 구하시오. $\left(\text{단, } \theta \neq \dfrac{\pi}{2}, \theta \neq \dfrac{3}{2}\pi\right)$

## 141

▣ 성남고, 목동고 응용

모든 실수 $x$에 대하여 부등식

$$x^2-x\cos\theta+\frac{1}{2}\sin^3\theta-\frac{1}{2}\sin\theta \geq 0$$

이 항상 성립하도록 하는 $\theta$의 최솟값을 $\alpha$, 최댓값을 $\beta$라 할 때, $\cos^2\alpha-3\cos(\beta-\alpha)$의 값을 구하시오.

(단, $0 \leq \theta \leq 2\pi$)

**142** 📄 문영여고, 세화여고 응용

$0<\theta<\dfrac{5}{2}\pi$에서 방정식

$$\sin\theta=\dfrac{24}{n(n-10)}\ \ (\text{단, } 1\leq n\leq 20\text{이고, }10\text{이 아닌 자연수})$$

의 서로 다른 실근이 존재할 때, 그 개수를 $f(n)$이라 하자. $f(n)$으로 가능한 값을 작은 수부터 순서대로 나타내면 $y_1,\ y_2,\ \cdots,\ y_m$ (단, $m$은 자연수)이다.

$f(n)=y_1$을 만족하는 $n$의 개수를 $n_1$, $f(n)=y_m$을 만족하는 $n$의 개수를 $n_2$라 할 때, $m+n_1+n_2$의 값을 구하시오.

**143** 📄 장군고, 서초고 응용

모든 원소가 자연수인 집합 $X$에 대하여 $n(X)=4$일 때, 집합 $S_k$를

$$S_k=\left\{x+\left|\sin\dfrac{24}{k}\pi\right|\ \middle|\ x\in X\right\}\ \ (\text{단, }k\text{는 자연수})$$

라 하자. $k=a$일 때, $n(X\cup S_k)$는 최솟값 $m$을 갖는다. 가능한 $ma$의 값의 합을 구하시오.

(단, $S_k\neq X$)

**144** 📄 영락고, 서울고 응용

$0\leq t\leq 1$인 실수 $t$에 대하여 함수 $f(x)$를

$$f(x)=|\sin|x|-t|\ \ (\text{단, }-2\pi\leq x\leq 2\pi)$$

라 하자. 방정식 $f(x)=f\left(\dfrac{\pi}{2}\right)$의 서로 다른 실근의 개수를 $g(t)$라 할 때, $g(t)$의 값으로 가능한 값들의 합을 구하시오.

**145** 📄 수도여고, 용산고 응용

$\dfrac{\pi}{2}\leq\theta\leq\dfrac{3}{2}\pi$일 때, $x$에 대한 이차함수

$$f(x)=x^2-2x\cos\theta-\dfrac{1}{2}\sin^2\theta$$ 가 $-\dfrac{1}{2}\leq x\leq\dfrac{1}{2}$에서 최솟값 $m$을 갖는다. $m=g(\theta)$라 하면

$$g(\theta)=\begin{cases}g_1(\theta)\ (\alpha<\theta<\beta)\\[2mm]g_2(\theta)\ \left(\dfrac{\pi}{2}\leq\theta\leq\alpha,\ \beta\leq\theta\leq\dfrac{3}{2}\pi\right)\end{cases}$$

이다. 이때 $\alpha+\beta+g(\pi)+g\left(\dfrac{2}{3}\pi\right)=p\pi-\dfrac{r}{q}$이다. $p+q+r$의 값을 구하시오.

(단, $p,\ q,\ r$는 자연수이며 $q,\ r$는 서로소이다.)

# 삼각형에의 응용

## 1 사인법칙

(1) 삼각형 ABC의 외접원의 반지름의 길이를 $R$라 하면

$$\frac{a}{\sin A}=\frac{b}{\sin B}=\frac{c}{\sin C}=2R$$

(2) 각의 크기를 알 때, 변의 길이는

$$a=2R\sin A,\ b=2R\sin B,\ c=2R\sin C$$

(3) 삼각형의 변의 길이와 마주보는 각의 크기에 대한 사인 함수의 값의 비는 일정하다.

$$a:b:c=\sin A:\sin B:\sin C$$

(4) 변의 길이와 외접원의 반지름의 길이를 알 때, 각의 크기는

$$\sin A=\frac{a}{2R},\ \sin B=\frac{b}{2R},\ \sin C=\frac{c}{2R}$$

## 2 코사인법칙

삼각형 ABC에서 다음이 성립하고, 이를 코사인법칙이라고 한다.

$$a^2=b^2+c^2-2bc\cos A$$
$$b^2=a^2+c^2-2ac\cos B$$
$$c^2=a^2+b^2-2ab\cos C$$

위의 식을 변형하면 다음과 같이 표현할 수 있다.

$$\cos A=\frac{b^2+c^2-a^2}{2bc},\ \cos B=\frac{c^2+a^2-b^2}{2ca},\ \cos C=\frac{a^2+b^2-c^2}{2ab}$$

## 3 삼각형의 넓이

(1) 두 변의 길이와 끼인각의 크기를 알 때

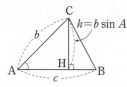 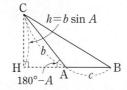 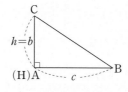

삼각형 ABC에서 두 변의 길이와 끼인각의 크기를 알 때, 삼각형의 넓이 $S$는

$$S=\frac{1}{2}bc\sin A$$

같은 방법으로 $S=\frac{1}{2}ca\sin B$, $S=\frac{1}{2}ab\sin C$

(2) 외접원의 반지름의 길이를 알 때 **Key 1**

삼각형 ABC의 외접원의 반지름의 길이 $R$를 알 때 삼각형의 넓이 $S$는

$$S=\frac{abc}{4R}=2R^2\sin A\ \sin B\ \sin C$$

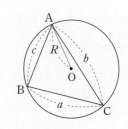

**Advice**

▶ 두 각의 크기와 한 변의 길이 또는 한 각의 크기와 두 변의 길이가 제시되었을 때

$$\frac{a}{\sin A}=\frac{b}{\sin B}$$

를 이용한다.

▶ 코사인법칙은 두 변의 길이와 끼인각의 크기를 알 때, 나머지 한 변의 길이를 구하거나, 세 변의 길이를 알 때, 세 각의 크기를 구하는 경우에 이용한다.

▶ 헤론의 공식
삼각형의 세 변의 길이가 각각 $a, b, c$일 때, 삼각형의 넓이 $S$는

$$S=\sqrt{s(s-a)(s-b)(s-c)}$$

$$\left(\text{단,}\ s=\frac{a+b+c}{2}\right)$$

**4 사각형의 넓이** (Key 2)

그림과 같은 사각형 ABCD에서 두 대각선의 길이가 각각 $p$, $q$이고, 두 대각선이 이루는 각의 크기가 $\theta$일 때, 사각형 ABCD의 넓이를 $S$라 하면

$$S = \frac{1}{2}pq \sin \theta$$

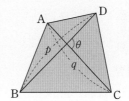

---

**+10점 향상을 위한 문제 해결의 Key**

**Key 1 외접원의 반지름의 길이를 알 때 삼각형의 넓이**

삼각형 ABC의 넓이를 $S$라 하면

사인법칙에 의하여 $\sin A = \dfrac{a}{2R}$이므로

$$S = \frac{1}{2}bc \sin A = \frac{1}{2}bc \times \frac{a}{2R} = \frac{abc}{4R}$$

또한, 사인법칙의 변형에 의하여 $b = 2R \sin B$, $c = 2R \sin C$이므로

$$S = \frac{1}{2}bc \sin A = \frac{1}{2} \times 2R \sin B \times 2R \sin C \times \sin A = 2R^2 \sin A \sin B \sin C$$

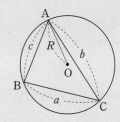

**Key 2 사각형의 넓이**

그림과 같이 대각선 BD와 평행하고 두 점 A, C를 지나는 직선을 각각 그리고, 대각선 AC와 평행하고 두 점 B, D를 지나는 직선을 각각 그린다.

네 직선이 만나는 점을 각각 P, Q, R, S라 하면 사각형 PQRS는 평행사변형이다.

따라서 사각형 ABCD의 넓이는 사각형 PQRS의 넓이의 $\dfrac{1}{2}$이고,

삼각형 PQR의 넓이도 사각형 PQRS의 넓이의 $\dfrac{1}{2}$이므로

사각형 ABCD의 넓이와 삼각형 PQR의 넓이는 같다.

사각형 ABCD의 넓이를 $S$라 하면

$$S = \frac{1}{2} \times \overline{PQ} \times \overline{QR} \times \sin \theta = \frac{1}{2}pq \sin \theta$$

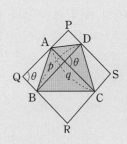

» 47쪽 157번

## 146

📖 성남고, 서울고 응용

그림과 같이 $\overline{BC}=3$, $\angle ABC=\dfrac{\pi}{6}$ 인 삼각형 ABC가 있다. 또한 삼각형 ABC와 $\overline{BC}$를 공유하고 꼭짓점 A를 포함하는 $\angle BPC=\dfrac{\pi}{3}$인 삼각형 PBC가 있다. $\angle PBA=\theta$일 때, $\sin\theta=\dfrac{\sqrt{29}}{15}$이다. $\overline{PB}$의 길이는?

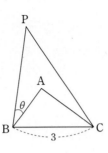

① $\dfrac{26\sqrt{3}}{15}$   ② $\dfrac{9\sqrt{3}}{5}$   ③ $\dfrac{28\sqrt{3}}{15}$

④ $\dfrac{29\sqrt{3}}{15}$   ⑤ $2\sqrt{3}$

## 147

📖 영등포여고, 여의도고 응용

그림과 같이 좌표평면에서 점 $A(0,\ k)$를 지나고 기울기가 $-1$인 직선이 $x$축과 만나는 점을 B라 하고, $\overline{BC}=1$이 되도록 $x$축 위에 점 C를 잡는다. $\angle BAC=\theta$라 할 때, $\sin\theta=\dfrac{1}{5\sqrt{2}}$이다. $k$의 값을 구하시오.

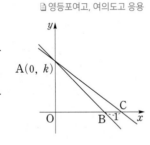

## 148

📖 용산고, 배문고 응용

삼각형 ABC의 내부의 점 O에서 $\overline{AB}$와 $\overline{BC}$에 내린 수선의 발을 각각 $H_1$, $H_2$라 하면 $H_1$과 $H_2$는 각 변의 중점이다. $\overline{AC}=4$이고 $\cos\theta=-\dfrac{\sqrt{5}}{3}$일 때, $\overline{OA}$의 길이는?

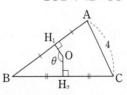

① $\dfrac{3}{2}$   ② $2$   ③ $\dfrac{5}{2}$

④ $3$   ⑤ $\dfrac{7}{2}$

## 149

📖 숭의여고, 배문고 응용

그림과 같이 $\overline{AB}=10$, $\overline{AC}=12$, $\cos(\angle BAC)=\dfrac{1}{5}$인 삼각형 ABC가 있다. $\overline{AD}=6$이 되도록 선분 AB 위에 점 D를 잡고, $\overline{DE}=7$이 되도록 $\overline{AC}$ 위에 점 E를 잡는다. $\overline{BE}^2$의 값은?

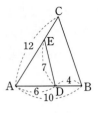

① 95   ② 100   ③ 105

④ 110   ⑤ 115

## 150

📖 수도여고, 양정고 응용

그림과 같이 한 변의 길이가 4인 정사각형 ABCD에 대하여 선분 BC의 사등분점 중 점 B에 가까운 점을 E라 하고, 선분 CD의 중점을 F라 하자. $\angle EAF=\alpha$, $\angle AFE=\beta$라 할 때, $\overline{AE}\times\overline{EF}\times\cos(\alpha+\beta)$의 값을 구하시오.

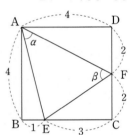

## 151

📖 강서고, 영등포여고 응용

그림과 같이 $\overline{AB}=5$, $\overline{BC}=3$, $\overline{CD}=2$, $\overline{DA}=4$인 사각형 ABCD가 원에 내접하고 있다. $\overline{BD}^2$의 값은?

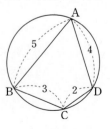

① $\dfrac{251}{13}$   ② $\dfrac{252}{13}$

③ $\dfrac{253}{13}$   ④ $\dfrac{254}{13}$

⑤ $\dfrac{255}{13}$

## 152

영락고, 문영여고 응용

그림과 같이 △ABC에서
$\overline{AB}=2$, $\overline{BC}=5$이고,
∠ABC=$\theta$이다. 선분 BC 위의
점 D에 대하여 두 삼각형
ABD, ADC의 외접원의 반지름의 길이가 각각 4, 8일 때,
$\cos\theta$의 값은?

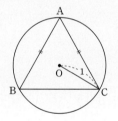

① $\dfrac{9}{20}$      ② $\dfrac{11}{20}$      ③ $\dfrac{13}{20}$

④ $\dfrac{3}{4}$      ⑤ $\dfrac{17}{20}$

## 153

은광여고, 서초고 응용

그림과 같이 $\overline{AB}=\overline{AC}$인 이등변삼각
형 ABC가 반지름의 길이가 1인 원
에 내접한다.
$\sin(\angle BAC)=\dfrac{\sqrt{7}}{4}$일 때,
삼각형 ABC의 넓이를 구하시오.

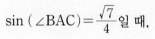

$\left(\text{단, }\angle BAC<\dfrac{\pi}{2}\right)$

## 154

미림여고, 숭의여고 응용

그림과 같이 $\cos(\angle ABC)=\dfrac{1}{4}$,

$\cos(\angle ACB)=\dfrac{1}{3}$이고, $\overline{AB}=4$인

삼각형 ABC가 있다. 선분 BC 위에
$\overline{BD}=5$가 되도록 점 D를 잡을 때, 삼각형
ACD의 외접원의 반지름의 길이를 구하
시오.

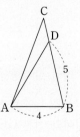

## 155

성남고, 영등포고 응용

그림과 같이 $\overline{AB}=4$, $\overline{AC}=5$이
고, $\cos A=\dfrac{1}{8}$인 삼각형 ABC
가 있다. $\overline{BC}$ 위의 점 D에서
$\overline{AB}$까지의 거리와 점 D에서
$\overline{AC}$까지의 거리가 같을 때, $\overline{AD}$의 길이는?

① $\dfrac{8}{3}$      ② 3      ③ $\dfrac{10}{3}$

④ $\dfrac{11}{3}$      ⑤ 4

## 156

양정고, 서문여고 응용

삼각형 ABC가
$$1+\dfrac{\sin B}{\sin A}-\dfrac{\sin(A+B)}{\sin A}=2\cos C$$
를 만족시킬 때, 삼각형 ABC의 모양은?

① $a=c$인 이등변삼각형
② $b=c$인 이등변삼각형
③ $a=b$인 이등변삼각형
④ 빗변의 길이가 $c$인 직각삼각형
⑤ 빗변의 길이가 $a$인 직각삼각형

## 157

대영고, 목동고 응용

그림과 같이 $\overline{AC}:\overline{BD}=2:3$이고 넓이가 $8\sqrt{2}$인 평행사변
형 ABCD에 대하여 $\overline{AB}=\sqrt{17}$일 때, $\overline{AC}+\overline{BD}$의 값은?
(단, ∠AEB는 둔각이다.)

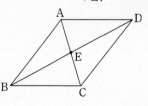

① $\dfrac{22}{3}$      ② 8      ③ $\dfrac{26}{3}$

④ $\dfrac{28}{3}$      ⑤ 10

숭의여고, 양재고 응용

**158** 그림과 같이 반지름의 길이가 $r$인 원에 $\overline{AB}=\overline{AC}$이고, $\angle ACB=75°$인 삼각형 ABC가 내접하고 있다. $\angle BAD=10°$가 되도록 점 A를 포함하지 않는 호 BC 위에 점 D를 잡으면 호 CD의 길이는 $2\pi$이다. $\overline{AB}^2=p+q\sqrt{3}$이라 할 때, $p-q$의 값은? (단, $p$, $q$는 자연수이다.)

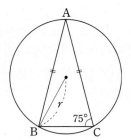

① 78 　　　② 79 　　　③ 80
④ 81 　　　⑤ 82

문영여고, 서울고 응용

**159** 그림과 같이 반지름의 길이가 1인 원에 삼각형 ABC가 내접하고 있다. 이때 $\angle BOC=\dfrac{2}{3}\pi$, $\angle ABC=\alpha$라 하자. 선분 AC의 길이가 $\sqrt{2}$일 때, 선분 AB의 길이를 구하시오.

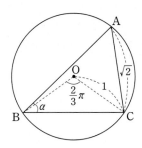

영락고, 세종고 응용

**160** $\overline{AB}=1$, $\overline{AC}=3$이고, $\cos(\angle BAC)=\dfrac{1}{3}$인 삼각형 ABC가 있다. 선분 AC 위의 점 D에 대하여 $\angle CBD=\angle BAD$일 때, 선분 BD의 길이를 구하시오.

성남고, 숙명여고 응용

**161** 한 변의 길이가 4인 정사각형 ABCD에서 변 AB를 $1:3$으로 내분하는 점을 P, 변 BC의 중점을 Q라 할 때, 점 D에서 선분 PQ에 내린 수선의 발을 H라 하자. $\angle PDH=\alpha$, $\angle QDH=\beta$라 할 때, $\overline{PQ}^2\times\cos\alpha\times\cos\beta$의 값은?

① $\dfrac{98}{\sqrt{85}}$ 　　② $\dfrac{95}{\sqrt{85}}$ 　　③ $\dfrac{92}{\sqrt{85}}$ 　　④ $\dfrac{89}{\sqrt{85}}$ 　　⑤ $\dfrac{86}{\sqrt{85}}$

숭의여고, 상문고 응용

**162** 그림과 같이 $\cos(\angle CAB)=\dfrac{1}{4}$이고, $\overline{BC}=10$인 삼각형 ABC가 있다. 점 B에서 선분 AC에 내린 수선의 발을 D, 점 C에서 선분 AB에 내린 수선의 발을 E라 할 때, 선분 BD의 길이와 선분 CE의 길이의 비는 $2:3$이다. 삼각형 ABC의 넓이를 구하시오.

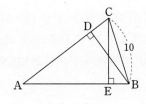

**163**
미림여고, 강서고 응용

그림과 같이 $\overline{AB}=4$, $\overline{BC}=4$, $\overline{AD}=5$, $\overline{CD}=6$이고, $\angle ABC=120°$
인 사각형 ABCD에서 $\cos(\angle ADC)$의 값을 구하시오.

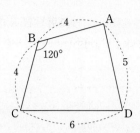

**164**
여의도고, 영락고 응용

그림과 같이 $\overline{AB}=3$, $\overline{AC}=5$이다. $\overline{AD}=\overline{BD}=2$가 되도록 점 D를 잡을 때,
$\overline{BC}^2$의 값은?

① $\dfrac{21}{2}$ 　　② 11 　　③ $\dfrac{23}{2}$

④ 12 　　⑤ $\dfrac{25}{2}$

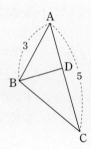

**165**
대영고, 진명여고 응용

그림과 같이 원에 내접한 $\triangle ABC$에서 $\overline{AB}=4$, $\overline{AC}=5$이고
$\angle BAC=\dfrac{\pi}{3}$일 때, 선분 BC와 점 A를 포함하지 않는 호 BC로 둘러
싸인 부분의 넓이를 구하시오.

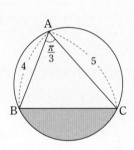

**166**
여의도여고, 장훈고 응용

그림과 같이 $\angle BAC=\theta$이고, $\overline{AB}=\overline{AC}=1$인 이등변삼각형 ABC가 있다.
$\overline{BC}=\overline{BD}$이고 $\angle DBC=\theta$가 되도록 점 D를 잡을 때, 선분 CD의 길이는
$\dfrac{1}{3}$이다. 사각형 ABDC의 넓이는?

① $\dfrac{\sqrt{10}}{9}$ 　　② $\dfrac{\sqrt{11}}{9}$ 　　③ $\dfrac{2\sqrt{3}}{9}$

④ $\dfrac{\sqrt{13}}{9}$ 　　⑤ $\dfrac{\sqrt{14}}{9}$

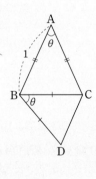

**167**
장훈고, 은광여고 응용

그림과 같이 중심이 각각 O, O′이고 반지름의 길이가 각각 $R$, $r$
인 두 원 $C_1$, $C_2$가 두 점 A, B에서 만난다. 점 A에서 원 $C_2$에
접하는 접선이 점 O를 지나고, 점 A를 지나는 직선과 두 원 $C_1$,
$C_2$의 교점 중에서 A가 아닌 점을 각각 C, D라 하자.

$\angle ACB=\dfrac{\pi}{6}$이고, $\overline{AC}=2\sqrt{3}$, $\overline{BC}=5$일 때, 선분 AD의 길이
를 구하시오.

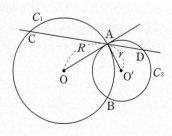

**168** 📄 영등포고, 세화고 응용

예각삼각형 ABC가 다음 조건을 만족시킬 때, $\overline{AB}$의 길이를 구하시오.

> (가) $\dfrac{\sin A}{2\sqrt{3}} = \dfrac{\sin B}{5} = \dfrac{1}{10}$
>
> (나) △ABC의 외접원의 반지름의 길이는 5이다.

**169** 📄 성남고, 진명여고 응용

∠A=60°인 삼각형 ABC가 반지름의 길이가 $2\sqrt{7}$인 원에 내접하고 있다. 점 A를 포함하는 호 BC 위의 점 $D_1$과 점 A를 포함하지 않는 호 BC 위의 점 $D_2$에 대하여 $\sin(\angle BCD_2) = \dfrac{2\sqrt{7}}{7}$ 일 때, 〈보기〉에서 옳은 것만을 있는 대로 고른 것은?

> ──보기─
>
> ㄱ. $\overline{BC} = 2\sqrt{21}$　　　ㄴ. $\angle BD_1C = \angle BD_2C$　　　ㄷ. $\overline{BD_2} + \overline{CD_2} = 10$

① ㄱ　　　② ㄱ, ㄴ　　　③ ㄱ, ㄷ　　　④ ㄴ, ㄷ　　　⑤ ㄱ, ㄴ, ㄷ

**170** 📄 영등포여고, 서초고 응용

그림과 같이 $\overline{PC} = \sqrt{10}$, $\overline{BC} = 3\sqrt{2}$, $\angle PBC = \dfrac{\pi}{4}$인 삼각형 ABC에서 $\angle APB = 90°$이고 $\angle ABP = \theta$라 할 때, $\tan\theta = 2$이다. 선분 AC의 길이를 구하시오. (단, △BPC는 둔각삼각형이다.)

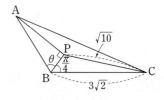

**171** 📄 경문고, 휘문고 응용

자연수 $n$에 대하여 $f(n) = 2 + (-1)^n$일 때, 좌표평면 위의 점 $P_n$을 $P_n\left(f(n)\cos\dfrac{n\pi}{3}, f(n)\sin\dfrac{n\pi}{3}\right)$라 하자. $\cos(\angle P_nP_{n+1}P_{n+2})$의 값의 합은?

(단, $0 < \angle P_nP_{n+1}P_{n+2} < \pi$)

① $-\dfrac{5}{7}$　　　② $-\dfrac{4}{7}$　　　③ $-\dfrac{3}{7}$　　　④ $-\dfrac{2}{7}$　　　⑤ $-\dfrac{1}{7}$

**172**

그림과 같이 $\overline{AB}=\sqrt{2}$, $\overline{AC}=k$인 삼각형 ABC에서 $\overline{AB}$, $\overline{AC}$의 중점을 각각 M, N이라 하자. $\cos{(\angle B+\angle C)}=-\dfrac{1}{3}$일 때, 삼각형 AMN의 넓이가 $\dfrac{1}{2}$이다. $k$의 값을 구하시오.

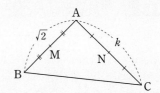

**173**

중심각의 크기가 $\dfrac{\pi}{3}$이고, 반지름의 길이가 4인 부채꼴 OAB가 있다. 선분 OA와 선분 OB를 각각 1:3으로 내분하는 점을 각각 C, D라 하자. 호 AB 위의 점 M을 호 AM의 길이와 호 BM의 길이가 같아지도록 잡을 때, 호 BM과 선분 BD, 선분 CM, 호 CD로 둘러싸인 부분의 넓이를 구하시오.

**174**

폭이 1로 일정한 종이를 그림과 같이 선분 AB를 접는 선으로 하여 접었을 때, 세 점 C′, A, C가 한 직선 위에 있다. $\cos{\theta}=\dfrac{2}{3}$일 때, 삼각형 C′D′C의 넓이는?

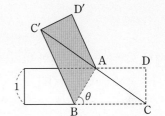

① $\dfrac{\sqrt{3}}{2}$   ② 1   ③ $\dfrac{\sqrt{5}}{2}$

④ $\dfrac{\sqrt{6}}{2}$   ⑤ $\dfrac{\sqrt{7}}{2}$

**175**

반지름의 길이가 5인 원이 있다. 원의 중심을 O라 할 때, 원 위의 점 A에 대하여 $\angle ABO=\dfrac{\pi}{6}$가 되도록 원 위에 점 B를 잡고, $\angle ACO=\dfrac{\pi}{8}$가 되도록 원 위에 점 C를 잡는다. 선분 OB를 2:3으로 내분하는 점을 D, 선분 OC를 1:4로 내분하는 점을 E라 할 때, 네 개의 선분 OD, OE, AD, AE로 둘러싸인 도형의 넓이를 구하시오. $\left(\text{단}, \angle BOC>\dfrac{\pi}{12}\right)$

**서술형** 체감난도가 높았던 **서술형** 기출

## 176

📋수도여고, 중산고 응용

그림과 같이 $\overline{AB}=2$인 삼각형 ABC와 $\overline{BC}$를 지름으로 하는 반원 위의 점 P에 대하여 $\overline{BP}=\sqrt{2}$인 삼각형 BCP는 다음 조건을 만족시킨다. 이때 사각형 ABPC의 넓이를 구하시오.

> (가) $\overline{AB}\sin^2(\angle ABC)+\overline{AC}\cos^2(\angle ACB)=\overline{AC}$
>
> (나) $\cos A=-\dfrac{1}{4}$

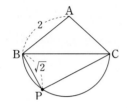

## 177

📋배문고, 중산고, 성남고, 중동고 응용

△ABC에서 외접원과 내접원의 반지름의 길이가 각각 $R$, $r$일 때, 다음 조건을 만족시킨다.

> $$\dfrac{1}{\sin B \sin C}+\dfrac{1}{\sin A \sin C}+\dfrac{1}{\sin A \sin B}=6$$

$\dfrac{r}{R}=\dfrac{q}{p}$라 할 때, $p+q$의 값을 구하시오.

(단, $p$와 $q$는 서로소이다.)

## 178

📋용산고, 양정고 응용

세 변의 길이가 각각 $n+1$, $n+3$, $10-n$인 삼각형이 둔각삼각형이 되도록 하는 자연수 $n$의 값을 모두 구하시오.

## 179

📋숭의여고, 세화고 응용

그림과 같이 반지름의 길이가 각각 $r_1$, $r_2$, $r_3$인 세 원이 서로 외접하고, 접점을 각각 A, B, C라 하자.

$r_1 : r_2 : r_3 = 3 : 4 : 5$일 때, 삼각형 $O_1O_2O_3$의 넓이는 삼각형 ABC의 넓이의 $k$배이다. $k$의 값을 구하시오.

(단, 점 $O_1$, $O_2$, $O_3$은 각각 세 원의 중심이다.)

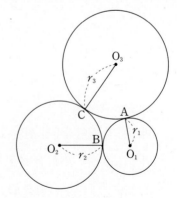

**180**

수도여고, 용산고 응용

그림과 같이 $\overline{AB}$를 지름으로 하고 중심이 O인 원 위에 두 점 D, E를 잡아서 $\overline{DE}$의 연장선과 지름 AB의 연장선이 만나는 점을 C라 하자. 선분 OC 위의 점 F에 대하여 다음 조건을 만족시키는 $\overline{EF}$의 길이를 $\dfrac{q}{p}$라 할 때, $p+q$의 값을 구하시오.

(단, $p$, $q$는 서로소인 자연수이다.)

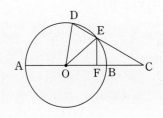

(가) $\angle ODE = \angle OFE$이고, $\cos(\angle ODE) = \dfrac{1}{8}$이다.

(나) $\overline{AB} = 8$, $\overline{CD} = 5$

**181**

숭의여고, 은광여고 응용

그림과 같이 $\overline{BC} = 2\sqrt{5}$를 지름으로 하는 원에 내접하는 이등변삼각형 ABC가 있다. 점 A를 중심으로 하고 반지름의 길이가 $\overline{AB}$인 원 위의 점 D가 두 삼각형 ACD, ABD를 구성할 때, 두 삼각형의 넓이를 각각 $S_1$, $S_2$라 하면 $S_1 : S_2 = 3 : 4$이다. $\overline{BD}$의 길이를 구하시오.

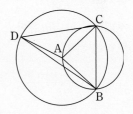

**182**

성남고, 중동고 응용

반지름의 길이가 $3\sqrt{5}$인 원 위의 네 점 A, B, C, D가 다음 조건을 만족시킨다. 이때 삼각형 ABD의 넓이를 구하시오.

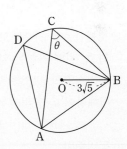

(가) 삼각형 ABC는 예각삼각형이고 $\overline{AB} = 10$이다.

(나) $\overline{BD} = a$, $\overline{AD} = b$, $\sin(\angle ABC) = \theta$라 하면 $\dfrac{a}{b} + \dfrac{b}{a} = \sin^2\theta + \dfrac{13}{9}$이다.

**183**

영등포고, 세화고 응용

그림과 같이 반지름의 길이가 각각 $r$, $R$인 두 원 $C_1$, $C_2$에 각각 내접하고 $\overline{AB} = 2$인 삼각형 ABC와 삼각형 ABD가 다음 조건을 만족시킨다. $\overline{AB}$와 $\overline{CD}$가 만나는 점을 E라 할 때, $\overline{AC}^2$의 값을 구하시오.

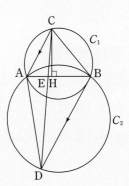

(가) $\overline{AH} : \overline{BH} = 1 : 3$이고 $\overline{AE} : \overline{BE} = 1 : 2$이다.

(나) $\overline{AC} /\!/ \overline{BD}$이고, $\sin^2(\angle CAB) = \dfrac{51}{4(R^2 - r^2)}$이다.

# 05 등차수열과 등비수열

## 1 등차수열

(1) 첫째항부터 차례대로 일정한 수를 더하여 만들어지는 수열을 등차수열이라 하고, 이때 더하는 일정한 수를 공차라 한다.

(2) 등차수열의 일반항

첫째항이 $a$, 공차가 $d$인 등차수열의 일반항 $a_n$은
$$a_n = a + (n-1)d \ (n=1, 2, 3, \cdots)$$

(3) 등차중항

세 수 $a$, $b$, $c$가 이 순서대로 등차수열을 이룰 때, $b$를 $a$와 $c$의 등차중항이라 한다. 이때 $2b = a + c$, 즉 $b = \dfrac{a+c}{2}$가 성립한다.

## 2 등차수열의 합

첫째항이 $a$, 제$n$항이 $l$, 공차가 $d$인 등차수열의 첫째항부터 제$n$항까지의 합을 $S_n$이라 하면
$$S_n = \frac{n(a+l)}{2} = \frac{n\{2a+(n-1)d\}}{2}$$

## 3 등비수열

(1) 첫째항부터 차례대로 일정한 수를 곱하여 만들어지는 수열을 등비수열이라 하고, 이때 곱하는 일정한 수를 공비라 한다.

(2) 등비수열의 일반항

첫째항이 $a$, 공비가 $r$인 등비수열의 일반항 $a_n$은
$$a_n = ar^{n-1} \ (n=1, 2, 3, \cdots)$$

(3) 등비중항

0이 아닌 세 수 $a$, $b$, $c$가 이 순서대로 등비수열을 이룰 때, $b$를 $a$와 $c$의 등비중항이라 한다. 이때 $b^2 = ac$, 즉 $b = \pm\sqrt{ac}$가 성립한다.

## 4 등비수열의 합

첫째항이 $a$, 공비가 $r$인 등비수열의 첫째항부터 제$n$항까지의 합을 $S_n$이라 하면

① $r \neq 1$일 때, $S_n = \dfrac{a(1-r^n)}{1-r}$ 또는 $S_n = \dfrac{a(r^n-1)}{r-1}$

② $r = 1$일 때, $S_n = na$

## 5 수열의 합과 일반항 사이의 관계

수열 $\{a_n\}$의 첫째항부터 제$n$항까지의 합을 $S_n$이라 하면

$$a_1=S_1,\ a_n=S_n-S_{n-1}\ (n=2,\ 3,\ 4,\ \cdots)$$

## +10점 향상을 위한 문제 해결의 Key

### Key 1  등차(등비)수열의 부분합으로 이루어진 수열

수열 $\{a_n\}$이 등차수열을 이루면 부분합으로 이루어진 수열도 등차수열을 이루며,

수열 $\{a_n\}$이 등비수열을 이루면 부분합으로 이루어진 수열도 등비수열을 이룬다.

참고  $a_1+a_2+a_3+\cdots+a_n=100$이고 $a_{n+1}+a_{n+2}+a_{n+3}+\cdots+a_{2n}=30$인 경우

① 수열 $\{a_n\}$이 등차수열을 이루면 공차가 20인 등차수열을 이루므로

$$a_{2n+1}+a_{2n+2}+a_{2n+3}+\cdots+a_{3n}=30+20=50$$

② 또, 수열 $\{a_n\}$이 등비수열을 이루면 공비가 3인 등비수열을 이루므로

$$a_{2n+1}+a_{2n+2}+a_{2n+3}+\cdots+a_{3n}=30\times3=90$$

» 56쪽 189번

### Key 2  수열의 합과 일반항 사이의 관계 (첫째항부터 성립?)

① 수열 $\{a_n\}$의 첫째항부터 제$n$항까지의 합을 $S_n$이라 할 때

$S_n=an^2+bn+c$의 경우 일반항은

$$\begin{cases} a_n=2an+(b-a)\ (n\geq2) \\ a_1=S_1=a+b+c \end{cases}$$

가 된다.

② $S_n$을 이용하여 수열 $\{a_n\}$의 일반항을 구할 때

(ⅰ) $n=0$을 대입하여 $S_0=0$이 되는 경우 첫째항부터 규칙을 따르는 수열이 되며,

(ⅱ) $S_0\neq0$가 되는 경우는 둘째항부터 규칙을 따르는 수열이 된다.

참고  ① $S_n=3n^2+4n+5$인 경우 일반항은

$$\begin{cases} a_n=6n+(4-3)=6n+1\ (n\geq2) \\ a_1=S_1=3+4+5=12 \end{cases}$$

② (ⅰ) $S_n=n^2+5n$인 경우 $S_0=0$이므로 첫째항부터 성립하는 등차수열이 된다.

(ⅱ) $S_n=n^2+5n+2$인 경우 $S_0=2\neq0$이므로 둘째항부터 성립하는 등차수열이 된다.

(ⅲ) $S_n=3^{n+2}+k$가 첫째항부터 등비수열을 이루려면

$S_0=9+k=0$이어야 하므로 $k=-9$가 되어야 한다.

## 184

안곡고 응용

수열 $\{a_n\}$은 처음 10개의 항 $a_1$, $a_2$, $a_3$, $\cdots$, $a_{10}$이 서로 다르고, $a_{n+10}=a_n$ $(n=1, 2, 3, \cdots)$을 만족시킨다.
다음의 수열 $\{b_n\}$ 중에서 $a_1$, $a_2$, $a_3$, $a_4$, $a_5$, $a_6$, $a_7$, $a_8$, $a_9$, $a_{10}$이 모두 나타나는 것은?

① $b_n=a_{2n-1}$        ② $b_n=a_{3n-1}$

③ $b_n=a_{4n-1}$        ④ $b_n=a_{5n-1}$

⑤ $b_n=a_{6n-1}$

## 185

풍문고 응용

다음 〈보기〉에서 옳은 것만을 있는 대로 고른 것은?

──────▶보기

ㄱ. 수열 $\{2a_n-6\}$이 등차수열이면 수열 $\{a_n\}$도 등차수열이다.

ㄴ. 수열 $\{(a_n)^2\}$이 등비수열이면 수열 $\{a_n\}$도 등비수열이다.

ㄷ. 수열 $\{a_n+b_n\}$이 등차수열이면 수열 $\{a_n\}$, $\{b_n\}$은 각각 등차수열이다.

① ㄱ        ② ㄱ, ㄴ        ③ ㄱ, ㄷ

④ ㄴ, ㄷ        ⑤ ㄱ, ㄴ, ㄷ

## 186

대화고 응용

첫째항이 3이고 공차가 음수인 등차수열 $\{a_n\}$에 대하여 $|a_2+a_3+10|=|a_4+a_5-2|$일 때, $a_{10}$의 값은?

① $-5$        ② $-10$        ③ $-15$

④ $-20$        ⑤ $-25$

## 187

동덕여고 응용

8개의 수 $\sqrt{3}$, $a$, $b$, $c$, $d$, $e$, $f$, 5가 이 순서대로 등차수열을 이룰 때, $3a+4b-2c-2d+4e+3f$의 값은?

① $28+2\sqrt{3}$        ② $27+3\sqrt{3}$

③ $26+4\sqrt{3}$        ④ $25+5\sqrt{3}$

⑤ $24+6\sqrt{3}$

## 188

늘푸른고 응용

등차수열 $\{a_n\}$의 첫째항부터 제$n$항까지의 합을 $S_n$이라 하고, 등차수열 $\{b_n\}$의 첫째항부터 제$n$항까지의 합을 $T_n$이라 하자. $\dfrac{S_n}{T_n}=\dfrac{5n+5}{7n-33}$일 때, $\dfrac{a_{10}}{b_{10}}$의 값을 구하시오.

## 189

대륜고 응용

등차수열 $\{a_n\}$에서 $a_1+a_2+a_3+\cdots+a_{10}=10$, $a_{11}+a_{12}+a_{13}+\cdots+a_{20}=40$일 때, $a_{21}+a_{22}+a_{23}+\cdots+a_{40}$의 값을 구하시오.

## 190

⬛ 경기여고 응용

다음 그림은 두 곡선 $y=x^2+ax+b$, $y=x^2$의 교점에서 오른쪽 방향으로 두 곡선 사이에 $y$축과 평행한 선분 10개를 일정한 간격으로 그은 것이다. 선분의 길이를 왼쪽부터 차례대로 $l_1$, $l_2$, $l_3$, $\cdots$, $l_{10}$이라 하면 $l_1=3$, $l_{10}=27$이다. $l_1+l_2+l_3+\cdots+l_{10}$의 값은?

(단, $a>0$이고, $a$, $b$는 상수이다.)

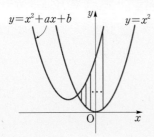

① 135　　　② 140　　　③ 145
④ 150　　　⑤ 155

## 191

⬛ 백운고 응용

수열 $\{a_n\}$에 대하여 첫째항부터 제$n$항까지의 합 $S_n$이 다음 조건을 모두 만족시킬 때, $a_{11}$의 값은?

(가) $S_1=S_2=5$
(나) 수열 $\{S_{2n}\}$은 공차가 4인 등차수열이다.
(다) 수열 $\{S_{2n-1}\}$은 공차가 2인 등차수열이다.

① $-2$　　　② $-4$　　　③ $-6$
④ $-8$　　　⑤ $-10$

## 192

⬛ 반여고 응용

두 자리 자연수 중에서 서로 다른 네 개의 수를 작은 것부터 순서대로 나열하였더니 공비가 자연수인 등비수열이 되었다. 이 네 수의 합이 가장 클 때, 그 합은?

① 150　　　② 160　　　③ 170
④ 180　　　⑤ 190

## 193

⬛ 서울세종고 응용

$x$에 대한 다항식 $x^2-ax+2a$를 $x-2$, $x-3$, $x-4$로 나눈 나머지를 각각 $p$, $q$, $r$라고 하자. 세 수 $p$, $q$, $r$가 이 순서대로 등비수열을 이루도록 하는 모든 실수 $a$의 값의 곱을 구하시오.

## 194

⬛ 경동고 응용

$A=2^{2022}$, $B=3^{2022}$이라 할 때, $18^{2022}$의 양의 약수의 총합을 $A$와 $B$로 나타내면?

① $3AB^2$　　　　　② $\dfrac{1}{2}(A-1)(B^2-1)$

③ $\dfrac{1}{8}(A-1)(B^2-1)$　　④ $\dfrac{1}{2}(2A-1)(3B^2-1)$

⑤ $\dfrac{1}{8}(2A-1)(9B^2-1)$

## 195

⬛ 압구정고 응용

수열 $\{a_n\}$의 첫째항부터 제$n$항까지의 합 $S_n$이 $S_n=3^n-10$일 때, $a_1+a_5$의 값을 구하시오.

## 196

⬚언남고 응용

민규는 노트북을 사기 위해 매월 초에 20만 원씩 2년 동안 저금하기로 하였다. 2년째 말에 저금한 돈을 모두 찾아서 노트북을 샀더니, 200만 원이 남았다. 노트북의 가격을 구하시오. (단, 월이율은 0.2%의 복리이며, $1.002^{24}=1.05$로 계산한다.)

## 197

⬚동문고 응용

다음 그림과 같이 한 변의 길이가 1인 정사각형 모양의 종이가 있다. 첫 번째 시행에서 각 변의 중점을 이어서 만든 네 개의 정사각형 중에서 왼쪽 위의 정사각형을 색칠한다. 두 번째 시행에서 첫 번째 시행 후 남은 오른쪽 아래의 정사각형에서 같은 방법으로 정사각형을 색칠한다. 이와 같은 시행을 반복할 때, $n$번째 시행에서 색칠하는 정사각형의 넓이를 $a_n$이라 하자. 색칠한 정사각형의 넓이의 합이 처음으로 $\dfrac{341}{1024}$보다 커지는 것은 몇 번째 시행인가?

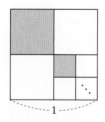

① 5번째     ② 6번째     ③ 7번째
④ 8번째     ⑤ 9번째

## 198

⬚반포고 응용

등차수열 $\{a_n\}$과 등비수열 $\{b_n\}$은 다음 조건을 모두 만족시킨다.

> (가) $a_1=-2$, $b_1=2$
> (나) $a_2=b_2$, $a_4=b_4$

이때 $a_7+b_7$의 값은? (단, 수열 $\{b_n\}$의 공비는 양수이다.)

① 150     ② 162     ③ 174
④ 186     ⑤ 198

## 199

⬚두루고 응용

이차함수 $f(x)=ax^2+bx+c$가 다음 조건을 모두 만족시킬 때, $a$의 값은? (단, $a>0$)

> (가) 세 수 $a$, $c$, $b$는 이 순서대로 공비가 1이 아닌 등비수열을 이룬다.
> (나) 세 수 $\dfrac{1}{a}$, $\dfrac{1}{b}$, $\dfrac{1}{c}$은 이 순서대로 등차수열을 이룬다.
> (다) 함수 $f(x)$의 최솟값은 $-24$이다.

① 1     ② 2     ③ 3
④ 4     ⑤ 5

**200** 📄주엽고 응용

등차수열 $\{a_n\}$의 공차와 각 항이 0이 아닌 실수일 때, 방정식 $a_{n+2}x^2+2a_{n+1}x+a_n=0$의 한 근을 $b_n$이라 하면 등차수열 $\left\{\dfrac{b_n}{b_n+1}\right\}$의 공차는? (단, $b_n\neq-1$)

① $-\dfrac{1}{2}$      ② $-\dfrac{1}{4}$      ③ $\dfrac{1}{8}$      ④ $\dfrac{1}{4}$      ⑤ $\dfrac{1}{2}$

**201** 📄능곡고 응용

두 집합 $A$, $B$를 각각

$A=\{a_n\,|\,a_n=3n+1,\ n$은 자연수$\}$

$B=\{b_n\,|\,b_n=2n+1,\ n$은 자연수$\}$

로 정의하자. 집합 $A\cap B$의 원소를 작은 수부터 차례대로 나열한 수열을 $\{c_n\}$이라 할 때, $c_n$의 값이 처음으로 세 자리의 자연수가 되는 $n$의 값은?

① 15      ② 17      ③ 19      ④ 21      ⑤ 23

**202** 📄원미고 응용

자연수 $n$에 대하여

$$1\leq a_1<a_2<a_3<\cdots<a_n\leq 4n+1$$

인 $n$개의 홀수 $a_1$, $a_2$, $a_3$, $\cdots$, $a_n$의 합으로 나타내어지는 수 전체의 집합을 $A$라 하자. $A$의 원소 중 최소인 수를 $x$, 최대인 수를 $y$라 할 때, $x+y$의 값을 구하시오.

(참고로 $n=2$일 때, $x=4$, $y=16$이다.)

**203** 📄매탄고 응용

다음 조건을 만족시키는 삼각형의 개수는?

> ㈎ 모든 변의 길이는 자연수이다.
> ㈏ 가장 긴 변의 길이가 15 이하이다.
> ㈐ 세 변의 길이는 공차가 0이 아닌 등차수열을 이룬다.

① 20      ② 25      ③ 30      ④ 35      ⑤ 40

**204** 📄 대구여고 응용

함수 $f(x)=x^2+bx+2a+3$의 그래프는 $x$축과 두 점 $(\alpha_1, 0)$, $(\alpha_2, 0)$ $(\alpha_1<\alpha_2)$에서 만나고, 함수 $g(x)=-x^2+ax+b$의 그래프는 $x$축과 두 점 $(\beta_1, 0)$, $(\beta_2, 0)$ $(\beta_1<\beta_2)$에서 만난다고 한다. 네 수 $\beta_1$, $\alpha_1$, $\beta_2$, $\alpha_2$가 이 순서대로 등차수열을 이룰 때, $\alpha_1+\beta_1+\alpha_2+\beta_2$의 값은?

(단, $a$, $b$는 정수이고, $b\neq0$이다.)

① 11　　　② 12　　　③ 13　　　④ 14　　　⑤ 15

**205** 📄 다정고 응용

$n$개의 항으로 이루어진 등차수열 $a_1$, $a_2$, $a_3$, $a_4$, $\cdots$, $a_n$이 다음 조건을 만족한다.

> (가) 처음 5개 항의 합은 120이다.
> (나) 마지막 5개 항의 합은 680이다.
> (다) $a_1+a_2+a_3+\cdots+a_n=2400$

이때 $n$의 값은?

① 22　　　② 24　　　③ 26　　　④ 28　　　⑤ 30

**206** 📄 양재고 응용

다음 조건을 모두 만족시키는 등차수열 $\{a_n\}$에 대하여 $a_{51}$의 값은?

> (가) 제3항과 제9항은 부호가 다르고 절댓값이 같다.
> (나) 첫째항부터 제$n$항까지의 합을 $S_n$이라 하면 자연수 $n$에 대하여 $S_n$의 최솟값은 $-45$이다.

① 115　　　② 125　　　③ 135　　　④ 145　　　⑤ 155

**207** 📄 개포고 응용

첫째항이 $a$이고 공차가 $-2$인 등차수열 $\{a_n\}$의 첫째항부터 제$n$항까지의 합을 $S_n$이라 하자. $S_p=S_q$ $(p<q)$를 만족하는 순서쌍 $(p, q)$의 개수가 10일 때, 이를 만족시키는 모든 실수 $a$의 값의 합을 구하시오.

**208**

🗐 주업고 응용

수직선 위에 네 점 $A(a)$, $B(b)$, $C(c)$, $D(d)$가 있다. 각 점의 좌표의 값 $a$, $b$, $c$, $d$에 대하여 $a$, $3b$, $5c$, $7d$가 이 순서대로 등차수열을 이룰 때, 다음이 성립한다.

> 점 B는 선분 AC를 $p:1$로 내분하는 점이고
> 점 C는 선분 BD를 $q:1$로 내분하는 점이고
> 점 D는 선분 AB를 $r:1$로 외분하는 점이다.

세 자연수 $p$, $q$, $r$에 대하여 $2p+3q+4r$의 값을 구하시오. (단, $a<b<c<d$)

**209**

🗐 야탑고 응용

수열 $\{a_n\}$에서 $\dfrac{1}{a_1}=1$, $\dfrac{1}{a_{21}}=41$이고, $\dfrac{1}{a_1}$, $\dfrac{1}{a_2}$, $\dfrac{1}{a_3}$, $\cdots$, $\dfrac{1}{a_{21}}$이 등차수열을 이룰 때, $a_1a_2+a_2a_3+a_3a_4+\cdots+a_{20}a_{21}$의 값은? (단, 수열 $\{a_n\}$의 각 항은 0이 아니다.)

① $\dfrac{10}{31}$　　② $\dfrac{20}{31}$　　③ $1$　　④ $\dfrac{10}{41}$　　⑤ $\dfrac{20}{41}$

**210**

🗐 효문고 응용

다음 두 조건을 만족하는 서로 다른 세 자연수 $A$, $B$, $C$에 대하여 $A+B+C$의 최댓값을 구하시오. (단, $[x]$는 $x$보다 크지 않은 최대의 정수이다.)

> (가) $[\log A]+[\log B]+[\log C]=0$
> (나) $A$, $B$, $C$가 이 순서대로 등비수열을 이룬다.

서울고 응용

**211** 공비가 $r_1$ $(r_1>1)$인 등비수열 $a_1$, $a_2$, $a_3$, $a_4$, $a_5$, $a_6$, $\cdots$에 대하여 두 등비수열 $\{b_n\}$, $\{c_n\}$을 다음과 같이 정의하였다.

$$\{b_n\}: a_1a_2,\ a_3a_4,\ a_5a_6,\ a_7a_8,\ \cdots$$

$$\{c_n\}: a_1a_2a_3,\ a_4a_5a_6,\ a_7a_8a_9,\ a_{10}a_{11}a_{12},\ \cdots$$

두 수열 $\{b_n\}$, $\{c_n\}$의 공비를 각각 $r_2$, $r_3$라 할 때, 다음 중 옳은 것은? (단, $a_1\neq 0$)

① $r_2^{\ 3}=r_3^{\ 4}$      ② $r_2^{\ 4}=r_3^{\ 3}$      ③ $r_2^{\ 3}=r_3^{\ 5}$      ④ $r_2^{\ 4}=r_3^{\ 9}$      ⑤ $r_2^{\ 9}=r_3^{\ 4}$

세화고 응용

**212** 네 양수 $a$, $b$, $c$, $d$가 다음 조건을 만족시킨다.

> (가) $bcd=\left(\dfrac{1}{5}\right)^6 a^3$
>
> (나) 네 수 $a$, $10b$, $10^2 c$, $10^3 d$는 이 순서대로 등비수열을 이룬다.

$10^3\left(\dfrac{b}{a}+\dfrac{c}{a}+\dfrac{d}{a}\right)$의 값은?

① 240      ② 244      ③ 248      ④ 252      ⑤ 256

세화고 응용

**213** 함수 $y=|x^2-7x+6|$의 그래프와 직선 $y=m(x-1)$이 서로 다른 세 점에서 만날 때, 세 점의 $x$좌표를 각각 $a_1$, $a_2$, $a_3$라 하자. 세 수 $a_1$, $a_2$, $a_3$가 이 순서대로 등비수열을 이룰 때, 양수 $m$의 값은? (단, $0<a_1<a_2<a_3$)

① 1      ② 2      ③ 3      ④ 4      ⑤ 5

동원고 응용

**214** 수열 $\{a_n\}$의 첫째항부터 제$n$항까지의 합 $S_n$과 자연수 $r$에 대하여

$$S_{n+1}=1+r+r^2+r^3+\cdots+r^n \ (\text{단},\ r\neq 1)$$

$$F(n)=a_2\times a_4\times a_6\times\cdots\times a_{2n} \ (n=1, 2, 3, \cdots)$$

이라 하자. $F(9n)\times F(12n)=F(kn)$이 성립하도록 하는 자연수 $k$의 값은?

① 15      ② 20      ③ 25      ④ 30      ⑤ 35

**215** 📄 양운고 응용

수열 $\{a_n\}$의 첫째항부터 제$n$항까지의 합을 $S_n$이라 하면 $S_n = \dfrac{4}{3}(4^n - 1) - 2p(2^n - 1)$이다. 다음을 만족시키는 자연수 $p$의 최댓값을 $M$, 최솟값을 $m$이라 할 때, $M - m$의 값을 구하시오.

(단, $p$는 상수이다.)

$$a_1 > a_2 > a_3 > \cdots > a_{10} \text{이고, } a_{10} < a_{11} < a_{12} < \cdots \text{ 이다.}$$

**216** 📄 판교고 응용

그림과 같이 한 변의 길이가 2인 정사각형 $A_1B_1C_1D$가 있다. 정사각형 $A_1B_1C_1D$의 두 대각선의 교점을 $B_2$라 하고, 점 $B_2$에서 두 변 $A_1D$, $C_1D$에 내린 수선의 발을 각각 $A_2$, $C_2$라 하자. 점 $B_2$를 지나고 두 변 $A_1B_1$, $B_1C_1$에 동시에 접하는 원을 $O_1$이라 하고, 원 $O_1$이 두 변 $A_1B_1$, $B_1C_1$에 접하는 점을 각각 $P_1$, $Q_1$이라 할 때, 삼각형 $B_2P_1Q_1$의 내부에 색칠하여 얻은 그림을 $R_1$이라 하자. 그림 $R_1$에서 정사각형 $A_2B_2C_2D$의 두 대각선의 교점을 $B_3$이라 하고, 점 $B_3$에서 두 변 $A_2D$, $C_2D$에 내린 수선의 발을 각각 $A_3$, $C_3$이라 하자. 점 $B_3$을 지나고 두 변 $A_2B_2$, $B_2C_2$에 동시에 접하는 원을 $O_2$라 하고, 원 $O_2$가 두 변 $A_2B_2$, $B_2C_2$에 접하는 점을 각각 $P_2$, $Q_2$라 할 때, 삼각형 $B_2P_2Q_2$의 내부에 색칠하여 얻은 그림을 $R_2$라 하자. 이와 같은 과정을 계속하여 6번째 얻은 그림 $R_6$에 색칠되어 있는 부분의 넓이는?

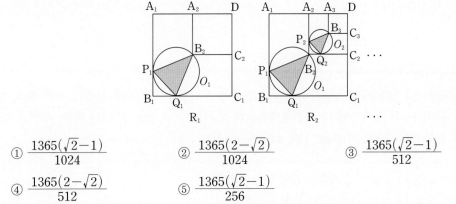

① $\dfrac{1365(\sqrt{2}-1)}{1024}$  ② $\dfrac{1365(2-\sqrt{2})}{1024}$  ③ $\dfrac{1365(\sqrt{2}-1)}{512}$

④ $\dfrac{1365(2-\sqrt{2})}{512}$  ⑤ $\dfrac{1365(\sqrt{2}-1)}{256}$

**217** 📄연수고 응용

암 보장보험은 암에 걸렸을 때 필요한 고액의 치료비를 지원받기 위해 건강할 때 미리 가입하여 일정액의 보험료를 납입하는 보험 상품이다. $A$회사의 암 보장보험은 다음과 같은 규약을 가지고 있다.

> (규약1) 가입자는 매월 1일 10만 원씩의 보험료를 보험회사에 납입한다.
> (규약2) 가입자는 만 60세가 되는 시점부터 더 이상의 보험료를 납입하지 않으며, 만 70세가 될 때까지 보험회사와 계약을 유지한다.
> (규약3) 가입자가 만 70세가 될 때까지 암에 걸리지 않으면 만 70세가 되는 달의 1일에 가입자가 납입한 보험료의 원리합계의 80%를 보험회사가 가입자에게 환급금으로 지급하고 계약을 해지한다.

꿈틀이는 만 30세가 되는 2022년 1월 1일에 $A$회사의 암 보장보험에 가입하였다. 꿈틀이가 만 70세가 될 때까지 암에 걸리지 않고 계약을 유지할 경우 보험회사로부터 받게 될 환급금은 약 얼마인가? (단, 월이율 0.2%의 복리로 계산하며, $1.002^{121}=1.3$, $1.002^{360}=2.1$로 계산한다.)

① 5480만 원    ② 5560만 원    ③ 5640만 원    ④ 5720만 원    ⑤ 5800만 원

**218** 📄대륜고 응용

수열 $\{a_n\}$이 다음 조건을 만족한다. $a_{99}+a_{100}$의 값은?

> (가) $a_1=1$, $a_2=2$
> (나) $n$이 홀수일 때, $a_n$, $a_{n+1}$, $a_{n+2}$는 이 순서대로 등비수열을 이룬다.
> (다) $n$이 짝수일 때, $a_n$, $a_{n+1}$, $a_{n+2}$는 이 순서대로 등차수열을 이룬다.

① 7600    ② 5050    ③ 5000    ④ 2550    ⑤ 2500

**219** 📄동안고 응용

첫째항이 $a$, 공비가 3인 등비수열 $\{a_n\}$의 첫째항부터 제$n$항까지의 합을 $S_n$이라 하고, 첫째항이 $b$, 공비가 $s$인 등비수열 $\{b_n\}$의 첫째항부터 제$n$항까지의 합을 $T_n$이라 하자. 수열이 다음 조건을 만족시킬 때, $T_a$의 값은? (단, $a$는 자연수이다.)

> (가) 수열 $\{S_n+p\}$는 첫째항이 12인 등비수열이다.
> (나) 수열 $\{T_n+q\}$는 공차가 7인 등차수열이다.

① 48    ② 50    ③ 52    ④ 54    ⑤ 56

서술형 **서술형** 체감난도가 높았던 **서**술형 **기출**

## 220

過천중앙고 응용

등차수열 $\{a_n\}$이 다음 조건을 만족시킨다. 등차수열 $\{a_n\}$의 일반항 $a_n$을 구하시오.

㈎ 수열 $\{a_n\}$의 모든 항은 정수이다.

㈏ $a_2 + a_4 + a_6 + a_8 + a_{10} - 100$

㈐ 수열 $\{a_n\}$의 모든 항 중 120보다 작은 항의 개수는 18 이다.

## 221

過선사고 응용

자연수 $n$ $(n \geq 2)$으로 나누었을 때, 몫과 나머지가 같아지는 자연수를 모두 더한 값을 $a_n$이라 하자. 예를 들어 4로 나누었을 때, 몫과 나머지가 같아지는 자연수는 5, 10, 15이므로 $a_4 = 5 + 10 + 15 = 30$이다. $a_n < 500$을 만족시키는 모든 자연수 $n$의 값의 합을 구하시오.

## 222

過백영고 응용

모든 항이 실수인 등비수열 $\{a_n\}$의 첫째항부터 제4항까지의 합이 3, 첫째항부터 제12항까지의 합이 21이다. 수열 $\{a_n\}$의 첫째항부터 제40항까지의 합을 구하시오.

## 223

過해성여고 응용

다음 그림과 같이 평행하지 않은 두 직선 $l$, $m$에 동시에 접하면서 서로 외접하는 10개의 원 $O_1$, $O_2$, $O_3$, $\cdots$, $O_{10}$이 있다. 가장 작은 원의 넓이부터 가장 큰 원의 넓이까지 각각 차례대로 $a_1$, $a_2$, $a_3$, $\cdots$, $a_{10}$이라 할 때, 다음 물음에 답하시오.

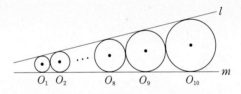

(1) 수열 $\{a_n\}$이 등비수열임을 보이시오.

(2) $a_1 = 2$, $a_{10} = 8$일 때, $\log_2 (a_1 \times a_2 \times a_3 \times \cdots \times a_{10})$의 값을 구하시오.

광남고 응용

**224**  이차함수 $y=f(x)$의 그래프가 다음 그림과 같을 때, 자연수 $n$에 대하여 $f(n)$은 수열 $\{a_n\}$의 첫째항부터 제$n$항까지의 합이다.

$a_m+a_{m+1}+a_{m+2}+\cdots+a_{13}>0$을 만족시키는 $m$의 최솟값을 $p$,

$a_m+a_{m+1}+a_{m+2}+\cdots+a_{13}$의 값이 최대가 되게 하는 $m$의 값을 $q$라 하자.

$a_p-a_q=-16$일 때, $f(15)$의 값을 구하시오. (단, $m$은 13 이하의 자연수이다.)

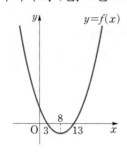

개포고 응용

**225**  함수 $f(x)$가 다음 두 조건을 만족시킨다.

> (가) 모든 실수 $x$에 대하여 $f(x+\pi)=f(x)+2$이다.
>
> (나) $-\dfrac{\pi}{2}\le x<\dfrac{\pi}{2}$일 때, $f(x)=|\sin 2x|-\sin 2x$이다.

모든 자연수 $n$에 대하여 수열 $\{a_n\}$은 $a_{n+1}=a_n+\pi$이고, 수열 $\{f(a_n)\}$의 첫째항부터 제16항까지의 합이 352가 되도록 하는 $a_1$의 값 중에서 최솟값을 $\dfrac{p}{q}\pi$라 할 때, $p+q$의 값을 구하시오.

(단, $p$와 $q$는 서로소인 자연수이다.)

**226**

$\{a_n\}$은 첫째항이 자연수이고, 공차가 음의 정수인 등차수열이고,

$\{b_n\}$은 첫째항이 자연수이고, 공비가 음의 정수인 등비수열이다.

$\{a_n\}$, $\{b_n\}$이 다음 조건을 모두 만족시킬 때, 물음에 답하시오.

> (가) $(a_1+a_2+a_3+a_4)+(b_1+b_2+b_3+b_4)=-15$
>
> (나) $(a_1+a_2+a_3+a_4)+(|b_1|+|b_2|+|b_3|+|b_4|)=45$
>
> (다) $(|a_1|+|a_2|+|a_3|+|a_4|)+(|b_1|+|b_2|+|b_3|+|b_4|)=69$

(1) 수열 $\{a_n\}$의 일반항을 구하시오.

(2) 수열 $\{b_n\}$의 일반항을 구하시오.

(3) $a_5+b_5$의 값을 구하시오.

**227**

직사각형 $A_1B_1C_1D_1$에서 $\overline{A_1B_1}=1$, $\overline{A_1D_1}=2$이고 점 $M_1$은 선분 $A_1D_1$의 중점이다. 부채꼴 $D_1M_1C_1$의 호 $M_1C_1$과 선분 $M_1C_1$으로 둘러싸인 부분을 어둡게 색칠한 그림을 $P_1$이라 하자. 그림 $P_2$에서 점 $A_2$는 선분 $B_1M_1$ 위의 점이고 두 점 $B_2$, $C_2$는 선분 $B_1C_1$ 위의 점이며 점 $D_2$는 호 $M_1C_1$ 위의 점이고 직사각형 $A_2B_2C_2D_2$에서 $\overline{A_2B_2}:\overline{B_2C_2}=1:2$이다. 그림 $P_1$에서 어둡게 색칠한 부분을 얻은 것과 같은 방법으로 그림 $P_2$에서도 선분 $A_2D_2$의 중점 $M_2$, 부채꼴 $D_2M_2C_2$의 호 $M_2C_2$와 선분 $M_2C_2$로 둘러싸인 부분을 어둡게 색칠하였다. 이와 같은 과정을 계속하여 10번째 얻은 그림 $P_{10}$에서 어둡게 색칠한 부분의 전체 넓이를 $S_{10}$이라 할 때,

$$S_{10}=a \times \left(\frac{\pi}{4}-\frac{1}{2}\right)(1-b^{20})$$이다. $ab$의 값을 구하시오.

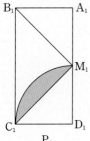 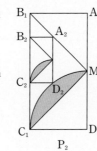 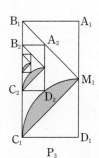

# 06 수열의 합

## 1 합의 기호 $\sum$

수열 $\{a_n\}$의 첫째항부터 제$n$항까지의 합을 합의 기호 $\sum$를 써서 다음과 같이 나타낸다.

$$a_1+a_2+a_3+ \cdots +a_n=\sum_{k=1}^{n} a_k$$

이때 $\sum_{k=1}^{n} a_k=\sum_{i=1}^{n} a_i=\sum_{j=1}^{n} a_j=\sum_{p=1}^{n} a_p= \cdots$ 와 같이 $k$ 대신 다른 문자로 나타내어도 된다.

> **참고** $\sum_{k=1}^{n} a_k=a_1+\sum_{k=2}^{n} a_k=\sum_{k=1}^{l} a_k+\sum_{k=l+1}^{n} a_k=\sum_{k=1}^{n-1} a_k+a_n$ (단, $1<l<n$)

## 2 $\sum$의 성질

두 수열 $\{a_n\}$, $\{b_n\}$에 대하여

① $\sum_{k=1}^{n} (a_k+b_k)=\sum_{k=1}^{n} a_k+\sum_{k=1}^{n} b_k$  　② $\sum_{k=1}^{n} (a_k-b_k)=\sum_{k=1}^{n} a_k-\sum_{k=1}^{n} b_k$

③ $\sum_{k=1}^{n} ca_k=c\sum_{k=1}^{n} a_k$ (단, $c$는 상수)  　④ $\sum_{k=1}^{n} c=cn$ (단, $c$는 상수)

⑤ $\sum_{i=1}^{n}\left(\sum_{j=1}^{n} a_ib_j\right)=\sum_{i=1}^{n}\left\{a_i\left(\sum_{j=1}^{n} b_j\right)\right\}$

▶ 주의해야 할 $\sum$의 계산

① $\sum_{k=1}^{n} a_kb_k \neq \sum_{k=1}^{n} a_k\sum_{k=1}^{n} b_k$

② $\sum_{k=1}^{n} \dfrac{a_k}{b_k} \neq \dfrac{\sum_{k=1}^{n} a_k}{\sum_{k=1}^{n} b_k}$

③ $\sum_{k=1}^{n} a_k^2 \neq \left(\sum_{k=1}^{n} a_k\right)^2$

## 3 $\sum$의 연산

① $a_2+a_3+ \cdots +a_{n-1}=\sum_{k=2}^{n-1} a_k$  　② $a_n=\sum_{k=1}^{n} a_k-\sum_{k=1}^{n-1} a_k$ ($n \geq 2$)

③ $\sum_{k=m}^{n} a_k=\sum_{k=1}^{n} a_k-\sum_{k=1}^{m-1} a_k$ ($n \geq m$)

## 4 자연수의 거듭제곱의 합

(1) $\sum_{k=1}^{n} k=1+2+3+ \cdots +n=\dfrac{n(n+1)}{2}$

(2) $\sum_{k=1}^{n} k^2=1^2+2^2+3^2+ \cdots +n^2=\dfrac{n(n+1)(2n+1)}{6}$

(3) $\sum_{k=1}^{n} k^3=1^3+2^3+3^3+ \cdots +n^3=\left\{\dfrac{n(n+1)}{2}\right\}^2=\left(\sum_{k=1}^{n} k\right)^2$

▶ ① 홀수의 합
$1+3+5+ \cdots +(2n-1)$
$=\sum_{k=1}^{n} (2k-1)=n^2$

② 짝수의 합
$2+4+6+ \cdots +2n$
$=\sum_{k=1}^{n} 2k=n(n+1)$

## 5 여러 가지 수열의 합

(1) 부분분수를 이용한 수열의 합

① 부분분수

$ab \neq 0$, $a \neq b$일 때, $\dfrac{1}{ab} = \dfrac{1}{b-a}\left(\dfrac{1}{a} - \dfrac{1}{b}\right)$

② 부분분수와 $\sum$

$\displaystyle\sum_{k=1}^{n} \dfrac{1}{k(k+d)} = \dfrac{1}{d}\sum_{k=1}^{n}\left(\dfrac{1}{k} - \dfrac{1}{k+d}\right)$

(2) 유리화를 이용한 수열의 합

$\displaystyle\sum_{k=1}^{n} \dfrac{1}{\sqrt{k}+\sqrt{k+1}} = \sum_{k=1}^{n}(\sqrt{k+1} - \sqrt{k})$

---

**+10점 향상을 위한 문제 해결의 Key**

**Key ①** 알아두면 유용한 $\sum$ 공식들

① 연속한 두 수의 곱의 합

$1 \times 2 + 2 \times 3 + 3 \times 4 + \cdots + n(n+1) = \displaystyle\sum_{k=1}^{n} k(k+1) = \dfrac{n(n+1)(n+2)}{3}$

마찬가지로 연속한 세 수의 곱의 합은

$\displaystyle\sum_{k=1}^{n} k(k+1)(k+2) = \dfrac{n(n+1)(n+2)(n+3)}{4}$

② 합이 $n$인 두 수의 곱의 합

$1 \times (n-1) + 2 \times (n-2) + 3 \times (n-3) + \cdots + (n-1) \times 1 = \displaystyle\sum_{k=1}^{n} k(n-k) = \dfrac{(n-1)n(n+1)}{6}$

**참고** ① $\displaystyle\sum_{k=1}^{10} k(k+1) = \dfrac{10 \times 11 \times 12}{3}$, $\displaystyle\sum_{k=1}^{10}(k-2)(k-1)k = \dfrac{8 \times 9 \times 10 \times 11}{4}$

② $\displaystyle\sum_{k=1}^{10} k(10-k) = \dfrac{9 \times 10 \times 11}{6}$

» 70쪽 235번

**Key ②** 항이 여러 개 있는 부분분수식

$\dfrac{1}{a_1 a_2 a_3 \cdots a_{n-1} a_n} = \dfrac{1}{a_1 a_n} \times \dfrac{1}{a_2 a_3 \cdots a_{n-1}} = \dfrac{1}{a_n - a_1} \times \left(\dfrac{1}{a_1} - \dfrac{1}{a_n}\right) \times \dfrac{1}{a_2 a_3 \cdots a_{n-1}}$

$\qquad = \dfrac{1}{a_n - a_1} \times \left(\dfrac{1}{a_1 a_2 a_3 \cdots a_{n-1}} - \dfrac{1}{a_2 a_3 a_4 \cdots a_n}\right)$

**참고** $\dfrac{1}{x(x+1)(x+2) \cdots (x+10)} = \dfrac{1}{x(x+10)} \times \dfrac{1}{(x+1)(x+2) \cdots (x+9)}$

$\qquad = \dfrac{1}{(x+10)-x} \times \left(\dfrac{1}{x(x+1)(x+2) \cdots (x+9)} - \dfrac{1}{(x+1)(x+2)(x+3) \cdots (x+10)}\right)$

» 73쪽 252번

## 228

📄 가좌고 응용

수열 $\{a_n\}$, $\{b_n\}$과 합의 기호 $\sum$에 대한 설명 중 〈보기〉에서 옳은 것만을 있는 대로 고른 것은?

보기

ㄱ. $\sum_{k=1}^{n} a_{2k+1} + \sum_{k=1}^{n} a_{2k} = \sum_{k=2}^{2n+1} a_k$

ㄴ. 수열 $\{a_n\}$의 제1항부터 제$n$항까지의 합을 $S_n$이라 할 때, $\sum_{k=1}^{n} a_n = S_n$이다.

ㄷ. $(2a_1+1)+(2a_2+2)+(2a_3+3)+\cdots+(2a_n+n)$
$\quad = \sum_{k=1}^{n} 2a_k + k$

ㄹ. $\sum_{i=1}^{n} a_i = S$, $\sum_{j=1}^{n} b_j = T$일 때, $\sum_{k=1}^{n} a_k b_k = S \times T$이다.
(단, $S$, $T$는 상수이다.)

① ㄱ
② ㄱ, ㄴ
③ ㄱ, ㄷ
④ ㄱ, ㄴ, ㄷ
⑤ ㄱ, ㄴ, ㄷ, ㄹ

## 229

📄 양재고 응용

수열 $\{a_n\}$이 $\sum_{k=1}^{n} a_{2k-1} = 2n^2$, $\sum_{k=1}^{n} a_{2k} = -\dfrac{n^3}{20}$을 만족시킬 때, $\sum_{k=1}^{20} (3a_k - 5)$의 값을 구하시오.

## 230

📄 문정고 응용

수열 $\{a_n\}$에 대하여

$\sum_{k=1}^{2020} a_k = 200$, $a_{2021} = \dfrac{1}{20}$일 때, $\sum_{k=1}^{2020} k(a_k - a_{k+1})$의 값은?

① 91
② 93
③ 95
④ 97
⑤ 99

## 231

📄 진선여고 응용

$\sum_{t=3}^{12} (t^3 - 6t^2 + 12t - 8)$의 값은?

① 3020
② 3025
③ 3030
④ 3035
⑤ 3040

## 232

📄 잠실여고 응용

$\sum_{k=1}^{10} (2k-1) + \sum_{k=2}^{10} (2k-1) + \sum_{k=3}^{10} (2k-1) + \cdots$

$+ \sum_{k=10}^{10} (2k-1)$

의 값을 구하시오.

## 233

📄 영동고 응용

$\sum_{m=1}^{n} \left\{ \sum_{k=1}^{m} (k+m) \right\} = 50$을 만족시키는 자연수 $n$의 값은?

① 4
② 5
③ 6
④ 7
⑤ 8

## 234

📄 정신여고 응용

수열 $\{a_n\}$에 대하여 $\sum_{k=1}^{n} a_k = n^2 + n$일 때, $\sum_{k=1}^{10} (k+1) a_{2k-1}$의 값은?

① 1600
② 1610
③ 1620
④ 1630
⑤ 1640

## 235

📄 양재고 응용

다음 식의 값은?

$1 \times 2 \times 3 + 2 \times 3 \times 4 + 3 \times 4 \times 5 + \cdots + 10 \times 11 \times 12$

① 4210
② 4230
③ 4250
④ 4270
⑤ 4290

## 236
🗎 은광여고 응용

$\sum_{k=1}^{15}(2k+1)\times 5^k=a+b\times 5^{16}$을 만족시키는 자연수 $a$, $b$에 대하여 $a+b$의 값은? (단, $-1\leq a\leq 0$)

① 6      ② 7      ③ 8

④ 9      ⑤ 10

## 237
🗎 창덕여고 응용

$x$에 대한 이차방정식

$(n+1)x^2-x+(n+1)(n+2)=0$의 두 근을 $\alpha_n$, $\beta_n$이라 할 때, $\sum_{n=1}^{15}\left(\dfrac{1}{\alpha_n}+\dfrac{1}{\beta_n}\right)=\dfrac{b}{a}$이다. $a+b$의 값을 구하시오.

(단, $a$와 $b$는 서로소인 자연수이다.)

## 238
🗎 한영외고 응용

수열 $\{a_n\}$에 대하여 $\sum_{k=1}^{n}a_k=2n^2-n$일 때,

$\sum_{k=1}^{30}\dfrac{1}{\sqrt{a_k}+\sqrt{a_{k+1}}}$의 값은?

① $\dfrac{1}{2}$      ② 1      ③ $\dfrac{3}{2}$

④ 2      ⑤ $\dfrac{5}{2}$

## 239
🗎 방산고 응용

방정식 $x^3-1=0$의 한 허근을 $\omega$라 하자. 자연수 $n$에 대하여 $\omega^{2n}$의 실수 부분을 $f(n)$으로 정의할 때, $\sum_{k=1}^{999}\left\{f(k)+\dfrac{1}{9}\right\}$의 값은?

① 111      ② 112      ③ 113

④ 114      ⑤ 115

## 240
🗎 보정고 응용

다음 그림과 같이 두 함수 $y=3x$, $y=x$의 그래프와 $x=10$으로 둘러싸인 부분에 속한 점 중에서 $x$좌표와 $y$좌표가 모두 자연수인 점의 개수는? (단, 경계선은 포함한다.)

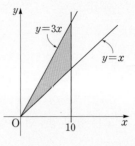

① 100      ② 110      ③ 120

④ 130      ⑤ 140

## 241
🗎 중대부고 응용

다음과 같은 수열 $\{a_n\}$이 있다.

$$\dfrac{1}{1},\ \dfrac{1}{3},\ \dfrac{2}{3},\ \dfrac{3}{3},\ \dfrac{1}{5},\ \dfrac{2}{5},\ \dfrac{3}{5},\ \dfrac{4}{5},\ \dfrac{5}{5},\ \cdots$$

이때 $\sum_{k=1}^{100}a_k$의 값은?

① 51      ② 52      ③ 53

④ 54      ⑤ 55

## 242
🗎 세종대성고 응용

다음 표 안에 적혀 있는 모든 수의 합을 구하시오.

| 1 | 1 | 1 | 1 | 1 | 1 | 1 | 1 | 1 | 1 |
|---|---|---|---|---|---|---|---|---|---|
| 1 | 2 | 2 | 2 | 2 | 2 | 2 | 2 | 2 | 2 |
| 1 | 2 | 3 | 3 | 3 | 3 | 3 | 3 | 3 | 3 |
| 1 | 2 | 3 | 4 | 4 | 4 | 4 | 4 | 4 | 4 |
| 1 | 2 | 3 | 4 | 5 | 5 | 5 | 5 | 5 | 5 |
| 1 | 2 | 3 | 4 | 5 | 6 | 6 | 6 | 6 | 6 |
| 1 | 2 | 3 | 4 | 5 | 6 | 7 | 7 | 7 | 7 |
| 1 | 2 | 3 | 4 | 5 | 6 | 7 | 8 | 8 | 8 |
| 1 | 2 | 3 | 4 | 5 | 6 | 7 | 8 | 9 | 9 |
| 1 | 2 | 3 | 4 | 5 | 6 | 7 | 8 | 9 | 10 |

**243** 📄 행신고 응용

수열 $\{a_n\}$에 대하여 $\sum\limits_{k=1}^{20}(k^2+1)a_k=30$, $\sum\limits_{k=1}^{20}ka_k=8$일 때, $\sum\limits_{k=1}^{19}k^2a_{k+1}$의 값은?

① 10     ② 12     ③ 14     ④ 16     ⑤ 18

**244** 📄 죽전고 응용

모든 항이 양수인 수열 $\{a_n\}$의 첫째항부터 제$n$항까지의 합을 $S_n$이라 하자. $\sum\limits_{k=2}^{50}\dfrac{S_{k-1}}{S_k}=35$일 때,

$\sum\limits_{k=1}^{50}\dfrac{a_k}{S_k}$의 값을 구하시오.

**245** 📄 서울고 응용

수열 $\{a_n\}$이 모든 자연수 $n$에 대하여 다음 조건을 만족시킨다.

> (가) $a_{3n}=a_n+1$
> (나) $a_{3n+1}=2a_n+3$
> (다) $a_{3n+2}=-2a_n-1$

$a_{30}=10$이고 $\sum\limits_{n=1}^{53}a_n=89$일 때, $a_2$의 값은?

① 1     ② 2     ③ 3     ④ 4     ⑤ 5

**246** 📄 한영외고 응용

$\sum\limits_{k=1}^{10}\dfrac{k^3}{k+1}+\sum\limits_{k=1}^{10}\dfrac{1}{12-k}$의 값은?

① 310     ② 320     ③ 330     ④ 340     ⑤ 350

**247** 📄 숙명여고 응용

1부터 10까지 자연수가 하나씩 적혀 있는 10장의 카드가 있다. 이 카드를 여러 번 섞어 일렬로 나열한 후 카드에 적힌 수를 차례대로 $a_1$, $a_2$, $a_3$, $\cdots$, $a_{10}$이라 하자. 이때

$\sum\limits_{k=1}^{10}(a_k-k)^2+\sum\limits_{k=1}^{10}(a_k+k-11)^2$의 값을 구하시오.

**248**

📄 배재고 응용

$\sum\limits_{n=1}^{15}\left\{\sum\limits_{k=5}^{10}(n\times 3^{k-1})\right\}+\sum\limits_{k=1}^{15}\left\{\sum\limits_{n=1}^{5}(k\times 3^{n-1})\right\}$의 값은?

① $60\times(3^{10}-1)$  ② $60\times(3^{10}+161)$  ③ $120\times(3^{10}-1)$

④ $120\times(3^{10}+1)$  ⑤ $120\times(3^{10}+161)$

**249**

📄 영동고 응용

좌표평면에서 모든 자연수 $n$에 대하여
직선 $y=x$와 원 $C_n : (x-3n)^2+(y-2n)^2=7n(n+1)$은 서로 다른 두
점에서 만난다. 직선 $y=x$와 원 $C_n$의 교점을 각각 $A_n$, $B_n$이라 할 때,
$\sum\limits_{k=1}^{10}(\overline{OA_k}\times\overline{OB_k})$의 값은? (단, O는 원점이다.)

① 1850  ② 1875  ③ 1900
④ 1925  ⑤ 1950

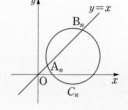

**250**

📄 정신여고 응용

$\sum\limits_{k=1}^{n}a_k=n^2+n+1$일 때, $\sum\limits_{k=1}^{10}(k+1)a_{2k-1}$의 값은?

① 1616  ② 1632  ③ 1648  ④ 1664  ⑤ 1680

**251**

📄 창덕여고 응용

두 수열 $\{a_n\}$, $\{b_n\}$에 대하여 $\sum\limits_{k=1}^{n}a_kb_k=2n^2(n+1)+4$, $\sum\limits_{k=1}^{n}a_k=n^2+n+2$가 성립할 때,
$\sum\limits_{k=1}^{10}b_k$의 값을 구하시오.

**252**

📄 판교고 응용

다음 두 조건을 만족시키는 함수 $f(x)$에 대하여 $\sum\limits_{k=1}^{9}f(k)=\dfrac{q}{p}$이다. 이때 $q-p$의 값은?

(단, $p$와 $q$는 서로소인 자연수이다.)

| (가) $f(1)=1$, $f(2)=1$ | (나) $(x-2)(x-1)x(x+1)f(x)-3=0$ |
|---|---|

① 839  ② 836  ③ 833  ④ 830  ⑤ 827

**253** 📄 현대고 응용

그림과 같이 자연수 $n$에 대하여 두 이차함수 $y=f(x)$, $y=g(x)$ 의 그래프가 다음 조건을 만족시킨다.

> (가) $g(-2n)=g(4n)=f(n)=0$
> (나) $g(0)=f(0)=g(2n)=f(2n)$

부등식 $1-\log_{\frac{1}{3}} f(x)-\log_3 \{3g(x)\}<0$을 만족시키는 정수 $x$

의 개수를 $a_n$이라 할 때, $\displaystyle\sum_{n=2}^{8} \frac{64}{a_n a_{n+2}}=\frac{q}{p}$이다. $p+q$의 값을 구하시오.

(단, $p$와 $q$는 서로소인 자연수이다.)

**254** 📄 매곡고 응용

수열 $\{a_n\}$의 일반항을 $a_n=\dfrac{1}{(n+1)\sqrt{n}+n\sqrt{n+1}}$이라 할 때, $\displaystyle\sum_{k=1}^{n} a_k=\dfrac{10}{11}$을 만족시키는 자연수 $n$의 값은?

① 100 ② 110 ③ 120 ④ 130 ⑤ 140

**255** 📄 불곡고 응용

음이 아닌 실수로 이루어진 수열 $\{a_n\}$이

$$a_1^2+3a_2^2+5a_3^2+\cdots+(2n-1)a_n^2=\frac{(2n-1)(2n+1)(2n+3)}{6} \quad (n=1, 2, 3, \cdots)$$

을 만족시킬 때, $\displaystyle\sum_{k=4}^{59} \frac{1}{a_k+a_{k+1}}$의 값은?

① 1 ② 2 ③ 3 ④ 4 ⑤ 5

**256** 📄 동덕여고 응용

음이 아닌 정수에서 정의된 두 함수 $f$와 $g$는 다음을 만족시킨다.

> (가) $f(0)=5$     (나) $g(n)=n+2a$     (다) $f(n+1)=g(f(n))$

이때 $\displaystyle\sum_{n=2}^{20} f(n)=513$을 만족시키는 정수 $a$의 값을 구하시오.

**257** 📄 서현고 응용

집합 $X=\{x\,|\,x$는 1000 이하의 자연수$\}$의 원소 $n$에 대하여 $X$의 부분집합 중 $n$의 약수를 원소로 갖는 모든 집합의 개수를 $f(n)$이라 하자. 〈보기〉에서 옳은 것만을 있는 대로 고른 것은?

> ───── 보기
> ㄱ. $f(6)=15$
> ㄴ. $a\in X$, $b\in X$일 때, $a<b$이면 $f(a)<f(b)$이다.
> ㄷ. $\displaystyle\sum_{k=1}^{9} f(2^k)=2035$

① ㄱ ② ㄱ, ㄴ ③ ㄱ, ㄷ ④ ㄴ, ㄷ ⑤ ㄱ, ㄴ, ㄷ

📄청담고 응용

**258** $\sum\limits_{k=1}^{50}\left([\sqrt{k}]^2-\left[\dfrac{k}{3}\right]\right)$의 값은? (단, $[x]$는 $x$보다 크지 않은 최대의 정수이다.)

① 660      ② 663      ③ 666      ④ 669      ⑤ 672

📄중대부고 응용

**259** 다음과 같이 소수점 아래에 0과 1의 개수를 한 개씩 늘려 가면서 교대로 나열하여 만든 실수 $x=0.0100110001110000 1111\cdots$ 가 있다. 실수 $x$의 소수점 아래 $n$째 자리의 수를 $a_n$이라 할 때, $\sum\limits_{k=1}^{m}a_k a_{k+1}=55$를 만족시키는 자연수 $m$의 최댓값과 최솟값의 합은?

① 175      ② 200      ③ 225      ④ 250      ⑤ 275

📄한영외고 응용

**260** 그림과 같이 나무에 55개의 전구가 맨 위 첫 번째 줄에는 1개, 두 번째 줄에는 2개, 세 번째 줄에는 3개, $\cdots$, 열 번째 줄에는 10개가 설치되어 있다. 전원을 넣으면 이 전구들은 다음 규칙에 따라 작동한다.

> (가) $n$이 10 이하의 자연수일 때, $n$번째 줄에 있는 전구는 $n$초가 되는 순간 처음 켜진다.
> (나) 모든 전구는 처음 켜진 후 1초 간격으로 꺼짐과 켜짐을 반복한다.

전원을 넣고 $n$초가 되는 순간 켜지는 모든 전구의 개수를 $a_n$이라 하자.
예를 들어 $a_1=1$, $a_2=2$, $a_4=6$, $a_{11}=25$이다. $\sum\limits_{n=1}^{31}a_n$의 값은?

① 700      ② 650      ③ 600      ④ 550      ⑤ 500

📄진선여고 응용

**261** 다음과 같은 수열 $\{a_n\}$이 있다.

     1, 3, 2, 4, 5, 6, 10, 9, 8, 7, 11, 12, 13, 14, 15, $\cdots$

이때 $\sum\limits_{k=1}^{52}a_k$의 값을 구하시오.

📄중대부고 응용

**262** 다음과 같이 나열된 수열의 제$n$항을 $f_n(x)$라 하자.

     1, 1, $1+x$, 1, $1+x$, $1+x+x^2$, 1, $1+x$, $1+x+x^2$, $1+x+x^2+x^3$, 1, $\cdots$

이때 $\sum\limits_{n=1}^{100}f_n(-1)$의 값은?

① 50      ② 51      ③ 52      ④ 53      ⑤ 54

**서술형** 체감난도가 높았던 **서술형 기출**

## 263

🖹 자양고 응용

1부터 $n$까지 자연수의 세제곱의 합 $\sum\limits_{k=1}^{n}k^3$을 $n$에 관한 식으로 나타내고, 그 유도 과정을 $\sum\limits_{k=1}^{n}k$, $\sum\limits_{k=1}^{n}k^2$, $(k+1)^4=k^4+4k^3+6k^2+4k+1$을 이용하여 보이시오.

## 264

🖹 남창고 응용

수열 $\{a_n\}$의 첫째항부터 제$n$항까지의 합을 $S_n$이라 할 때,
$$\begin{cases} a_1=1 \\ a_n \times (2S_n-1)=2S_n^{\ 2} \quad (n=2, 3, 4, \cdots) \end{cases}$$
이 성립한다. $a_8$의 값을 구하시오.

## 265

🖹 상문고 응용

두 수열 $\{a_n\}$, $\{b_n\}$은 다음 조건을 만족한다.

> (가) $\sum\limits_{k=1}^{10}(a_k^{\ 2}+1)(b_k^{\ 2}+1)=\sum\limits_{k=1}^{10}4a_kb_k$
>
> (나) $\sum\limits_{k=1}^{10}a_k=2$

$\sum\limits_{k=1}^{10}kb_k$의 최댓값을 구하시오.

## 266

🖹 방산고 응용

다음과 같이 자연수를 나열할 때, $n$행에 나열되는 수들의 합을 $a_n$이라 하자. 이때 $\sum\limits_{k=1}^{10}a_k$의 값을 구하시오.

| | | | | | | |
|---|---|---|---|---|---|---|
| 1행 | | | | 1 | | |
| 2행 | | | 2 | | 4 | |
| 3행 | | 3 | | 4 | | 5 |
| 4행 | 4 | 8 | 12 | 16 | | |
| 5행 | 5 | 6 | 7 | 8 | 9 | |
| 6행 | 6 | 12 | 18 | 24 | 30 | 36 |
| ⋮ | | | ⋮ | | | |

 양정고 응용

**267**

수열 $\{a_n\}$이 다음 조건을 만족시킨다.

(가) $|a_n|+a_{n+1}=n-3$ $(n\geq 1)$

(나) $\displaystyle\sum_{n=1}^{50} a_n=550$

$\displaystyle\sum_{n=1}^{30} a_n$의 값을 구하시오.

📄 대진고 응용

**268**

0이 아닌 양의 정수에서 정의된 함수 $f(x)$는 임의의 양의 정수 $a$, $b$에 대하여 $f(x)>0$, $f(ab)=f(a)f(b)-2ab$를 만족한다. $S(n)=f(1)+f(2)+f(3)+\cdots+f(n)$이라 할 때, $\displaystyle\sum_{n=1}^{48}\frac{1}{S(n)+2n+2}$의 값은?

① $\dfrac{6}{25}$ 　　② $\dfrac{12}{25}$ 　　③ $\dfrac{24}{25}$ 　　④ $\dfrac{49}{50}$ 　　⑤ $\dfrac{49}{25}$

📄 야탑고 응용

**269**

수열 $\{a_n\}$의 첫째항부터 제$n$항까지의 합 $S_n$이 $S_1=4$, $S_2=1$, $a_{n+2}S_n=a_{n+1}S_{n+2}$를 만족시킨다. $\displaystyle\sum_{k=1}^{50} a_k$의 값을 $\dfrac{q}{p}$로 나타낼 때, $p+q$의 값을 구하시오. (단, $p$, $q$는 서로소인 자연수이다.)

📄 풍생고 응용

**270**

자연수 $n$에 대하여 크기가 같은 정육면체 모양의 블록이 1열에 1개, 2열에 2개, 3열에 3개, $\cdots$, $n$열에 $n$개 쌓여있다. 블록의 개수가 짝수인 열이 남아 있지 않을 때까지 다음 시행을 반복한다.

블록의 개수가 짝수인 각 열에 대하여 그 열에 있는 블록의 개수의 $\dfrac{1}{2}$만큼의 블록을 그 열에서 들어낸다.

블록을 들어내는 시행을 모두 마쳤을 때, 1열부터 $n$열까지 남아 있는 블록의 개수의 합을 $a_n$이라 하자.
예를 들어, $a_2=2$, $a_3=5$, $a_4=6$이다.
$a_{2^n}=1366$일 때, 자연수 $n$의 값을 구하시오.

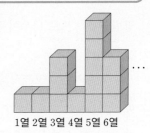

1열 2열 3열 4열 5열 6열

# 수학적 귀납법

## 1 수열의 귀납적 정의

수열 $\{a_n\}$을 첫째항 $a_1$과 이웃하는 두 항 $a_n$, $a_{n+1}$ ($n=1$, $2$, $3$, $\cdots$) 사이의 관계식으로 정의하는 것을 수열의 귀납적 정의라 하고, 이웃하는 항 $a_n$, $a_{n+1}$ 사이의 관계식을 점화식이라 한다.

## 2 등차수열과 등비수열의 귀납적 정의

수열 $\{a_n\}$에 대하여 $n=1$, $2$, $3$, $\cdots$ 일 때

(1) $a_{n+1}-a_n=d$ (일정)로 나타내어지는 수열 $\{a_n\}$은 공차가 $d$인 등차수열이다.

(2) $a_{n+1} \div a_n=r$ (일정)로 나타내어지는 수열 $\{a_n\}$은 공비가 $r$인 등비수열이다.

**참고** 등차중항, 등비중항을 이용한 점화식

① $2a_{n+1}=a_n+a_{n+2}$ 또는 $a_{n+1}-a_n=a_{n+2}-a_{n+1}$

② $a_{n+1}{}^2=a_n a_{n+2}$ 또는 $\dfrac{a_{n+1}}{a_n}=\dfrac{a_{n+2}}{a_{n+1}}$

## 3 여러 가지 수열의 점화식

(1) $a_{n+1}=a_n+f(n)$ 꼴

$n$에 $1$, $2$, $3$, $\cdots$, $n-1$을 차례대로 대입한 후 변끼리 더한다. 즉

$$a_n=a_1+\sum_{k=1}^{n-1}f(k) \ (n \geq 2)$$

(2) $a_{n+1}=a_n \times f(n)$ 꼴

$n$에 $1$, $2$, $3$, $\cdots$, $n-1$을 차례대로 대입한 후 변끼리 곱한다. 즉

$$a_n=a_1 \times f(1) \times f(2) \times \cdots \times f(n-1) \ (n \geq 2)$$

(3) $a_{n+1}=pa_n+q$ 꼴 (단, $pq \neq 0$) **Key ①**

$a_{n+1}-\alpha=p(a_n-\alpha)$ 꼴로 변형하여 수열 $\{a_n-\alpha\}$를 구한 후 수열 $\{a_n\}$을 구한다.

(4) $a_{n+1}=pa_n+p^n k$ 꼴

양변을 $p^{n+1}$으로 나누어 $\dfrac{a_n}{p_n}=b_n$이라 하고, 수열 $\{b_n\}$을 구한 후 수열 $\{a_n\}$을 구한다.

(5) $pa_{n+2}+qa_{n+1}+ra_n=0$ 꼴 (단, $p+q+r=0$)

$a_{n+2}-a_{n+1}=\dfrac{r}{p}(a_{n+1}-a_n) \left(\dfrac{r}{p} \neq 0\text{인 상수}\right)$ 꼴로 변형하여 수열 $\{a_{n+1}-a_n\}$을 구한 후 수열 $\{a_n\}$을 구한다.

**참고** $a_{n+2}-a_{n+1}=\alpha(a_{n+1}-a_n)$ 꼴로 나타내어진 수열의 일반항 $a_n$은

$a_n=a_1+\sum_{k=1}^{n-1}(a_2-a_1)\alpha^{k-1}$으로 구할 수 있다.

▶ $a_{n+1}=pa_n+q$ 꼴을 $a_{n+1}-\alpha=p(a_n-\alpha)$ 꼴로 변형할 때, $a_{n+1}$, $a_n$ 대신 $\alpha$를 대입하여 $\alpha$의 값을 구할 수 있다. 즉, $\alpha=p\alpha+q$에서 $\alpha(1-p)=q$

$\therefore \alpha=\dfrac{q}{1-p} \ (p \neq 1)$

**4** 수학적 귀납법

자연수 $n$에 대한 식 또는 명제 $p(n)$이 모든 자연수 $n$에 대하여 성립함을 증명하려면 다음을 보이면 된다.

(ⅰ) $n=1$일 때, 명제 $p(n)$이 성립한다.

(ⅱ) $n=k$일 때 명제 $p(n)$이 성립한다고 가정하면

$n=k+1$일 때도 명제 $p(n)$이 성립한다.

> 참고  명제 $p(n)$이 $n \geq m$ ($m$은 자연수)인 자연수 $n$에 대하여 성립함을 보이기 위해서는
>
> (ⅰ) $n=m$일 때, 명제 $p(n)$이 성립한다.
>
> (ⅱ) $n=k$ ($k \geq m$)일 때, 명제 $p(n)$이 성립한다고 가정하면
>
> $n=k+1$일 때도 명제 $p(n)$이 성립한다.

> **Advice**
>
> ▶ 수학적 귀납법은 자연수와 관계 없는 증명에서는 사용할 수 없다.

**+10**점 향상을 위한 문제 **해결**의 **Key**

**Key ❶** $a_{n+1}=pa_n+q$ 형태의 점화식

$$a_n = a_1 + (a_2 - a_1) \times \frac{p^{n-1}-1}{p-1}$$

> 참고  $a_1=1$, $a_{n+1}=4a_n+3$인 경우 $a_2=4a_1+3=7$이므로
>
> 수열 $\{a_n\}$의 일반항은 $a_n=1+(7-1) \times \dfrac{4^{n-1}-1}{4-1}=2 \times 4^{n-1}-1$

» 81쪽 277번

**Key ❷** 특수한 형태의 점화식들

① $a_n+a_{n+1}=3n$인 경우

$$a_{n+1}+a_{n+2}=3(n+1), \quad a_n+a_{n+1}=3n$$

위의 두 식을 서로 빼면 $a_{n+2}-a_n=3$이므로 하나 건너서 등차수열이 된다.

(홀수항끼리 등차수열, 짝수항끼리 등차수열을 이룬다.)

② $a_n \times a_{n+1}=3^n$인 경우

$$a_{n+1} \times a_{n+2}=3^{n+1}, \quad a_n \times a_{n+1}=3^n$$

위의 두 식을 서로 나누면 $\dfrac{a_{n+2}}{a_n}=3$이므로 하나 건너서 등비수열이 된다.

(홀수항끼리 등비수열, 짝수항끼리 등비수열을 이룬다.)

③ $a_{n+1}=\dfrac{n}{n+1}a_n$인 경우

$$(n+1)a_{n+1}=na_n=\cdots=1 \times a_1$$이 성립하므로 $a_n=\dfrac{1}{n} \times a_1$

» 83쪽 285번

## 271

📄진선여고 응용

수열 $\{a_n\}$은 $a_1=5$이고, 모든 자연수 $n$에 대하여

$$2a_{n+1}=a_n+a_{n+2}$$

를 만족시킨다. $a_{10}=32$일 때, $a_5$의 값은?

① 16　　　　② 17　　　　③ 18

④ 19　　　　⑤ 20

## 272

📄한대부고 응용

수열 $\{a_n\}$이 $a_2=2$, $a_3=-4$,

$a_{n+1}^{\ 2}=a_n a_{n+2}$ $(n=1, 2, 3, \cdots)$로 정의될 때,

$a_8-a_1$의 값은?

① 121　　　　② 123　　　　③ 125

④ 127　　　　⑤ 129

## 273

📄저동고 응용

$a_1=1$, $a_2=2$, $a_3=3$인 수열 $\{a_n\}$이 모든 자연수 $n$에 대하여 다음 조건을 모두 만족시킬 때, $\sum\limits_{k=1}^{30} a_k$의 값은?

> (가) $\dfrac{a_{3n+1}}{a_{3n-2}}=-2$
>
> (나) $a_{3n+2}-a_{3n-1}=0$
>
> (다) $a_{3n+3}-a_{3n}=1$

① $-369$　　　　② $-246$　　　　③ $-123$

④ 123　　　　⑤ 246

## 274

📄용인백현고 응용

다음은 어느 시력검사표에 표시된 시력과 그에 해당하는 문자의 크기를 나타낸 것의 일부이다.

| 시력 | 0.1 | 0.2 | 0.3 | $\cdots$ | 1.0 |
|---|---|---|---|---|---|
| 문자의 크기 | $a_1$ | $a_2$ | $a_3$ | $\cdots$ | $a_{10}$ |

이때 문자의 크기 $a_n$은 다음 관계식을 만족시킨다.

$$a_1=10A, \quad a_{n+1}=\dfrac{10Aa_n}{10A+a_n}$$

(단, $A$는 0이 아닌 상수이고, $n=1, 2, 3, \cdots, 9$이다.)

이 시력검사표에서 시력 0.7에 해당하는 문자의 크기를 $mA$라 할 때, 상수 $m$의 값은?

① $\dfrac{3}{10}$　　　　② $\dfrac{7}{10}$　　　　③ 1

④ $\dfrac{10}{7}$　　　　⑤ $\dfrac{10}{9}$

## 275

📄경기고 응용

수열 $\{a_n\}$이 모든 자연수 $n$에 대하여

$a_{n+1}-a_n=2^{n-2}-n$을 만족시킬 때, $a_{11}-a_3$의 값은?

① 450　　　　② 454　　　　③ 458

④ 462　　　　⑤ 466

## 276

📑 숙명여고 응용

수열 $\{a_n\}$이

$$\begin{cases} a_1 = 2 \\ a_{n+1} = \dfrac{3n+2}{3n-1} a_n \ (n=1, 2, 3, \cdots) \end{cases}$$

으로 정의될 때, $a_m = 2021$이다. 자연수 $m$의 값을 구하시오.

## 277

📑 서울고 응용

$a_1 = 1$, $a_{n+1} = 2a_n + 1$ $(n=1, 2, 3, \cdots)$으로 정의된 수열 $\{a_n\}$에 대하여 $a_7$의 값은?

① 129      ② 127      ③ 125
④ 123      ⑤ 121

## 278

📑 명문고 응용

수열 $\{a_n\}$은 $a_1 = 3$이고, 모든 자연수 $n$에 대하여

$$a_{n+1} = \begin{cases} \dfrac{a_n}{2a_n - 3} & (n\text{이 홀수인 경우}) \\ a_n + 1 & (n\text{이 짝수인 경우}) \end{cases}$$

를 만족시킨다. $\displaystyle\sum_{n=1}^{20} a_n$의 값은?

① 40      ② 45      ③ 50
④ 55      ⑤ 60

## 279

📑 방산고 응용

어떤 세포는 다음과 같은 순서의 두 단계로 1회 배양을 한다.

> 1단계 : 하나의 세포는 3개의 세포로 분열한다.
> 2단계 : 2개의 새로운 세포를 첨가한다.

예를 들어 처음 세포가 1개라면 1회 배양 후 세포는 5개가 된다. 처음 세포가 1개일 때, 같은 방법으로 5회 배양하면 총 세포의 개수는?

① 281      ② 332      ③ 383
④ 434      ⑤ 485

## 280

📑 무학여고 응용

다음은 $n \geq 2$인 모든 자연수 $n$에 대하여

$$1 + \frac{1}{2^2} + \frac{1}{3^2} + \cdots + \frac{1}{n^2} < 2 - \frac{1}{n} \cdots ㉠$$

이 성립함을 수학적 귀납법으로 증명한 것이다.

――――――――――――――――――――― 증명

(i) $n=2$일 때,

(좌변)$= \dfrac{5}{4} < \dfrac{3}{2} =$(우변)이므로 부등식 ㉠이 성립한다.

(ii) $n=k$ $(k \geq 2)$일 때, 부등식 ㉠이 성립한다고 가정하면

$$1 + \frac{1}{2^2} + \frac{1}{3^2} + \cdots + \frac{1}{k^2} < 2 - \frac{1}{k}$$

양변에 $\boxed{(가)}$ 을 더하면

$$1 + \frac{1}{2^2} + \frac{1}{3^2} + \cdots + \frac{1}{k^2} + \boxed{(가)} < 2 - \frac{1}{k} + \boxed{(가)}$$

그런데 $k \geq 2$이므로

$$\left(2 - \frac{1}{k} + \boxed{(가)}\right) - \left(2 - \frac{1}{k+1}\right) = \frac{-1}{\boxed{(나)}} < 0$$

즉, $1 + \dfrac{1}{2^2} + \dfrac{1}{3^2} + \cdots + \dfrac{1}{k^2} + \boxed{(가)} < 2 - \dfrac{1}{k+1}$

따라서 $n=k+1$일 때에도 부등식 ㉠이 성립한다.

(i), (ii)에서 부등식 ㉠은 $n \geq 2$인 모든 자연수 $n$에 대하여 성립한다.

위의 증명에서 (가), (나)에 알맞은 식을 각각 $f(k)$, $g(k)$라 할 때, $\dfrac{1}{f(2)} + g(2)$의 값을 구하시오.

**281** 📄 창덕여고 응용

자연수 23개로 다음 조건을 모두 만족시키도록 수열 $a_1$, $a_2$, $a_3$, $\cdots$, $a_{23}$을 만들 때, $a_{23}$이 될 수 있는 값 중 최솟값을 구하시오.

> (가) $d_i = a_{i+1} - a_i > 0$ $(i=1, 2, 3, \cdots, 22)$
> (나) $d_1$, $d_2$, $d_3$, $\cdots$, $d_{22}$ 중에서 같은 수는 최대 5개까지 있을 수 있다.

**282** 📄 대구여고 응용

각 항이 양수인 수열 $\{a_n\}$의 첫째항부터 제$n$항까지의 합을 $S_n$이라 할 때, $S_n + S_{n+1} = \dfrac{1}{3}(a_{n+1})^2$이 성립한다. $a_1 = 3$일 때, $a_{30}$의 값을 구하시오.

**283** 📄 판교고 응용

두 수열 $\{a_n\}$, $\{b_n\}$은 첫째항이 모두 1이고 $a_{n+1} = 2a_n$, $b_{n+1} = nb_n$ $(n=1, 2, 3, \cdots)$을 만족시킨다. 수열 $\{c_n\}$을 $c_n = \begin{cases} a_n & (a_n < b_n) \\ b_n & (a_n \geq b_n) \end{cases}$이라 할 때, $\displaystyle\sum_{n=1}^{30} c_n$의 값은?

① $2^{30} - 2$     ② $2^{30} - 4$     ③ $2^{30} - 6$     ④ $2^{30} - 8$     ⑤ $2^{30} - 10$

**284** 📄 세화여고 응용

4 이상의 모든 자연수 $n$에 대하여 각 자리의 숫자가 1, 2, 3, 4, 5, 6, 7 중 하나인 $n$자리 자연수 중에서 연속하는 네 숫자가 모두 다른 자연수의 개수를 $a_n$이라 할 때, 수열 $\{a_n\}$은 $a_{n+1} = r \times a_n$을 만족시킨다. $r + \dfrac{a_6}{r}$의 값은?

① 3361     ② 3362     ③ 3363     ④ 3364     ⑤ 3365

**285** 📄 배정고 응용

수열 $\{a_n\}$이 모든 자연수 $n$에 대하여 $a_n a_{n+1}=p^n$을 만족시킬 때, 〈보기〉에서 옳은 것만을 있는 대로 고른 것은? (단, $p$는 양수이다.)

> ━━━━보기━━━━
> ㄱ. $a_1=1$, $p=4$이면 $a_6=64$이다.
> ㄴ. $a_1=3$, $a_4=12$이면 $a_6>a_5$이다.
> ㄷ. $a_1=p$일 때, 부등식 $a_{10}<4^{10}$을 만족시키는 자연수 $p$의 개수는 31이다.

① ㄱ      ② ㄱ, ㄴ      ③ ㄱ, ㄷ      ④ ㄴ, ㄷ      ⑤ ㄱ, ㄴ, ㄷ

**286** 📄 매원고 응용

수열 $\{a_n\}$은 $a_1=2$이고 $a_{n+1}=a_n+(-1)^n \times \dfrac{2n+1}{n(n+1)}$ $(n=1, 2, 3, \cdots)$을 만족시킨다.

$a_{20}=\dfrac{q}{p}$일 때, $p+q$의 값은? (단, $p$와 $q$는 서로소인 자연수이다.)

① 31      ② 33      ③ 35      ④ 37      ⑤ 39

**287** 📄 방산고 응용

수열 $\{a_n\}$은 $a_1=2$이고 다음 조건을 만족시킨다.

> (가) $n a_{n+2}=(n+2)a_n$ $(n=1, 2, 3, 4)$
> (나) 모든 자연수 $n$에 대하여 $a_{n+6}=a_n$이다.

$\displaystyle\sum_{k=1}^{63} a_k=554$일 때, $a_{14}$의 값은?

① 2      ② 6      ③ 10      ④ 14      ⑤ 18

**288** 📄 대진고 응용

임의의 두 자연수 $n$, $k$에 대하여 $f(n, k)$가 다음 조건을 만족시킨다. $f(1, 2)=5$일 때, $f(5, 6)-f(5, 5)$의 값은?

> (가) $f(1, k+1)-f(1, k)=2^k$
> (나) $f(n+1, k)=3f(n, k)+2k$

① 2512      ② 2605      ③ 2672      ④ 2753      ⑤ 2833

**289** 📄세화여고 응용

수열 $\{a_n\}$이 $a_1=1$, $a_2=1$이고 $a_{n+2}=a_{n+1}+4a_n$ $(n=1,\ 2,\ 3,\ \cdots)$을 만족시킨다.

$\sum\limits_{k=1}^{n} a_k$를 5로 나누었을 때의 나머지가 2가 되도록 하는 모든 두 자리의 자연수 $m$의 개수는?

① 30  ② 31  ③ 32  ④ 33  ⑤ 34

**290** 📄중산고 응용

첫째항이 자연수인 수열 $\{a_n\}$은 모든 자연수 $n$에 대하여

$$a_{n+1}=\begin{cases} \dfrac{a_n}{3} & (a_n\text{이 3의 배수인 경우}) \\ a_n+1 & (a_n\text{이 3의 배수가 아닌 경우}) \end{cases}$$

을 만족시킨다. $\sum\limits_{k=1}^{n+3} a_k=6+\sum\limits_{k=1}^{n} a_k$를 만족시키는 가장 작은 자연수 $n$의 값이 3일 때, 수열 $\{a_n\}$의 첫째항이 될 수 있는 모든 값의 합을 구하시오.

**291** 📄서울고 응용

$a_1=1$인 수열 $\{a_n\}$이 모든 자연수 $n$에 대하여

$a_{n+1}=3^n+2\sum\limits_{k=1}^{n} a_k$를 만족시킨다. $\sum\limits_{n=1}^{10}(3^n a_{n+1}-3^{n+1}a_n)=p\times(q^{20}-1)$일 때, $p+q$의 값은?

① $\dfrac{14}{3}$  ② $\dfrac{15}{4}$  ③ $\dfrac{16}{5}$  ④ $\dfrac{17}{6}$  ⑤ $\dfrac{18}{7}$

**292** 📄휘문고 응용

수열 $\{a_n\}$이 다음을 만족시킨다.

> (가) $a_1=1$, $a_2=2$
> (나) 모든 자연수 $n$에 대하여 $a_{n+2}=a_n a_{n+1}$이다.

$n\geq30$일 때, $a_n-10\left[\dfrac{1}{10}a_n\right]=8$을 만족하는 자연수 $n$의 최솟값은?

(단, $[x]$는 $x$보다 크지 않은 최대의 정수이다.)

① 31  ② 32  ③ 33  ④ 34  ⑤ 35

**293** 🗎 숙명여고 응용

농도가 $10\%$인 소금물 $200\,$g이 들어 있는 그릇이 있다. 이 그릇에서 소금물 $50\,$g을 덜어 낸 다음 농도가 $20\%$인 소금물 $50\,$g을 다시 넣는 것을 1회 시행이라고 한다. $n$회 시행 후 이 그릇에 담긴 소금물의 농도를 $a_n\%$라고 할 때, $a_{n+1}=pa_n+q$ $(n=1,\,2,\,3,\,\cdots)$가 성립한다. $a_1+p+q$의 값은? (단, $p$, $q$는 상수이다.)

① $\dfrac{45}{4}$　　　② $\dfrac{25}{2}$　　　③ $\dfrac{55}{4}$　　　④ $15$　　　⑤ $\dfrac{73}{4}$

**294** 🗎 무원고 응용

다음 글을 읽고 물음에 답하시오.

> 우리나라에서는 베르나르 베르베르의 소설 '개미'를 통해 널리 알려져서 흔히 '개미 수열'이라 부르는데, 원래 이름은 '읽고 말하기 수열(Look and Say sequence)'이라고 한다. 말 그대로 앞의 항을 읽어 다음 항을 만드는 수열이다. 이 수열의 규칙은 다음과 같다.
>
> 〈규칙〉 수열의 각 항은 바로 앞 항의 수를 보고 왼쪽부터 연속된 같은 숫자와 그 개수를 묶어 읽는 방식으로 만든다.
>
> 예를 들어 첫째항이 1인 경우 말하기 수열은
> 첫째항 1을 보고 '1이 1개'라 말한다. ⇒ 11
> 둘째항 11을 보고 '1이 2개'라 말한다. ⇒ 12
> 셋째항 12를 보고 '1이 1개, 2가 1개'라 말한다. ⇒ 1121
> ⋮
> 따라서 첫째항이 1인 말하기 수열은 1, 11, 12, 1121, … 이다.

첫째항이 3인 말하기 수열에서 제7항의 각 자릿수의 합은?

① 33　　　② 30　　　③ 27　　　④ 24　　　⑤ 21

📄연수고 응용

**295**  다음 그림과 같이 차례로 점을 찍어 정오각형 모양의 배열을 만들어 나갈 때, 각각의 정오각형을 이루는 점의 개수를 오각수라고 한다. 오각수를 차례로 나열하였을 때 $n$번째 오는 수를 $a_n$이라 하면 $a_{n+1}=a_n+f(n)$이 성립한다. 이때 $f(20)$의 값은?

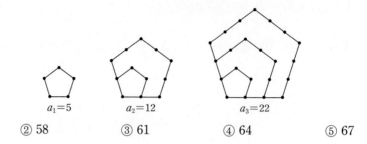

$a_1=5$  $a_2=12$  $a_3=22$

① 55  ② 58  ③ 61  ④ 64  ⑤ 67

📄연수고 응용

**296**  다음은 모든 자연수 $n$에 대하여 $\sum\limits_{k=1}^{n}\dfrac{2k+3}{k(k+1)}\times\dfrac{1}{3^k}=1-\dfrac{1}{(n+1)3^n}$ $\cdots$ ( ㉠ )이 성립함을 수학적 귀납법으로 증명한 것이다.

⟶증명⟶

(i) $n=1$일 때

$$(좌변)=\sum_{k=1}^{1}\frac{2k+3}{k(k+1)}\times\frac{1}{3^k}=\boxed{(가)}=(우변)이므로 ( ㉠ )이 성립한다.$$

(ii) $n=p$일 때, ( ㉠ )이 성립한다고 가정하면

$$\sum_{k=1}^{p}\frac{2k+3}{k(k+1)}\times\frac{1}{3^k}=1-\frac{1}{(p+1)3^p}이다.$$

$n=p+1$일 때, ( ㉠ )이 성립함을 보이자.

$$\sum_{k=1}^{p+1}\frac{2k+3}{k(k+1)}\times\frac{1}{3^k}$$

$$=\sum_{k=1}^{p}\frac{2k+3}{k(k+1)}\times\frac{1}{3^k}+\frac{1}{(p+1)(p+2)}\times\boxed{(나)}$$

$$=1-\frac{1}{(p+1)(p+2)}\times\boxed{(다)}+\frac{2p+5}{(p+1)(p+2)3^{p+1}}$$

$$=1-\frac{1}{(p+2)3^{p+1}}$$

그러므로 $n=p+1$일 때에도 ( ㉠ )가 성립한다.

따라서 모든 자연수 $n$에 대하여

$$\sum_{k=1}^{n}\frac{2k+3}{k(k+1)}\times\frac{1}{3^k}=1-\frac{1}{(n+1)3^n}은 성립한다.$$

위의 증명에서 (가)에 알맞은 값을 $a$라 하고 (나), (다)에 알맞은 식을 각각 $f(p)$, $g(p)$라 할 때, $27a\times f(1)\times g(2)$의 값은?

① $\dfrac{10}{9}$  ② $\dfrac{40}{9}$  ③ $\dfrac{70}{9}$  ④ $\dfrac{40}{27}$  ⑤ $\dfrac{70}{27}$

**297** 📄자운고 응용

다음은 모든 자연수 $n$에 대하여 부등식

$$\sum_{k=1}^{2n+1}\frac{1}{n+k}=\frac{1}{n+1}+\frac{1}{n+2}+\cdots+\frac{1}{3n+1}>1$$

이 성립함을 수학적 귀납법으로 증명한 것이다.

---
증명

자연수 $n$에 대하여 $a_n=\dfrac{1}{n+1}+\dfrac{1}{n+2}+\cdots+\dfrac{1}{3n+1}$이라 할 때, $a_n>1$임을 보이면 된다.

(i) $n=1$일 때 $a_1=\dfrac{1}{2}+\dfrac{1}{3}+\dfrac{1}{4}>1$이다.

(ii) $n=k$일 때 $a_k>1$이라고 가정하면

  $n=k+1$일 때

  $a_{k+1}=\dfrac{1}{k+2}+\dfrac{1}{k+3}+\cdots+\dfrac{1}{3k+4}=a_k+\boxed{\text{(가)}}$

  한편, $(3k+2)(3k+4)\boxed{\text{(나)}}(3k+3)^2$이므로

  $\dfrac{1}{3k+2}+\dfrac{1}{3k+4}>\boxed{\text{(다)}}$

  그런데 $a_k>1$이므로 $a_{k+1}>a_k>1$

(i), (ii)에 의하여 모든 자연수 $n$에 대하여 $a_n>1$이다.

---

위의 증명에서 (가), (나), (다)에 알맞은 것은?

| | (가) | (나) | (다) |
|---|---|---|---|
| ① | $\dfrac{1}{3k+4}$ | $>$ | $\dfrac{1}{3k+3}$ |
| ② | $\dfrac{1}{3k+4}$ | $>$ | $\dfrac{2}{3k+3}$ |
| ③ | $\dfrac{1}{3k+4}$ | $<$ | $\dfrac{1}{3k+3}$ |
| ④ | $\left(\dfrac{1}{3k+2}+\dfrac{1}{3k+3}+\dfrac{1}{3k+4}\right)-\dfrac{1}{k+1}$ | $>$ | $\dfrac{2}{3k+3}$ |
| ⑤ | $\left(\dfrac{1}{3k+2}+\dfrac{1}{3k+3}+\dfrac{1}{3k+4}\right)-\dfrac{1}{k+1}$ | $<$ | $\dfrac{2}{3k+3}$ |

**서술형** 체감난도가 높았던 **서**술형 **기출**

## 298

🗋세화여고 응용

수열 $\{a_n\}$이 다음 조건을 모두 만족시킬 때, 물음에 답하시오.

> (가) $a_1=1$, $a_2=3$
> (나) 모든 자연수 $n$에 대하여 $a_na_{n+2}=2a_{n+1}+p$이다.

(1) $a_3$, $a_4$, $a_5$를 각각 구하시오.

(2) 수열 $\{a_n\}$의 모든 항이 자연수가 되도록 하는 자연수 $p$의 값을 구하시오.

(3) $\displaystyle\sum_{k=1}^{100}a_k$의 값을 구하시오.

## 299

🗋풍문고 응용

1, 2, 3으로만 이루어진 $n$자리 자연수 중에서 '123'이 포함되어 있지 않은 자연수의 개수를 $a_n$이라 하자. 예를 들어 '321123'은 '123'이 포함된 자연수이고, '11223'은 '123'이 포함되어 있지 않은 자연수이다. 모든 한자리, 두자리 자연수는 '123'을 포함할 수 없으므로 $a_1=3$, $a_2=3^2=9$이다. $a_3$은 세자리 자연수 중 '123'을 제외한 것이므로 $a_3=3^3-1=26$이다. 다음 물음에 답하시오.

(1) 정수 $p$, $q$, $r$에 대하여
$$a_n=pa_{n-1}+qa_{n-2}+ra_{n-3}\ (n\geq4)$$
이다. $p+q+r$의 값을 구하시오.

(2) $a_6$의 값을 구하시오.

## 300

🗋중동고 응용

평면 위에 $n$개의 직선이 있다. 이 중 어느 두 직선도 평행하지 않고, 어느 세 직선도 같은 점을 지나지 않는다. 이 $n$개의 직선에 의하여 나누어지는 영역의 개수를 $a_n$이라 하자. 예를 들어 그림에서 $a_3=7$이다. 다음 물음에 답하시오.

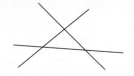

(1) $a_4$의 값을 구하시오.

(2) $a_n$과 $a_{n+1}$ 사이의 관계식을 구하시오.

(3) (2)에서 구한 수열의 귀납적 정의와 수학적 귀납법을 이용하여 모든 자연수 $n$에 대하여
$$a_n=\frac{1}{2}(n^2+n+2)$$
가 성립함을 증명하시오.

**301**
📖 목동고 응용

첫째항이 자연수인 수열 $\{a_n\}$이 모든 자연수 $n$에 대하여

$$a_{n+1}=\begin{cases} a_n-3 & (a_n\geq 0) \\ a_n+4 & (a_n<0) \end{cases}$$

을 만족시킨다. $a_{20}<0$이 되도록 하는 $a_1$의 최솟값을 구하시오.

**302**
📖 영훈고 응용

$n$ $(n\geq 2)$명의 학생을 두 조로 나누는 경우의 수를 $a_n$이라 할 때, $a_{n+1}$과 $a_n$ 사이의 관계식은 다음과 같은 방법으로 구할 수 있다. 이 수열에서 $a_2=1$이므로 다음 관계식을 이용하면 $a_3=3$임을 알 수 있다. $n$ $(n\geq 3)$명의 학생을 세 조로 나누는 경우의 수를 $b_n$이라 할 때, 다음에서 사용한 방법을 참고하여 $b_{n+1}$과 $b_n$, $a_n$ 사이의 관계식을 유추하면 $b_{n+1}=pb_n+qa_n$ ($p$, $q$는 상수)으로 표현된다. 이때 $q-p+b_7-a_7$의 값을 구하시오.

(단, $b_3=1$이고, 각 조에는 적어도 1명 이상의 조원이 있어야 한다.)

---

$(n+1)$명을 두 조로 나누는 방법의 수는 다음과 같이 나누어 생각할 수 있다.

(i) $n$명을 두 조로 나눈 후 추가된 1명을 두 조 중 어느 한 조에 넣는 방법의 수는 $2a_n$

(ii) $n$명과 추가된 1명으로 두 조를 나누는 방법의 수는 1

(i), (ii)에서 구하는 관계식은 $a_{n+1}=2a_n+1$ $(n=2, 3, 4, \cdots)$

---

**303**
📖 압구정고 응용

아래 그림은 길이가 1인 막대 모양의 철재를 이용하여 계단 모양의 철골 구조물의 층수를 규칙적으로 높여나간 것이다. 구조물이 1층일 때 필요한 철재의 개수를 $a_1$, 구조물이 2층일 때 필요한 철재의 개수를 $a_2$, $\cdots$ 라 하면 $a_1=12$, $a_2=28$이다. 계단 모양의 구조물이 10층일 때, $a_{n+1}$과 $a_n$ 사이의 관계식을 구하고 필요한 철재의 개수 $a_{10}$의 값을 구하시오.

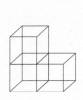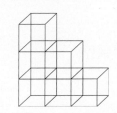

선택형 18문항(1~18번)

## 01 _304
📄 서울고 응용

$2 \leq n \leq 50$인 자연수 $n$에 대하여 $\sqrt{\dfrac{\sqrt[3]{3^4}}{\sqrt[4]{3}}} \times \sqrt[4]{\dfrac{\sqrt[3]{3^4}}{\sqrt{3}}}$이 어떤 자연수의 $n$제곱근이 되도록 하는 $n$의 개수는?

① 10  ② 12  ③ 14
④ 16  ⑤ 18

## 02 _305
📄 서초고 응용

1이 아닌 세 양수 $x, y, z$가 있다.

$\log_x y + \log_y z + \log_z x = \dfrac{1}{2}$, $\log_y x + \log_z y + \log_x z = -3$

일 때, $(\log_x y)^2 + (\log_y z)^2 + (\log_z x)^2$의 값은?

① $\dfrac{11}{4}$  ② $\dfrac{21}{4}$  ③ 6

④ $\dfrac{23}{4}$  ⑤ $\dfrac{25}{4}$

## 03 _306
📄 현대고 응용

연립방정식
$$\begin{cases} \log_2 \{\log_{\sqrt{2}} (x^2+y^2)\} = 1 \\ \log_{x^2} y^2 = 1 \end{cases}$$
을 만족하는 순서쌍 $(x, y)$의 개수는?

① 0  ② 1  ③ 2
④ 3  ⑤ 4

## 04 _307
📄 대진고 응용

다음 그림과 같이 곡선 $y = |\log_2 x|$가 두 직선 $x=3$, $x=12$와 만나는 점을 각각 A, B라 하고, 이 두 점을 각각 지나면서 $x$축에 평행한 직선이 곡선과 만나는 점을 각각 C, D라 하자. 사각형 ABDC의 넓이가 $S$일 때, $12S$의 값은?

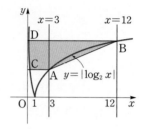

① 175  ② 180  ③ 187
④ 190  ⑤ 200

## 05 _308
📄 세종고 응용

각 $\theta$를 나타내는 동경과 각 $5\theta$를 나타내는 동경이 $y$축에 대하여 대칭일 때, $\sin\theta + \cos\theta + \tan\theta$의 최솟값은?
(단, $\tan\theta$의 값이 존재하지 않을 때는 고려하지 않는다.)

① $-\dfrac{1}{2} - \dfrac{5}{6}\sqrt{3}$  ② $\dfrac{1}{2} - \dfrac{5}{6}\sqrt{3}$

③ $-\dfrac{1}{2} - \dfrac{1}{2}\sqrt{3}$  ④ $\dfrac{1}{2} - \dfrac{1}{2}\sqrt{3}$

⑤ $-\dfrac{1}{2} - \dfrac{1}{6}\sqrt{3}$

## 06 _309

🔖휘문고 응용

제1사분면 위의 점 $A(\cos\theta, \sin\theta)$를 원점에 대하여 대칭이동한 점을 B라 하자. 두 점 A, B가 포물선 $y=x^2+ax+b$ 위에 존재할 때, 포물선의 꼭짓점의 $y$좌표는 $\theta=p$에서 최댓값 $q$를 갖는다. 이때 $pq$의 값은?

(단, $a$, $b$는 상수이다.)

① $-\dfrac{3}{4}\pi$　　② $\dfrac{3}{8}\pi$　　③ $-\dfrac{3}{16}\pi$

④ $\dfrac{\pi}{2}$　　⑤ $\dfrac{7}{16}\pi$

## 07 _310

🔖배정고 응용

그림과 같이 선분 AB를 지름으로 하는 반원이 있다. 선분 AB 위의 점 P와 호 AB 위의 점 Q에 대하여 $\overline{AP}:\overline{PB}=1:3$, $\overarc{AQ}:\overarc{QB}=2:1$이고 $\overline{QB}=\sqrt[4]{128}$이다. 삼각형 APQ의 넓이를 S라 할 때, $S^2$의 값은?

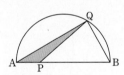

① 4　　② 6　　③ 8
④ 10　　⑤ 12

## 08 _311

🔖진선여고 응용

다음 그림과 같이 두 시계 A, B가 각각 6시 15분, 10시 30분을 나타내고 있다. 두 시계 A, B에서 긴 바늘과 짧은 바늘이 이루는 각 중 작은 각의 크기를 각각 $\alpha$, $\beta$라 할 때, $48(\beta-\alpha)$의 값을 호도법으로 나타내면?

(단, 시계 바늘의 두께는 무시한다.)

〔시계 A〕　　　　〔시계 B〕

① $\dfrac{\pi}{2}$　　② $3\pi$　　③ $5\pi$

④ $\dfrac{2}{3}\pi$　　⑤ $10\pi$

## 09 _312

🔖세화여고 응용

$\sqrt[3]{a^2}+\sqrt[3]{b^2}=\dfrac{1}{2}$, $x=a+3\times\sqrt[3]{a}\sqrt[3]{b^2}$, $y=b+3\times\sqrt[3]{a^2}\sqrt[3]{b}$ 일 때, $\sqrt[3]{(x+y)^2}+\sqrt[3]{(x-y)^2}$의 값은?

(단, $a>0$, $b>0$, $x>y$)

① 1　　② 2　　③ 3
④ 4　　⑤ 5

## 10 _313

🔖영락고 응용

$n$이 자연수일 때, 두 함수 $y=(-1)^n\times\log_3\dfrac{1}{x^n}$, $y=(-1)^n\times 3^x$의 그래프가 만나는 점의 개수를 $f(n)$이라 하자. $f(1)+f(2)+f(3)+\cdots+f(10)$의 값은?

① 10　　② 15　　③ 20
④ 25　　⑤ 30

## 11 _314

중산고 응용

함수 $f(x)=\log_2(x+k)$와 그 역함수 $f^{-1}(x)$에 대하여 두 곡선 $y=f(x)$, $y=f^{-1}(x)$가 서로 다른 두 점 A, B에서 만나고 $\overline{AB}=n\sqrt{2}$일 때, 점 A의 $x$좌표를 $g(n)$이라 하자. $g(n)-g(3n)>8$을 만족시키는 자연수 $n$의 최솟값은? (단, $k$는 상수이고, 점 A의 $x$좌표는 점 B의 $x$좌표보다 작다.)

① 4 　　　② 5 　　　③ 8
④ 10 　　　⑤ 12

## 13 _316

대구여고 응용

$0 \le x \le \pi$일 때, $x$에 대한 방정식 $\left[\cos x+\dfrac{1}{2}\right]=x-k$의 정수해가 존재하도록 하는 $k$의 값의 개수는?

(단, $[x]$는 $x$보다 크지 않은 최대의 정수이다.)

① 2 　　　② 4 　　　③ 5
④ 8 　　　⑤ 9

## 12 _315

서울고 응용

그림과 같이 중심이 원점 O인 원이 직선 $y=mx$ $(m>0)$와 만나는 두 점을 각각 A, B라 하고, 원이 $y$축과 만나는 두 점을 각각 C, D라 하자. $\angle ABC=\alpha$, $\angle ACD=\beta$라 할 때, $\cos 2\alpha - \cos 2\beta = \dfrac{10}{13}$을 만족시키는 $m$의 값은?

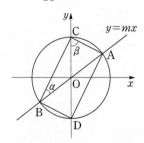

① $\dfrac{5}{12}$ 　　　② $\dfrac{3}{4}$ 　　　③ 1

④ $\dfrac{4}{3}$ 　　　⑤ $\dfrac{12}{5}$

## 14 _317

창덕여고 응용

좌표평면에서 두 곡선 $y=|\log_2 x|$와 $y=\left(\dfrac{1}{2}\right)^x$이 만나는 두 점을 각각 $P(x_1, y_1)$, $Q(x_2, y_2)$ $(x_1<x_2)$라 하고, 두 곡선 $y=|\log_2 x|$와 $y=2^x$이 만나는 점을 $R(x_3, y_3)$라 하자. 〈보기〉에서 옳은 것만을 있는 대로 고른 것은?

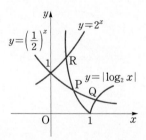

보기

ㄱ. $\dfrac{1}{2}<x_1<1$

ㄴ. $x_2 y_2 = x_3 y_3$

ㄷ. $x_2(x_1-1)>y_1(y_2-1)$

① ㄱ 　　　② ㄷ 　　　③ ㄱ, ㄴ
④ ㄴ, ㄷ 　　　⑤ ㄱ, ㄴ, ㄷ

## 15 _318

📑판교고 응용

$a-1 \leq x \leq a+1$에서 함수

$$f(x) = \begin{cases} \left(\dfrac{1}{2}\right)^{x-2} & (x<2) \\ \log_2 x & (x \geq 2) \end{cases}$$

의 최댓값과 최솟값의 합이 3이 되도록 하는 모든 실수 $a$의 값의 합은?

① 5        ② 6        ③ 7

④ 8        ⑤ 9

## 17 _320

📑단대부고 응용

$[\log_7 3n] = [\log_7 n] + 1$을 만족시키는 1000 이하의 자연수 $n$의 개수는?

(단, $[x]$는 $x$보다 크지 않은 최대의 정수이다.)

① 426        ② 444        ③ 464

④ 476        ⑤ 494

## 16 _319

📑성남고 응용

함수 $f(x) = 2 \tan \left| \dfrac{x}{2} \right| + 2$에 대하여 〈보기〉에서 옳은 것만을 있는 대로 고른 것은?

> ───── 보기
>
> ㄱ. 정의역은 $\{x \,|\, x \neq (2n-1)\pi, \ n$은 정수$\}$이다.
>
> ㄴ. $x \geq 0$일 때, $f(x+2\pi) = f(x)$이다.
>
> ㄷ. 함수 $g(x) = 2\pi[x^2] + \dfrac{\pi}{4} \sin x + \dfrac{\pi}{2}$에 대하여
>   합성함수 $(f \circ g)(x)$는 주기가 $2\pi$인 주기함수이다.
>   (단, 실수 $t$에 대하여 $[t]$는 $t$보다 크지 않은 최대의
>   정수이다.)

① ㄱ        ② ㄴ        ③ ㄱ, ㄴ

④ ㄴ, ㄷ        ⑤ ㄱ, ㄴ, ㄷ

## 18 _321

📑문영여고 응용

$0 < a < \pi$, $0 < b < \pi$인 두 실수 $a$, $b$에 대하여 $\cos a > \cos b$가 성립할 때, 〈보기〉에서 옳은 것만을 있는 대로 고른 것은?

> ───── 보기
>
> ㄱ. $a < b$
>
> ㄴ. $\sin a < \sin b$
>
> ㄷ. $(\tan a)(\tan b) > 0$이면 $\tan a < \tan b$이다.

① ㄱ        ② ㄱ, ㄴ        ③ ㄱ, ㄷ

④ ㄴ, ㄷ        ⑤ ㄱ, ㄴ, ㄷ

부록
내신기출 모의고사

**서술형** 5문항 (19~23번)

## 19 _322
가좌고 응용

서로 다른 세 양의 실수 $a$, $b$, $c$ ($a \neq 1$, $b \neq 1$)가 다음 조건을 만족시킬 때, $\dfrac{3}{2} + \log_a bc$의 값을 구하시오.

> (가) $\log_{a^2} b = \log_b c$
> (나) $\sqrt{b} \times c = a^3$

## 20 _323
서초고 응용

그림과 같이 반지름의 길이와 호의 길이가 같고, 중심각의 크기가 $\theta$인 부채꼴 OAB가 있다. 점 B에서 선분 OA에 내린 수선의 발 H에 대하여 부채꼴 OAB의 넓이를 $S_1$, 직각삼각형 OHB의 넓이를 $S_2$라 하자.

$\left[ \dfrac{S_1}{S_2} \times \sin 1 \right]$의 값을 구하시오.

(단, $[x]$는 $x$보다 크지 않은 최대의 정수이다.)

## 21 _324
휘문고 응용

다음 그림과 같은 육상 경기 트랙이 있다. 주자들은 출발선 $\overline{AB}$에서 출발하여 결승선 $\overline{CD}$까지 달린다. 곡선 트랙은 O, O'을 중심으로 하는 동심원일 때, $\sin \theta$, $\cos \theta$, $\tan \theta$의 값을 각각 구하시오.

(단, 주자들은 경계선 위를 달린다.)

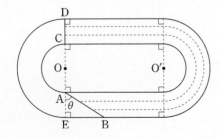

## 22 _325
시흥고, 염광고, 이대부고 응용

다음 물음에 답하시오.

(1) $0 < \theta < 2\pi$인 각 $\theta$를 나타내는 동경과 각 $5\theta$를 나타내는 동경이 $x$축에 대하여 대칭일 때, $\theta$가 될 수 있는 각 5개를 작은 값부터 순서대로 $a$, $b$, $c$, $d$, $e$라 하자. $a$, $b$, $c$, $d$, $e$의 값을 각각 구하시오.

(2) $0 \leq x \leq 6$에서 정의된 삼각함수 $y = a \cos bx + c$의 그래프를 지시에 따라 그리시오. (단, $a$, $b$, $c$의 값은 (1)에서 구한 값이다.)

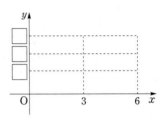

① 제시된 좌표평면의 빈칸 3개를 채워서 똑같이 그리시오. ($x$축, $y$축, 원점, 점선 5개)

② 주어진 삼각함수의 치역과 주기를 각각 구하시오.

③ $0 \leq x \leq 6$에서 제시된 삼각함수의 그래프를 그리시오.

## 23 _326
중산고, 영락고 응용

실수 전체의 집합에서 정의된 두 함수

$$f(x) = |2^x - 2| + 1, \quad g(x) = \log_2 3 - \left| \log_2 \left( x^2 + \dfrac{1}{3} \right) \right|$$

에 대하여 함수 $h(x)$를 $h(x) = (f \circ g)(x)$라 할 때, 방정식 $2\{h(x)\}^2 - 9\{h(x)\} + 10 = 0$의 서로 다른 실근의 개수를 구하시오.

| 점수 | 선택형 | 서술형 | 나의 점수 |
|---|---|---|---|
| | 점 | 점 | 점 |

선택형 18문항 (1~18번)

## 01 _327
📄 경문고 응용

$a$, $b$, $c$가 양수이고, $a^b = b^q = c^r = 243$, $\log_3 abc = 15$일 때, $\dfrac{pq + qr + rp}{pqr}$의 값은?

① 1      ② 2      ③ 3
④ 4      ⑤ 5

## 02 _328
📄 양재고 응용

두 자연수 $m$, $n$에 대하여 부등식 $\left| \log_3 \dfrac{m}{15} \right| + \log_3 \dfrac{n}{3} \leq 0$ 을 만족시키는 순서쌍 $(m, n)$의 개수는?

① 30      ② 40      ③ 55
④ 60      ⑤ 70

## 03 _329
📄 현대고 응용

직선 $x = k$가 두 함수 $y = 2^x + 1$, $y = -2^{-x}$의 그래프와 만나는 점을 각각 A, B라 할 때, $\overline{AB} = \dfrac{13}{3}$이 되도록 하는 모든 실수 $k$의 값의 곱은?

① $2 \log_2 3$      ② $-2 \log_2 3$      ③ $-\log_2 3$
④ $-(\log_2 3)^2$      ⑤ $-(\log_3 2)^2$

## 04 _330
📄 숭의여고 응용

두 집합

$$A = \left\{ x \, \middle| \, \left( \frac{1}{4} \right)^{x^2} \leq \left( \frac{1}{8} \right)^{x+3}, \, x는 \ 정수 \right\}$$

$$B = \left\{ x \, \middle| \, \log_{\frac{1}{3}} (x+1)^2 - 1 > \log_{\frac{1}{3}} (x+15), \, x는 \ 정수 \right\}$$

에 대하여 집합 $A^C \cap B$의 모든 원소의 합은?

① $-2$      ② $-1$      ③ 0
④ 1      ⑤ 2

## 05 _331
📄 압구정고 응용

다음 그림은 함수 $f(x) = \log_2 (x - a) + b$와 그 역함수 $y = f^{-1}(x)$의 그래프이다. 두 그래프의 교점 중 제1사분면 위의 점을 A, 함수 $y = f(x)$가 $y$축과 만나는 점을 B, 함수 $y = f^{-1}(x)$가 $x$축과 만나는 점을 C라 하자. 삼각형 ABC 의 넓이는 $\dfrac{7}{2}$, 삼각형 OCB의 넓이는 $\dfrac{1}{2}$일 때, 상수 $a$, $b$ 에 대하여 $7a + 2^b$의 값은? (단, O는 원점이다.)

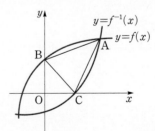

① $-1$      ② $-\dfrac{1}{2}$      ③ 0
④ $\dfrac{1}{2}$      ⑤ 1

## 06 _332
장훈고 응용

$\sin x - \cos x = 1$일 때, $\sin^5 x + \cos^5 x$의 모든 값의 합은?

① $-5$　　　② $-1$　　　③ $0$

④ $1$　　　⑤ $5$

## 08 _334
압구정고 응용

좌표평면에서 원 $x^2 + y^2 = 1$ 위의 두 점 $A(1, 0)$, $B(0, -1)$에 대하여 점 P는 점 A를 출발하여 시계 반대 방향으로 매초 $\dfrac{2}{5}\pi$의 속력으로, 점 Q는 점 B를 출발하여 시계 방향으로 매초 $\dfrac{4}{5}\pi$의 속력으로 각각 움직인다.

두 점이 동시에 출발하여 60초가 될 때까지, 점 P의 $y$좌표와 점 Q의 $x$좌표가 같아지는 횟수는?

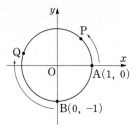

① 48　　　② 52　　　③ 56

④ 60　　　⑤ 64

## 07 _333
풍생고 응용

함수 $y = a\cos(bx + c\pi)$의 그래프가 그림과 같다. 세 양수 $a$, $b$, $c$에 대하여 $12(a+b+c)$의 최솟값은?

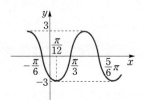

① 64　　　② 66　　　③ 68

④ 70　　　⑤ 72

## 09 _335
단대부고 응용

함수 $f(x)$를 다음과 같이 정의하자.

$$f(x) = \begin{cases} 3^{\log_2 x} & (x \le 10) \\ 2^{\log_3 x} & (x > 10) \end{cases}$$

20 이하의 두 자연수 $m$, $n$에 대하여 $f(mn) = f(m)f(n)$을 만족시키는 순서쌍 $(m, n)$의 개수는?

① 147　　　② 150　　　③ 153

④ 156　　　⑤ 159

## 10 _336

📄 양정고 응용

$x$축과 평행하고 제1사분면을 지나는 직선을 $l$이라 하자.
함수 $y=|\log_n x|$의 그래프와 직선 $l$의 교점을 각각 P, Q
라 하고 $\overline{PQ}=2$일 때, 점 P의 $x$좌표를 $P(n)$, 점 Q의 $x$좌
표를 $Q(n)$이라 하면
$P(2) \times Q(10) + P(3) \times Q(9) + P(4) \times Q(8) + \cdots$
$+ P(10) \times Q(2)$
의 값은? (단, $n$은 2 이상의 자연수이다.)

① 9    ② 10    ③ 18

④ 20    ⑤ 27

## 11 _337

📄 자양고 응용

$0 \le x < 2\pi$에서 함수 $f(x) = \cos 2x$에 대하여 방정식
$f(|f(x)|) = \dfrac{\sqrt{3}}{2}$의 서로 다른 실근의 개수를 $a$, 모든 근

의 합을 $b$라 할 때, $a + \dfrac{b}{\pi}$의 값은?

① 16    ② 14    ③ 12

④ 10    ⑤ 8

## 12 _338

📄 휘문고 응용

방정식 $\cos kx = \dfrac{1}{2}$의 모든 실근의 합을 $f(k)$라 할 때,
$f(1) + f(2) + f(3)$의 값은? (단, $0 \le x < 2\pi$)

① $9\pi$    ② $10\pi$    ③ $12\pi$

④ $14\pi$    ⑤ $18\pi$

## 13 _339

📄 세화여고 응용

$n$은 자연수이고 $f(\theta) = 2\sin\theta + 1$일 때, 등식 $x^n = f(\theta)$를
만족하는 서로 다른 실수 $x$의 개수를 $g_n(\theta)$라 하자.
$n$이 짝수이고 $0 < \theta_1 < \theta_2 < \theta_3 < 2\pi$에 대하여
$f(\theta_1) \times f(\theta_3) < 0$, $\{g_n(\theta_1)\}^2 + \{g_n(\theta_2)\}^2 + \{g_n(\theta_3)\}^2 = 5$
일 때, $\theta_2$의 모든 값의 합은?

① $\pi$    ② $2\pi$    ③ $3\pi$

④ $4\pi$    ⑤ $5\pi$

## 14 _340

📄 세종고 응용

$0 < a < 1 < b$, $ab < 1$인 두 실수 $a$, $b$에 대하여 〈보기〉에서
옳은 것만을 있는 대로 고른 것은?

보기
ㄱ. $a^{-\frac{1}{b}} > b^{\frac{1}{b}}$
ㄴ. $\log_{b^2} a < \log_{a^2} b$
ㄷ. $0 < x < 1$이면 $\log_a x - \log_{\frac{1}{b}} x > 0$

① ㄱ    ② ㄱ, ㄴ    ③ ㄱ, ㄷ

④ ㄴ, ㄷ    ⑤ ㄱ, ㄴ, ㄷ

## 15 _341

가좌고 응용

그림과 같이 곡선 $y=a^x\,(0<a<1)$ 위에 서로 다른 세 점 $A(0, 1)$, $B(x_1, y_1)$, $C(x_2, y_2)$가 있다. $y_1y_2=1$, 직선 $BC$의 $y$절편이 5이고 삼각형 $ABC$의 넓이가 8일 때, $a^2+\dfrac{1}{a^2}$의 값은? (단, $x_2<0<x_1$)

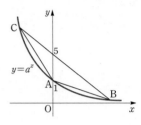

① 4　　　　② 6　　　　③ 8
④ 10　　　⑤ 12

## 16 _342

배정고 응용

$x\geq0$에서 정의된 함수 $f(x)$가 자연수 $n$에 대하여
$$f(x)=\begin{cases}\sin(-2n\pi x) & (2n-2\leq x\leq 2n-1)\\ \sin(2n\pi x) & (2n-1\leq x\leq 2n)\end{cases}$$
이다. 자연수 $k$에 대하여 $k-1\leq x\leq k$일 때, 방정식 $f(x)=\dfrac{2}{3}$의 실근 중에서 가장 작은 값과 가장 큰 값의 합을 $g(k)$라 하자. $g(1)+g(2)+g(3)+\cdots+g(10)$의 값은?

① 20　　　　② 40　　　　③ 60
④ 80　　　⑤ 100

## 17 _343

숙명여고 응용

두 함수 $y=|2\cos x|$와 $y=\log_2 x$의 그래프가 세 점 $A(x_1, y_1)$, $B(x_2, y_2)$, $C(x_3, y_3)$에서 만날 때, 〈보기〉에서 옳은 것만을 있는 대로 고른 것은? (단, $x_1<x_2<x_3$)

보기
ㄱ. $\dfrac{x_1+x_2}{2}>\dfrac{\pi}{2}$
ㄴ. $\log_2\pi>y_3$
ㄷ. $\cos x_1+\cos x_3>0$

① ㄱ　　　　② ㄴ　　　　③ ㄱ, ㄴ
④ ㄱ, ㄷ　　⑤ ㄱ, ㄴ, ㄷ

## 18 _344

대일고, 문영여고 응용

$1<a<b<10$인 두 자연수 $a$, $b$에 대하여 $y=\log_a x$, $y=\log_b(x+n)$의 그래프가 만나는 점의 $y$좌표를 $t$라 하자. $1\leq t\leq2$를 만족시키는 $a$, $b$의 순서쌍 $(a, b)$의 개수가 13 이상이 되도록 하는 자연수 $n$의 최솟값은?

① 1　　　　② 2　　　　③ 3
④ 4　　　⑤ 5

**서술형** 5문항 (19~23번)

**19** _345     📄문영여고 응용

부등식 $4^x+4^{-x}-2a(2^x+2^{-x})+11\leq0$을 만족시키는 $x$의 값이 없을 때, 실수 $a$의 값의 범위를 구하시오.

**20** _346     📄판교고 응용

두 직선 $y=(\tan\theta°)x$와 $x=2$의 교점의 $y$좌표를 $P(\theta)$라 하자. $P(1)\times P(2)\times P(3)\times\cdots\times P(89)$의 값을 $k$라 할 때, $\log_2 k$의 값을 구하시오.

**21** _347     📄대진고 응용

그림과 같이 함수 $f(x)=\sin\dfrac{\pi}{3}x\ (0\leq x<3)$의 그래프와 내접하고 있는 사다리꼴 ABCD에 대하여 $\overline{BC}=2$, 점 A의 $y$좌표의 값이 $\dfrac{\sqrt{3}}{2}$일 때, $\square$ABCD의 넓이를 구하시오. (단, $\overline{BC}$는 $x$축에 평행하다.)

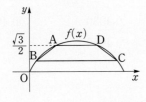

**22** _348     📄성수고, 신한고, 창녕고, 호남고 응용

$0\leq x\leq 2\pi$일 때, 부등식 $\sin^3 x-\sin x|\cos x|+\sin x\leq0$의 해를 구하시오.

**23** _349     📄경문고, 양재고 응용

두 함수 $f(x)=\cos 2ax$, $g(x)=-\dfrac{1}{b\pi}x+1$의 그래프의 교점의 개수가 49가 되도록 하는 자연수 $a$, $b$에 대하여 순서쌍 $(a,b)$를 모두 구하시오.

| 점수 | 선택형 | 서술형 | 나의 점수 |
|---|---|---|---|
| | 점 | 점 | 점 |

내신 기출
**모의고사**

# 기말고사 대비 (1회)

(04. 삼각형에의 응용 ~ 07. 수학적 귀납법)

선택형 18문항 (1~18번)
서술형 5문항 (19~23 번)

선택형 18문항 (1~18번)

## 01 _350
📄 성남고, 숙의여고 응용

이차방정식 $x^2-mx+12=0$의 두 근 $\alpha$, $\beta$ $(\alpha<\beta)$에 대하여 $\alpha$, $\beta-\alpha$, $\beta$가 이 순서대로 등차수열을 이룰 때의 $m$의 값을 $a$, 등비수열을 이룰 때의 $m$의 값을 $b$라 하자. 이때 $a+b^2$의 값은? (단, $m>0$)

① 52 ② 60 ③ 68
④ 76 ⑤ 84

## 02 _351
📄 중동고 응용

다음 그림과 같이 반지름의 길이가 1인 원에 내접하는 정육각형 ABCDEF가 있다. 6개의 꼭짓점 중에서 임의로 세 점 또는 네 점을 이어 삼각형 또는 사각형을 만들 때, 〈보기〉에서 옳은 것만을 있는 대로 고른 것은?

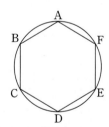

─────── 보기 ───────
ㄱ. 삼각형의 둘레의 길이는 항상 무리수이다.
ㄴ. 사각형의 둘레의 길이는 항상 무리수이다.
ㄷ. 삼각형의 넓이는 항상 유리수이다.

① ㄱ ② ㄴ ③ ㄱ, ㄴ
④ ㄱ, ㄷ ⑤ ㄴ, ㄷ

## 03 _352
📄 현대고 응용

등차수열 $\{a_n\}$의 첫째항부터 제$n$항까지의 합을 $S_n$이라 하자. $S_3=60$, $S_{11}=121$일 때, $a_9+a_{10}+a_{11}$의 값은?

① 6 ② 11 ③ 16
④ 21 ⑤ 26

## 04 _353
📄 서울고 응용

그림과 같이 $\angle ABC=120°$, $\overline{AB}=3$ km, $\overline{BD}=6$ km인 산책로에는 다음과 같은 두 가지 코스가 있다.

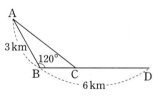

[코스 1] : A → B → C → D
[코스 2] : A → C → D

갑이 시속 3 km의 일정한 속력으로 산책할 경우, [코스 1]을 따라갈 때 소요되는 시간이 [코스 2]를 따라가는 것보다 20분 더 걸린다고 한다. $\overline{BC}$의 길이는?

① $\frac{11}{8}$ km ② $\frac{5}{4}$ km ③ $\frac{9}{8}$ km
④ 5 km ⑤ $\frac{7}{8}$ km

## 05 _354
📄 부산고, 성도고, 영파여고 응용

자연수 $n$에 대하여 $a_n=2+(-1)^{\left[\frac{n}{2}\right]}$일 때, $\sum\limits_{n=1}^{2022}a_n$의 값은?

(단, $[x]$는 $x$보다 크지 않은 최대의 정수이다.)

① 4020 ② 4030 ③ 4040
④ 4044 ⑤ 4050

## 06 _355
☑ 휘문고, 낙생고 응용

30 %의 소금물 100 g과 20 %의 소금물 100 g을 섞은 소금물 $W_1$의 농도를 $a_1$ %, 소금물 $W_1$에 15 %의 소금물 100 g을 섞은 소금물 $W_2$의 농도를 $a_2$ %라고 하자.
이와 같은 시행을 $n$번 반복한 소금물 $W_n$의 농도를 $a_n$ %라고 할 때, $a_n$과 $a_{n+1}$ 사이의 관계식은?

(단, $n=1, 2, 3, \cdots$)

① $a_{n+1}=\dfrac{1}{3}a_n+15$

② $a_{n+1}=\dfrac{1}{4}a_n+\dfrac{45}{4}$

③ $a_{n+1}=\dfrac{n}{n+1}a_n+\dfrac{15}{n+1}$

④ $a_{n+1}=\dfrac{n+1}{n+2}a_n+\dfrac{15}{n+2}$

⑤ $a_{n+1}=\dfrac{n+2}{n+3}a_n+\dfrac{15}{n+3}$

## 07 _356
☑ 숭의여고, 수도여고 응용

함수 $f(x)=|3x-1|$에 대하여 공차가 양수인 등차수열 $\{a_n\}$이 다음 조건을 만족시킨다.

(가) $f(a_9)=0$

(나) $\displaystyle\sum_{k=1}^{17} f(a_k)=72$

$\displaystyle\sum_{k=9}^{17} 3(a_k+2)$의 값은?

① 60      ② 75      ③ 80
④ 99      ⑤ 100

## 08 _357
☑ 양정고 응용

모든 자연수 $n$에 대하여 다음 조건을 만족시키는 $x$축 위의 점 $P_n$과 곡선 $y=2\sqrt{x}$ 위의 점 $Q_n$이 있다.

- 선분 $OP_n$과 선분 $P_nQ_n$이 서로 수직이다.
- 선분 $OQ_n$과 선분 $Q_nP_{n+1}$이 서로 수직이다.

점 $P_1$의 좌표가 $(1, 0)$, 삼각형 $OP_{n+1}Q_n$의 넓이를 $A_n$이라 할 때, $A_7$의 값은? (단, O는 원점이다.)

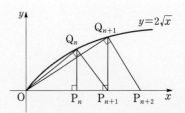

① 115      ② 125      ③ 135
④ 145      ⑤ 155

## 09 _358
☑ 세화고 응용

그림과 같이 $\overline{AB}=2$, $\overline{AC}=3$인 삼각형 ABC의 내접원을 $O$ 외접원을 $O'$이라 하자.

$\cos(\angle BAC)=\dfrac{1}{3}$일 때, 외접원 $O'$의 내부와 내접원 $O$의 외부의 공통부분의 넓이가 $\dfrac{q}{p}\pi$이다. $p+q$의 값은?

(단, $p$와 $q$는 서로소인 자연수이다.)

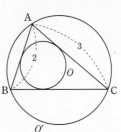

① 94      ② 97      ③ 100
④ 103      ⑤ 106

## 10 _359

📄은광여고, 영등포고 응용

$\overline{\text{AB}}=5$인 삼각형 ABC가 다음 조건을 만족시킬 때, 삼각형 ABC의 넓이는?

> (가) $\sin^2 B = 4\sin^2 C$
> (나) $\cos^2(A+B) = \cos^2 A + \sin^2 B$

① 15 　　　　② 20 　　　　③ 25
④ 30 　　　　⑤ 35

## 11 _360

📄압구정고 응용

3부터 99까지 3의 배수 중 서로 다른 5개를 택하여 그 합을 $S$라 하자. $S$의 값들 중 서로 다른 것을 작은 것부터 차례대로 $S_1$, $S_2$, $S_3$, $\cdots$, $S_k$라 할 때, $k$의 값은?

① 129 　　　　② 139 　　　　③ 141
④ 149 　　　　⑤ 155

## 12 _361

📄세화여고 응용

첫째항이 1이고 공차가 2인 등차수열 $\{a_n\}$에 대하여 두 수열 $\{b_n\}$, $\{c_n\}$이 다음을 만족시킨다.

$$b_n = 3 \times 2^{a_n}, \quad c_n = \log b_n$$

수열 $\{b_n\}$의 첫째항부터 제6항까지의 합을 $S$, 수열 $\{c_n\}$의 첫째항부터 제6항까지의 합을 $T$라 할 때, $\dfrac{T}{S}$의 값은?

① $\dfrac{2\log 2 + \log 3}{1365}$ 　　　　② $\dfrac{4\log 2 + \log 3}{1365}$

③ $\dfrac{4\log 2 + 2\log 3}{1365}$ 　　　　④ $\dfrac{8\log 2 + 2\log 3}{1365}$

⑤ $\dfrac{6\log 2 + \log 3}{1365}$

## 13 _362

📄목동고, 강서고 응용

두 수열 $\{a_n\}$, $\{c_n\}$과 등차수열 $\{b_n\}$이 모든 자연수 $n$에 대하여

$$a_n + b_{n+1} + c_{n+2} = n-1,$$
$$a_{n+1} + b_{n+1} + c_{n+1} = 2n,$$
$$a_{n+2} + b_{n+1} + c_n = 3n+1$$

을 만족시킨다. $\displaystyle\sum_{k=1}^{30} a_k + \sum_{k=1}^{30} b_k + \sum_{k=1}^{30} c_k$의 값은?

① 870 　　　　② 970 　　　　③ 1070
④ 1170 　　　　⑤ 1270

## 14 _363

📄분당고, 서현고 응용

그림과 같이 한 평면 위에 $\overline{\text{AB}}=4$, $\overline{\text{AC}}=3$, $\overline{\text{AD}}=2$이고, $\angle\text{CAB}=\dfrac{\pi}{4}$, $\angle\text{DAC}=\dfrac{\pi}{4}$인 네 점 A, B, C, D가 있다.

〈보기〉에서 옳은 것만을 있는 대로 고른 것은?

$$\left(\text{단, } \angle\text{DAB}=\dfrac{\pi}{2}\right)$$

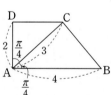

> 보기
>
> ㄱ. $\overline{\text{CD}}^2 = 13 - 6\sqrt{2}$
>
> ㄴ. 점 C를 직선 AB에 대하여 대칭이동한 점을 C′이라 하면 $\overline{\text{CC}'} = 3\sqrt{2}$이다.
>
> ㄷ. 사각형 ABCD의 넓이는 $\dfrac{9\sqrt{2}}{2}$이다.

① ㄱ 　　　　② ㄴ 　　　　③ ㄱ, ㄷ
④ ㄴ, ㄷ 　　　　⑤ ㄱ, ㄴ, ㄷ

▷정답 및 풀이 78쪽

## 15 _364
🔖 은광여고, 숙명여고 응용

함수 $f(x)=\dfrac{9^x}{9^x+3}$ 에 대하여 〈보기〉에서 옳은 것만을 있는 대로 고른 것은?

─── 보기 ───

ㄱ. $f\left(\dfrac{1}{2}\right)=\dfrac{1}{2}$

ㄴ. 함수 $y=f(x)$ 의 그래프는 점 $\left(\dfrac{1}{2}, \dfrac{1}{2}\right)$ 에 대하여 대칭이다.

ㄷ. $\displaystyle\sum_{k=1}^{50} f\left(\dfrac{k}{51}\right)=25$

① ㄱ      ② ㄱ, ㄴ      ③ ㄱ, ㄷ

④ ㄴ, ㄷ      ⑤ ㄱ, ㄴ, ㄷ

## 16 _365
🔖 수도여고, 숭의여고 응용

모든 항이 유리수인 수열 $\{a_n\}$ 에 대하여 $2+\displaystyle\sum_{k=1}^{n} m^{a_k}=2^{n+1}$

이 성립할 때, $\displaystyle\sum_{k=1}^{10} a_k$ 의 모든 값의 합은?

(단, $m$ 은 10 이하의 자연수이다.)

① $\dfrac{601}{6}$      ② $\dfrac{301}{3}$      ③ $100$

④ $\dfrac{302}{3}$      ⑤ $\dfrac{605}{6}$

## 17 _366
🔖 중동고, 서울고 응용

다음은 피보나치가 저술한 "산술의 서"에 소개된 토끼이야기이다.

갓 태어난 암수 한 쌍의 토끼가 있다. 이 토끼 한 쌍은 태어난 지 두 달 후부터 ㉮ 매달 암수 한 쌍의 토끼를 낳는다. 새로 태어난 토끼들도 태어나서 두 달이 지나면 ㉮ 매달 암수 한 쌍의 토끼를 낳는다고 할 때, $n$째 달에 토끼는 몇 쌍이 될까? (단, 토끼는 중간에 죽지 않는다고 한다.)

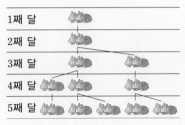

위 이야기 중 밑줄 친 ㉮에서 매 홀수 달에는 암수 한 쌍의 토끼를 매 짝수 달에는 암수 두 쌍의 토끼를 낳는다면 1월에 갓 태어난 암수 한 쌍이 10월에는 몇 쌍이 될까?

① 60      ② 80      ③ 100

④ 120      ⑤ 164

## 18 _367
🔖 성남고, 영등포고 응용

수열 $\{a_n\}$ 이 $a_1=0$, $a_n+a_{n+1}=n$ 을 만족시킨다.

두 자연수 $m$, $n$ 에 대하여 $\displaystyle\sum_{k=n-m+1}^{n+m} a_k$ 의 값은? (단, $m<n$)

① $m^2$      ② $n^2$      ③ $mn$

④ $2mn$      ⑤ $mn-1$

**서술형** 5문항 (19~23번)

**19** _368                    📄영등포고, 성보고 응용

두 직선 $y=x$, $y=\sqrt{3}x$가 이루는 각 중에서 예각의 크기를 $\theta$라 할 때, $\cos^2\theta$의 값을 구하시오.

**20** _369                    📄목동고, 양천고 응용

$a_3=3$인 수열 $\{a_n\}$이 모든 자연수 $n$에 대하여

$$a_{n+1}=\begin{cases} \dfrac{a_n+3}{2} & (a_n \text{이 홀수인 경우}) \\ \dfrac{a_n}{2} & (a_n \text{이 짝수인 경우}) \end{cases}$$

이다. $a_1\geq 10$일 때, $\displaystyle\sum_{k=1}^{10} a_k$의 값을 구하시오.

**21** _370                    📄진명여고, 숭의여고 응용

수열 $\{a_n\}$이 다음 조건을 만족시킨다.

> (개) $a_1+a_2+a_3=26$
>
> (내) $\displaystyle\sum_{k=1}^{n} a_k=cn^2-n+c-1$ (단, $c$는 상수이다.)

$\displaystyle\sum_{k=1}^{10} a_k{}^2$의 값을 $p$라 할 때, $\dfrac{p}{32}$의 값을 구하시오.

**22** _371                    📄서울고, 양정고 응용

그림과 같이 한 평면 위에 있는 두 삼각형 ABC, ACD의 외심을 각각 O, O′이라 하고 $\angle ABC=\alpha$, $\angle ADC=\beta$라 할 때, $\dfrac{\sin\beta}{\sin\alpha}=\dfrac{4}{3}$, $\cos(\alpha-\beta)=\dfrac{3}{8}$, $\overline{OO'}=1$이 성립한다. 삼각형 ABC의 외접원의 넓이를 구하시오.

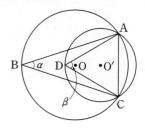

**23** _372                    📄성남고, 낙생고 응용

등차수열 $\{a_n\}$에 대하여
$S_n=a_1+a_2+a_3+\cdots+a_n$,
$T_n=|a_1|+|a_2|+|a_3|+\cdots+|a_n|$ ($n=1, 2, 3, \cdots$)
이라 하자. $S_n$과 $T_n$이 다음 조건을 만족시킬 때, $a_{20}$의 값을 구하시오.

> (개) $S_{10}=a_{10}$
>
> (내) $n\geq 4$일 때, $T_n=S_n+80$

| 점 수 | 선택형 | 서술형 | 나의 점수 |
|---|---|---|---|
| | 점 | 점 | 점 |

선택형 18문항 (1~18번)

## 01 _373

📋 영등포고, 양천고 응용

다음과 같이 정의된 수열 $\{a_n\}$에서 $a_7$의 값이 $\dfrac{q}{p}$일 때, $p+q$의 값은? (단, $p$, $q$는 서로소인 자연수이다.)

$$a_1=\frac{1}{2},\ a_{n+1}=\frac{1}{2-a_n}\ (n=1,\ 2,\ 3,\ \cdots)$$

① 10     ② 11     ③ 12
④ 13     ⑤ 15

## 02 _374

📋 현대고, 중동고 응용

그림과 같이 중심이 O인 원에 내접하는 사각형 ABCD의 꼭짓점이 원의 둘레를 8등분한 점에 위치하고 있다. $\overline{AB}=2$일 때, 사각형 ABCD의 넓이는?

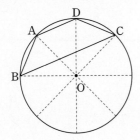

① $2-\sqrt{2}$     ② $2+2\sqrt{2}$     ③ $3+3\sqrt{2}$
④ $5+2\sqrt{2}$     ⑤ $6-2\sqrt{2}$

## 03 _375

📋 성남고, 수도여고 응용

$\displaystyle\sum_{n=1}^{80}\dfrac{1}{n\sqrt{n+1}+(n+1)\sqrt{n}}$의 값은?

① $\dfrac{7}{8}$     ② $\dfrac{8}{9}$     ③ $\dfrac{9}{10}$
④ $\dfrac{10}{11}$     ⑤ $\dfrac{11}{12}$

## 04 _376

📋 숭의여고, 은광여고 응용

등비수열 $\{a_n\}$에 대하여 $S_n=a_1+a_2+a_3+\ \cdots\ +a_n$이라 하자. $S_3=21$, $|S_6-S_3|=168$일 때, $S_6$의 모든 값의 합은?

① 0     ② 21     ③ 42
④ 210     ⑤ 378

## 05 _377
신목고, 성빈고 응용

100 이상 200 이하의 자연수 중에서 3으로 나누면 2가 남고, 5로 나누면 4가 남는 모든 자연수의 합은?

① 1041      ② 1042      ③ 1043
④ 1044      ⑤ 1045

## 06 _378
휘문고, 세화고 응용

자연수 $n$에 대하여 점 $A_n$이 함수 $y=x^2$의 그래프 위의 점일 때, $A_{n+1}$을 다음 규칙에 따라 정한다.

> (가) 점 A의 좌표는 $(4, 16)$이다.
> (나) 점 A를 지나고 함수 $y=x^2$의 그래프에 접하는 직선이 $x$축과 만나는 점을 $B_1$이라 한다.
> (다) 점 $B_n$을 지나고 $x$축에 수직인 직선이 함수 $y=x^2$의 그래프와 만나는 점을 $A_n$이라 한다. 다시 점 $A_n$을 지나고 함수 $y=x^2$의 그래프에 접하는 직선이 $x$축과 만나는 점을 $B_{n+1}$이라 한다.

점 $A_n$의 $x$좌표를 $x_n$이라 할 때, $\sum_{n=1}^{9} x_n = \dfrac{q}{p}$이다. $p+q$의 값은? (단, $p$, $q$는 서로소인 자연수이다.)

① 89      ② 239      ③ 450
④ 639      ⑤ 720

## 07 _379
거제고, 고성중앙고, 남문고, 청명고 응용

사각형 ABCD에서 변 AB와 변 CD는 평행하고 $\overline{BC}=2$, $\overline{AB}=\overline{AC}=\overline{AD}=3$일 때, 대각선 BD의 길이를 $a$라 하자. $5a$의 값은?

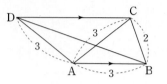

① 10      ② $4\sqrt{2}$      ③ $8\sqrt{2}$
④ $20\sqrt{2}$      ⑤ 30

## 08 _380
성남고, 목동고 응용

좌표평면 위의 네 점 $A(-4, 0)$, $B(-1, 0)$, $C(2, 0)$, $D(0, -2)$에 대하여 $\overline{PA}:\overline{PB}=2:1$을 만족하는 점 P가 있다. $\angle DPC=\theta$일 때, $\sin\theta$의 값은?

① $\dfrac{\sqrt{2}}{2}$      ② $\dfrac{\sqrt{2}}{3}$      ③ $\dfrac{\sqrt{2}}{4}$
④ $\dfrac{\sqrt{2}}{5}$      ⑤ $\dfrac{\sqrt{2}}{6}$

## 09 _381
📋서울고, 경기고 응용

수열 $\{a_n\}$이 다음 세 조건을 만족시킨다.

> 자연수 $m$에 대하여
>
> (가) $a_n=3m$일 때, $a_{n+1}=\dfrac{a_n}{3}$
>
> (나) $a_n=3m-1$일 때, $a_{n+1}=a_n+1$
>
> (다) $a_n=3m-2$일 때, $a_{n+1}=a_n+2$

$a_1=30$일 때, 〈보기〉에서 옳은 것만을 있는 대로 고른 것은?

> ─── 보기
>
> ㄱ. $a_8=1$
>
> ㄴ. $a_{2021}+a_{2022}=4$
>
> ㄷ. $\displaystyle\sum_{k=1}^{10}a_k=72$

① ㄱ      ② ㄴ      ③ ㄱ, ㄷ

④ ㄴ, ㄷ      ⑤ ㄱ, ㄴ, ㄷ

## 10 _382
📋현대고, 중동고 응용

공차가 0이 아닌 등차수열 $\{a_n\}$의 세 항 $a_3$, $a_5$, $a_9$가 이 순서대로 공비가 $r$인 등비수열을 이룰 때, $r$의 값은?

① 1      ② 2      ③ 3

④ 4      ⑤ 5

## 11 _383
📋한가람고, 수도여고 응용

모든 항이 양수인 수열 $\{a_n\}$에 대하여

$$a_1^2+\frac{a_2^2}{3}+\frac{a_3^2}{5}+\cdots+\frac{a_n^2}{2n-1}=n^2+2n$$

이 성립할 때, $\displaystyle\sum_{k=1}^{40}\frac{2}{a_k(\sqrt{2k+1}+\sqrt{2k-1})}$의 값은?

① $\dfrac{4}{5}$      ② $\dfrac{5}{6}$      ③ $\dfrac{6}{7}$

④ $\dfrac{7}{8}$      ⑤ $\dfrac{8}{9}$

## 12 _384
📋휘문고, 양정고 응용

공차가 0이 아닌 등차수열 $\{a_n\}$의 첫째항부터 제$n$항까지의 합을 $S_n$이라 할 때, 수열 $\{S_n\}$은 다음 조건을 만족시킨다.

> (가) 모든 자연수 $n$에 대하여 $S_n\neq S_{n+1}$이다.
>
> (나) 모든 $S_n$의 값을 작은 수부터 차례대로 나열한 수열을 $\{b_n\}$이라 할 때, $b_1=-92$, $b_2=-91$, $b_3=-90$이다.

$3|a_3|$의 값은?

① 32      ② 35      ③ 40

④ 48      ⑤ 52

## 13 _385

성남고, 양정고, 강서고, 휘문고 응용

수열 $\{a_n\}$이 다음 조건을 만족시킨다.

(가) $a_1=2$이고 $a_n<a_{n+1}$

(나) $b_n=\dfrac{1}{2}\left(n+1-\dfrac{1}{n+1}\right)$ $(n\geq1)$이라 할 때, 좌표평면에서 네 직선 $x=a_n$, $x=a_{n+1}$, $y=0$, $y=b_nx$에 동시에 접하는 원 $T_n$이 존재한다.

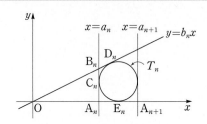

원점을 O라 하고, 원 $T_n$의 반지름의 길이를 $r_n$이라 하자.
직선 $x=a_n$과 두 직선 $y=0$, $y=b_nx$의 교점을 각각 $A_n$, $B_n$이라 하고, 원 $T_n$과 세 직선 $x=a_n$, $y=b_nx$, $y=0$의 접점을 각각 $C_n$, $D_n$, $E_n$이라 하면

$\overline{A_nB_n}=a_nb_n$이고 $\overline{OB_n}=a_n\sqrt{\boxed{\text{(가)}}+b_n{}^2}$이다.

$$\overline{OD_n}=\overline{OB_n}+\overline{B_nD_n}=\overline{OB_n}+\overline{B_nC_n}$$
$$=a_n\sqrt{\boxed{\text{(가)}}+b_n{}^2}+a_nb_n-r_n$$

$\overline{OE_n}=a_n+r_n$, $\overline{OD_n}=\overline{OE_n}$이므로

$$r_n=\frac{a_n\left(b_n-1+\sqrt{\boxed{\text{(가)}}+b_n{}^2}\right)}{2}$$

$$\therefore a_{n+1}=a_n+2r_n=\left(\boxed{\text{(나)}}\right)\times a_n\ (n\geq1)$$

이때 $a_1=2$이고

$$a_n=\boxed{\phantom{xx}}\times a_{n-1}=\boxed{\phantom{xx}}\times a_{n-2}=\cdots$$
$$=\boxed{\phantom{xx}}\times a_1$$

이므로 $a_n=\boxed{\text{(다)}}$

위의 과정에서 (가)에 알맞은 수를 $p$라 하고, (나), (다)에 알맞은 식을 각각 $f(n)$, $g(n)$이라 할 때, $p+f(7)+g(4)$의 값은?

① 54  ② 55  ③ 56

④ 57  ⑤ 58

## 14 _386

배재고, 낙생고 응용

시속 3 km의 속력으로 움직이는 배를 타고 가다가 A지점에서 두 빙하 P, Q를 발견하고 각도를 측정하였더니 빙하 P는 진행방향의 왼쪽으로 $30°$, Q는 오른쪽으로 $15°$의 위치에 있었다. 한 시간 동안 이 배를 타고 간 후 B지점에 도착하여 같은 방법으로 각도를 측정하였더니 빙하 P는 진행 방향의 왼쪽으로 $60°$, 빙하 Q는 오른쪽으로 $45°$의 위치에 있었다. 두 빙하 P, Q 사이의 거리의 제곱이 $a+b\sqrt{3}$ km일 때, 두 유리수 $a$, $b$의 합 $a+b$의 값은?

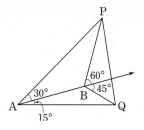

① 20  ② 25  ③ 27

④ 30  ⑤ 38

## 15 _387
☰ 세화고, 서울고 응용

자연수 $m$, $n$에 대하여 그림과 같이 곡선 $y=(x-m^n)^2$과 직선 $y=2^{n+1}x$가 만나는 두 점의 $x$좌표를 각각 $\alpha_n$, $\beta_n$이라 하자. 자연수 $\alpha_n$이 $m^n$의 약수일 때,

$\sum_{n=1}^{5}(\alpha_n+m^n+\beta_n)$의 값은? (단, $m$은 소수이다.)

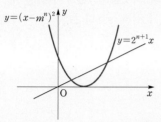

① 110      ② 210      ③ 310

④ 410      ⑤ 510

## 16 _388
☰ 성남고, 목동고 응용

그림과 같이 삼각형 ABC의 한 변이 원의 중심 O를 지나고, 두 변이 원에 접한다. $\overline{AB}=16$, $\overline{AC}=12$, $\overline{AO}=2\sqrt{21}$일 때, $\angle AOH$가 직각이 되도록 $\overline{AB}$ 위에 점 H를 잡으면 $\overline{BH}=\dfrac{a}{b}$이다. $a+b$의 값은?

(단, $a$, $b$는 서로소인 자연수이다.)

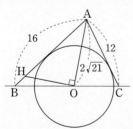

① 21      ② 22      ③ 23

④ 24      ⑤ 25

## 17 _389
☰ 낙생고, 양정고 응용

그림과 같이 바다에 인접해 있는 두 해안 도로가 60°의 각을 이루며 만나고 있다. 두 해안 도로가 만나는 지점에서 바다 쪽으로 $x\sqrt{3}$ m 떨어져 있는 배에서 출발하여 두 해안 도로를 차례대로 한 번씩 거쳐 다시 배로 되돌아오는 수영 코스의 최단길이가 400 m일 때, $3x$의 값은? (단, 배는 정지해 있고, 두 해안 도로는 일직선 모양이며 그 폭은 무시한다.)

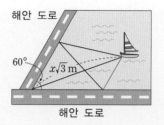

① 100      ② 200      ③ 300

④ 400      ⑤ 500

## 18 _390
☰ 신목고, 진명여고 응용

공차가 정수인 등차수열 $\{a_n\}$이 다음 조건을 만족시킨다.

> (가) $a_7=37$
>
> (나) 모든 자연수 $n$에 대하여 $\sum_{k=1}^{n}a_k \le \sum_{k=1}^{13}a_k$이다.

$\sum_{k=1}^{23}|a_k|$의 값은?

① 781      ② 783      ③ 785

④ 801      ⑤ 807

## 19 _391

대원외고, 순심고, 와부고, 중일고 응용

그림과 같이 반지름의 길이가 $R$인 원 $O$에 내접하는 삼각형 ABC가 있다. $\overline{AB}=5$, $\overline{AC}=8$, $\cos A=\dfrac{3}{5}$일 때, $16R$의 값을 구하시오.

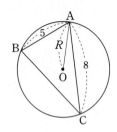

## 20 _392

성남고, 숭의여고 응용

$y$축 위의 점 $P_n(0,\ 2n+1)$에서 원 $x^2+y^2=1$에 그은 접선의 접점을 $Q_n$이라 하자. $\displaystyle\sum_{n=1}^{10}\dfrac{1}{\overline{P_nQ_n}^2}=\dfrac{q}{p}$일 때, $p+q$의 값을 구하시오. (단, $p$, $q$는 서로소인 자연수이다.)

## 21 _393

강서고, 휘문고 응용

다음 그림과 같은 삼각기둥 ABC-DEF에서 $\overline{AB}=4\sqrt{3}$, $\angle AFD=\dfrac{\pi}{4}$이다. 모서리 BE 위의 한 점 G가 $\overline{FG}=12$, $\angle AGB=\dfrac{\pi}{3}$, $\angle GFE=\dfrac{\pi}{6}$를 만족시킬 때, 삼각형 AGF의 넓이를 $S$라 하자. $5S$의 값을 구하시오.

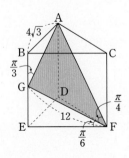

## 22 _394

세화고, 양정고, 경기고 응용

수열 $\{a_n\}$이

$$\dfrac{1}{2}<a_1<1,\quad a_{n+1}=\left|1-\dfrac{1}{a_n}\right|-1\ (n=1,\ 2,\ 3,\ \cdots)$$

으로 정의될 때, $S_n=|a_1|+|a_2|+|a_3|+\cdots+|a_n|$이라 하자. $[S_{2n+1}]$의 최솟값을 $f(n)$이라 할 때, $f(15)$의 값을 구하시오. (단, $[x]$는 $x$보다 크지 않은 최대의 정수이다.)

## 23 _395

서울고, 현대고 응용

두 자연수 $p$와 $q$의 최대공약수를 $s$, 최소공배수를 $t$라 할 때, 이런 관계를 만족시키는 수를 [그림 1]과 같이 나타내기로 하자. [그림 2]는 [그림 1]의 관계를 만족시키도록 수를 연결하여 나타낸 것이다.

세 자연수 $d$, 45, $e$가 이 순서대로 등비수열을 이룰 때, $d+e$의 값을 구하시오.

[그림 1]

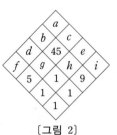

[그림 2]

| 점수 | 선택형 | 서술형 | 나의 점수 |
|---|---|---|---|
| | 점 | 점 | 점 |

MEMO

수능 영어 절대평가로 더욱 중요해진 **내신 성적**,
고등 영어 내신의 복병, **서술형 문제**
단순 암기로는 대처할 수 없다!

고1, 고2, 고3, 학평·모평·수능 기출 지문을 활용한
고등 영어 내신 서술형 훈련북 〈**1등급 서술형**〉으로
내신 1등급에 도전하자!

## 고1·고2·고3 전 학년 서술형 대비용

 **단계별** 학교 시험과 유사한 서술형 문제의
단계별 풀이 전략 제공

**+**

 **수준별** 고1, 고2, 고3, 학평·모평·수능 기출 지문을
활용한 실전 테스트로 수준별 학습 가능

**=**  **내신 1등급**

플래티넘 내신

전국 고난도 내신 기출

정답 및 풀이

수학 I

# 01 지수와 로그

| 본문 8~10p |

**STEP 1**
| | | | |
|---|---|---|---|
| 001 ⑤ | 002 ⑤ | 003 ⑤ | 004 −4 |
| 005 8 | 006 ③ | 007 30 | 008 ③ | 009 ① |
| 010 ③ | 011 ⑤ | 012 ⑤ | 013 ② | 014 ④ |
| 015 170 m | 016 ③ | | | |

**001** ㄱ. $-8=(-2)^3$이므로 $-8$의 세제곱근 중에서 실수인 것은 $-2$로 1개이다. (참)

ㄴ. $a<0$이면 실수인 제곱근은 존재하지 않는다. (거짓)

ㄷ. 6의 네제곱근 중에서 실수인 것은 $\pm\sqrt[4]{6}$으로 2개이다. (참)

ㄹ. $n$이 짝수이면 4의 $n$제곱근 중 실수인 것은 $\pm\sqrt[n]{4}$로 2개이다. (참)

따라서 옳은 것은 ㄱ, ㄷ, ㄹ이다. **답** ⑤

**002** $3^{a-2b}=\sqrt{2}$의 양변을 제곱하면 $3^{2a-4b}=2$

$3^{2a+3b}\div 3^{2a-4b}=3^{7b}=2^7$에서

$3^b=2$이므로 $2^{\frac{1}{b}}=3$

또, $3^{2a+3b}=3^{2a}\times(3^b)^3=2^8$이므로

$3^{2a}\times 2^3=2^8$에서 $3^{2a}=2^5$

$2^{\frac{1}{a}}=3^{\frac{2}{5}}$

$\therefore 2^{\frac{a+b}{ab}}=2^{\frac{1}{a}+\frac{1}{b}}=3^{\frac{2}{5}+1}=3^{\frac{7}{5}}=\sqrt[5]{3^7}$ **답** ⑤

**003** ㄱ. $x\otimes y=\left(\dfrac{x}{y}\right)^{x-y}$이고, $y\otimes x=\left(\dfrac{y}{x}\right)^{y-x}=\left(\dfrac{x}{y}\right)^{x-y}$이므로

$x\otimes y=y\otimes x$ (참)

ㄴ. $x<y$일 때, $0<\dfrac{x}{y}<1$이고 $x-y<0$이므로

$x\otimes y=\left(\dfrac{x}{y}\right)^{x-y}>1$ (참)

ㄷ. $x\otimes y=\left(\dfrac{x}{y}\right)^{x-y}$이고,

$(x+1)\otimes(y+1)=\left(\dfrac{x+1}{y+1}\right)^{x-y}$이다.

$x>y$일 때, 밑 $\dfrac{x}{y}>\dfrac{x+1}{y+1}>1$이고

지수 $x-y>0$이므로

$x\otimes y>(x+1)\otimes(y+1)$ (참)

따라서 옳은 것은 ㄱ, ㄴ, ㄷ이다. **답** ⑤

**004** $a^3=3$, $b^4=5$, $c^6=7$에서

$a=3^{\frac{1}{3}}$, $b=5^{\frac{1}{4}}$, $c=7^{\frac{1}{6}}$이므로

$\left(\dfrac{1}{abc}\right)^{\frac{36}{n}}=3^{-\frac{12}{n}}\times 5^{-\frac{9}{n}}\times 7^{-\frac{6}{n}}$

이때 $-\dfrac{12}{n}$, $-\dfrac{9}{n}$, $-\dfrac{6}{n}$이 모두 자연수이어야 한다.

따라서 $-n$은 12, 9, 6의 공약수이므로 1, 3이다.

$\therefore (-1)+(-3)=-4$ **답** −4

**005** $2^{\frac{a+b}{2}}=27$과 $2^{\frac{a-b}{2}}=3$의 양변을 각각 곱하면

$2^a=3^4$, 즉 $3^{\frac{4}{a}}=2$이므로 $3^{\frac{8}{a}}=4$

$2^{\frac{a+b}{2}}=27$과 $2^{\frac{a-b}{2}}=3$의 양변을 각각 나누면

$2^b=3^2$, 즉 $3^{\frac{2}{b}}=2$

$\therefore 3^{\frac{8}{a}+\frac{2}{b}}=4\times 2=8$ **답** 8

**006** $\sqrt[4]{\dfrac{1}{27}}=3^{-\frac{3}{4}}$, $\sqrt[5]{\dfrac{1}{81}}=3^{-\frac{4}{5}}$, $\sqrt[3]{\dfrac{1}{243}}=3^{-\frac{5}{3}}$,

$\sqrt[4]{\dfrac{1}{9}}=3^{-\frac{1}{2}}$이므로

가장 작은 수는 $a=3^{-\frac{5}{3}}$, 가장 큰 수는 $b=3^{-\frac{1}{2}}$

즉, $ab^3=3^{-\frac{5}{3}+\left(-\frac{3}{2}\right)}=3^{-\frac{19}{6}}$

$\therefore k=-\dfrac{19}{6}$ **답** ③

**007** $a=7^{\frac{1}{2}}$, $b=13^{\frac{1}{5}}$, $c=15^{\frac{1}{6}}$이므로 $(abc)^n=\left(7^{\frac{1}{2}}13^{\frac{1}{5}}15^{\frac{1}{6}}\right)^n$

이때 $(abc)^n$이 자연수가 되도록 하는 자연수 $n$의 최솟값은 2, 5, 6의 최소공배수인 30이다. **답** 30

**008** 실수 $a$의 $n$제곱근 중 실수인 것의 개수는

$a>0$일 때, $n$이 짝수이면 2개, $n$이 홀수이면 1개

$a<0$일 때, $n$이 짝수이면 0개, $n$이 홀수이면 1개

$\therefore 2\times 5+4+4=18$ **답** ③

**009** $\log_3\dfrac{3}{2}+\log_3\dfrac{4}{3}+\cdots+\log_3\dfrac{18}{17}$

$=\log_3\left(\dfrac{3}{2}\times\dfrac{4}{3}\times\cdots\times\dfrac{18}{17}\right)$

$=\log_3\dfrac{18}{2}=\log_3 9=2$ **답** ①

**010** 
$$\begin{cases} \log_{ab} 3 + 2\log_{bc} 3 = 4 \\ \log_{bc} 3 + 2\log_{ca} 3 = 5 \\ \log_{ca} 3 + 2\log_{ab} 3 = 6 \end{cases}$$

의 양변을 모두 더하면

$3(\log_{ab} 3 + \log_{bc} 3 + \log_{ca} 3) = 15$

$\log_{ab} 3 + \log_{bc} 3 + \log_{ca} 3 = 5$

세 식을 연립하여 풀면

$\log_{ab} 3 = 2$, $\log_{bc} 3 = 1$, $\log_{ca} 3 = 2$

로그의 정의에 의하여

$ab = \sqrt{3}$, $bc = 3$, $ca = \sqrt{3}$

$\therefore a^2 bc = ab \times ca = 3$　　　　답 ③

**011** $\log_a b = \dfrac{\log_b c}{3} = \dfrac{\log_c a}{9} = k\ (k>0)$라 하면

$\log_a b = k$, $\log_b c = 3k$, $\log_c a = 9k$이고

$\log_a b \times \log_b c \times \log_c a = 1 = 27k^3$이므로 $k = \dfrac{1}{3}$

$\therefore (\log_a b)^2 + (\log_b c)^2 + (\log_c a)^2$

$\quad = \left(\dfrac{1}{3}\right)^2 + 1^2 + 3^2 = \dfrac{91}{9}$　　　답 ⑤

**012** $\log_n 7\sqrt{7} \times \log_7 16 = \dfrac{3}{2}\log_n 7 \times 4\log_7 2$

$\qquad\qquad = 6 \times \dfrac{\log 7}{\log n} \times \dfrac{\log 2}{\log 7}$

$\qquad\qquad = 6\log_n 2$

이때 $6\log_n 2$의 값이 자연수가 되어야 하므로

$n$의 값은 $2$, $2^2$, $2^3$, $2^6$

따라서 $n$의 값의 합은 $2+4+8+64 = 78$　　답 ⑤

**013** 조건 ㈎에서

$f(A) - f(B) = f(100) = \log 100 - [\log 100] = 0$이므로

$f(A) = f(B)$

조건 ㈏에서

$f(A) + f(B) = f(256) = \log 256 - [\log 256]$

$\qquad\qquad\qquad = \log 256 - 2 = \log 2.56$

이때 조건 ㈎에서 $f(A) = f(B)$이므로

$2f(A) = \log 2.56 = 0.4082$

즉, $f(A) = 0.2041 = \log 1.60$

$\therefore A = 160$　　　　답 ②

**014** $M_1 : M_2 = 3 : 4$이므로 $M_1 = 3M$, $M_2 = 4M\ (M>0)$

으로 놓고,

$X_1 : X_2 = 2 : 1$이므로 $X_1 = 2X$, $X_2 = X\ (X>0)$로

놓으면

흡착제 A를 이용한 평형농도와 흡착제 B를 이용한 평형농도는 각각

$\log \dfrac{2X}{3M} = \log K + \dfrac{1}{n}\log C_A$,

$\log \dfrac{X}{4M} = \log K + \dfrac{1}{n}\log C_B$

이때 두 식의 양변을 각각 빼서 정리하면

$\log \dfrac{2X}{3M} - \log \dfrac{X}{4M} = \dfrac{1}{n}(\log C_A - \log C_B)$

$\log \dfrac{8}{3} = \log \left(\dfrac{C_A}{C_B}\right)^{\frac{1}{n}}$

$\therefore \dfrac{C_A}{C_B} = \left(\dfrac{8}{3}\right)^n$　　　　답 ④

**015** 10 m씩 내려갈 때마다 햇빛의 양이 16 %씩 감소하므로 식물성 플랑크톤이 살 수 있는 깊이를 $x$ m라 하면

$\left(\dfrac{84}{100}\right)^{\frac{x}{10}} \geq \dfrac{2}{100}$이고, 양변에 로그를 취하면

$\log \left(\dfrac{84}{100}\right)^{\frac{x}{10}} \geq \log \dfrac{1}{50}$

$\dfrac{x}{10}(\log 8.4 - 1) \geq -\log 5 - 1$, $-\dfrac{x}{100} \geq -1.7$

$\therefore x \leq 170$

따라서 식물성 플랑크톤이 살 수 있는 최대 깊이는

170 m이다.　　　　답 170 m

**016** ㄱ. $10^z = (2 \times 5)^z = 5^y$에서 $\dfrac{1}{2^z} = 5^{z-y}$이므로

$\quad 2^z \times 5^{z-y} = 2^z \times \dfrac{1}{2^z} = 1$ (참)

ㄴ. $z = 1$일 때, $2^x = 5^y = 10$에서 $2 = 10^{\frac{1}{x}}$, $5 = 10^{\frac{1}{y}}$

$\quad 2 \times 5 = 10^{\frac{1}{x}} \times 10^{\frac{1}{y}} = 10^{\frac{1}{x}+\frac{1}{y}}$이므로

$\quad \dfrac{1}{x} + \dfrac{1}{y} = 1$ (거짓)

ㄷ. $x+y = 1$이면 $y = 1-x$

$\quad 2^x = 5^y$에서 $2^x = 5^{1-x} = \dfrac{5}{5^x}$이므로

$\quad (2 \times 5)^x = 5$, $x = \log 5$

또, $y = 1 - x = 1 - \log 5 = \log 2$

$10^z = 5^y$의 양변에 상용로그를 취하면

$z = y\log 5 = \log 2 \times \log 5$ (참)

따라서 옳은 것은 ㄱ, ㄷ이다.　　　답 ③

| STEP 2 | 017 ④ | 018 ⑤ | 019 ① | 020 ④ |
| 021 4, 7, 9 | 022 ③ | 023 ③ | 024 ① | 025 ② |
| 026 $C<A<B$ | | 027 23 | 028 ③ | 029 ⑤ |
| 030 23 | 031 ② | 032 $k=1$ 또는 $k=2$ | | 033 ③ |
| 034 ⑤ | 035 ② | 036 973 | 037 16 | 038 40 |
| 039 5 | 040 ④ | | | |

**017** $2^{\frac{a}{b}}=3$에서 $2^a=3^b$

ㄱ. $(2^a)^{-1}=(3^b)^{-1}$, 즉 $\left(\dfrac{1}{2}\right)^a=\left(\dfrac{1}{3}\right)^b$ (참)

ㄴ. $2^a=3^b$이므로 $0<b<a$ 또는 $a<b<0$

$a<b<0$일 때 $3^a<2^b$

양변에 $3^b$을 곱하면

$6^a=3^a\times3^b<2^b\times3^b=6^b$

$\therefore 6^a<6^b$ (거짓)

ㄷ. $\sqrt{3}<2<3$이고, $2=3^{\frac{b}{a}}$이므로 $3^{\frac{1}{2}}<3^{\frac{b}{a}}<3$

$\therefore \dfrac{1}{2}<\dfrac{b}{a}<1$ (참)

따라서 옳은 것은 ㄱ, ㄷ이다.   답 ④

**018** $a=\sqrt[3]{135n}=3\sqrt[3]{5n}$, $\beta=\sqrt[5]{\dfrac{n}{5^2\times3}}$, $n=3^a5^b$이라 하면

$B=\{a\beta,\ a^2,\ \beta^2\}$

$=\left\{3\sqrt[15]{5^5n^5\times\dfrac{n^3}{5^6\times3^3}},\ 9\sqrt[3]{5^2n^2},\ \sqrt[5]{\dfrac{n^2}{5^4\times3^2}}\right\}$

$=\left\{3\sqrt[15]{3^{8a-3}5^{8b-1}},\ 9\sqrt[3]{3^{2a}5^{2b+2}},\ \sqrt[5]{3^{2a-2}5^{2b-4}}\right\}$

이때 $8a-3$, $8b-1$은 15의 배수, $2a$, $2b+2$는 3의 배수, $2a-2$, $2b-4$는 5의 배수이어야 한다.

따라서 $a=6$, $b=17$일 때 $n$의 값은 최소가 되고,

$a+b=23$   답 ⑤

**019** ㄱ. $a<0$일 때 $f(a,\ 2n+1)=1$, $f(a,\ 2n)=0$이므로

$f(a,\ 2n+1)-f(a,\ 2n)=1$이다. (참)

ㄴ. $n$이 짝수이면 $g(n)=2-1=1$이고,

$n$이 홀수이면 $g(n)=1-2=-1$이므로

$g(n+1)\neq g(n)$ (거짓)

ㄷ. $a>0$일 때 $f(a,\ p+q)<f(a,\ pq)$가 성립하려면

$p+q$는 홀수, $pq$는 짝수이어야 한다.

즉, $p$, $q$ 중 하나는 짝수이다. (거짓)

따라서 옳은 것은 ㄱ이다.   답 ①

**020** 조건 ㈎에서 $a^3=c$   … ㉠

조건 ㈏에서 $a^{\frac{m}{4}}=b$   … ㉡

조건 ㈐에서 $b^{\frac{n}{5}}=c$   … ㉢

㉠, ㉡을 ㉢에 대입하면 $\left(a^{\frac{m}{4}}\right)^{\frac{n}{5}}=a^3$,

$a^{\frac{mn}{20}}=a^3$이므로 $mn=60$

순서쌍 $(m,\ n)$의 개수는 60의 양의 약수의 개수와 같다.

즉, $60=2^2\times3\times5$에서 $3\times2\times2=12$

이때 $m$, $n$이 2 이상의 자연수이므로 $(1,\ 60)$, $(60,\ 1)$은 제외한다.

따라서 순서쌍 $(m,\ n)$의 개수는 $12-2=10$   답 ④

**021** (ⅰ) $-n^2+8n-15>0$이면 $n$은 짝수일 때 성립한다.

즉, $n^2-8n+15<0$에서

$(n-3)(n-5)<0$이므로 $3<n<5$

$\therefore n=4$

(ⅱ) $-n^2+8n-15<0$이면 $n$은 홀수일 때 성립한다.

즉, $n^2-8n+15>0$에서

$(n-3)(n-5)>0$이므로 $2\leq n<3$ 또는 $5<n\leq9$

$\therefore n=7,\ 9$

(ⅰ), (ⅱ)에서 $n$의 값은 4, 7, 9이다.   답 4, 7, 9

**022** $\dfrac{10^{2023}}{10^{10}+10^6}=\dfrac{10^{2023}}{10^{11}(10^{-1}+10^{-5})}=\dfrac{1}{10^{-1}+10^{-5}}\times10^{2012}$

이때 $\dfrac{1}{10^{-1}+10^{-5}}=\dfrac{10^5}{10^4+1}$에서

$\dfrac{10^5}{10^4+1}<10$이므로 $a=\dfrac{1}{10^{-1}+10^{-5}}$

$\therefore n=2012$   답 ③

**023** $\sqrt[5]{2a+1}$은 방정식 $x^5=2a+1$의 실근이므로

$(\sqrt[5]{2a+1})^5=2a+1$이다. 또한,

$\dfrac{\sqrt[4]{|a|}\times\sqrt[4]{a^6}}{\sqrt[6]{a^4}\times\sqrt[12]{|a|}}=\dfrac{\sqrt[4]{|a|}\times\sqrt[4]{|a|^6}}{\sqrt[6]{|a|^4}\times\sqrt[12]{|a|}}=\dfrac{|a|^{\frac{1}{4}}\times|a|^{\frac{3}{2}}}{|a|^{\frac{2}{3}}\times|a|^{\frac{1}{12}}}$

$=|a|^{\frac{1}{4}+\frac{3}{2}-\frac{2}{3}-\frac{1}{12}}=|a|$

즉, $\dfrac{\sqrt[4]{|a|}\times\sqrt[4]{a^6}}{\sqrt[6]{a^4}\times\sqrt[12]{|a|}}\times(\sqrt[5]{2a+1})^5=4a-3$

에서 $|a|\times(2a+1)=4a-3$

이때 $a<0$이므로 $-2a^2-a=4a-3$

$2a^2+5a-3=(2a-1)(a+3)=0$

$\therefore a=-3$   답 ③

**024** 조건 (가)에서 $(\sqrt[3]{a})^4 = ab$이므로 $\sqrt[3]{a} = b$

즉, $a = b^3$

조건 (나)에서

$\log_{b^3} bc + \log_b b^3 c$

$= \dfrac{1}{3}(\log_b b + \log_b c) + (3\log_b b + \log_b c)$

$= \dfrac{10}{3} + \dfrac{4}{3}\log_b c = 5$

$\dfrac{4}{3}\log_b c = \dfrac{5}{3}$, $\log_b c = \dfrac{5}{4}$

즉, $c = b^{\frac{5}{4}}$이고, $\dfrac{b}{c} = b^{-\frac{1}{4}}$

이때 $\left(\dfrac{b}{c}\right)^3 = \sqrt[3]{2}$에서 $\left(\dfrac{b}{c}\right)^9 = 2$이므로

$\left(b^{-\frac{1}{4}}\right)^9 = 2$, $b^{\frac{9}{4}} = 2^{-1}$

$\therefore a = b^3 = (2^{-1})^{\frac{4}{9} \times 3} = 2^{-\frac{4}{3}}$ **답 ①**

**025** ㄱ. (반례) $n=3$, $a=-2$이면

$\sqrt[3]{(-2)^3} = -2$, $(\sqrt[3]{|-2|})^3 = 2$

즉, $\sqrt[n]{a^n} \neq (\sqrt[n]{|a|})^n$ (거짓)

ㄴ. $n=2$일 때 $a$의 부호에 상관없이

$\sqrt{a^2} \times (a^0)^{\frac{1}{2}} = \sqrt{a^2}$

$n \geq 4$인 짝수일 때 $a$의 부호에 상관없이

$\sqrt[n]{a^n} \times (a^{-n+2})^{\frac{1}{n}} = a \times a^{-1+\frac{2}{n}} = a^{\frac{2}{n}}$

$n > 2$인 홀수일 때 $a$의 부호에 상관없이

$\sqrt[n]{a^n} = a$이므로

$\sqrt[n]{a^n} \times (a^{-n+2})^{\frac{1}{n}} = a \times a^{-1+\frac{2}{n}} = a^{\frac{2}{n}}$ (참)

ㄷ. $n$이 홀수이면 모든 실수 $a$, $b$에 대하여

$\sqrt[n]{a} \times \sqrt[n]{b} = \sqrt[n]{ab}$이다. (거짓)

따라서 옳은 것은 ㄴ이다. **답 ②**

**026** $\dfrac{n}{n+1} < 1 < \dfrac{n+1}{n}$이므로

$\left(\dfrac{1}{2}\right)^{\frac{n+1}{n}} < \left(\dfrac{1}{2}\right)^1 < \left(\dfrac{1}{2}\right)^{\frac{n}{n+1}}$, $(\sqrt{3})^{\frac{n}{n+1}} < (\sqrt{3})^1 < (\sqrt{3})^{\frac{n+1}{n}}$

즉, $A < B$, $C < B$

$\dfrac{A}{C} = \dfrac{\frac{1}{2} \times \sqrt{3}^{\frac{n}{n+1}}}{\left(\frac{1}{2}\right)^{\frac{n+1}{n}} \times \sqrt{3}} = \dfrac{2^{\frac{1}{n}}}{\sqrt{3}^{\frac{1}{n+1}}}$이고,

$\dfrac{1}{n} > \dfrac{1}{n+1}$이므로 $\dfrac{A}{C} > 1$, 즉 $C < A$

$\therefore C < A < B$ **답 $C < A < B$**

**027** (i) $a-1 > 0$, $a-1 \neq 1$이므로 $a > 1$, $a \neq 2$

(ii) $ax^2 - 2ax + 4 > 0$에서

$ax^2 - 2ax + 4 = 0$의 판별식을 $D$라 하면

$\dfrac{D}{4} = a^2 - 4a = a(a-4) < 0$이므로 $0 < a < 4$

(i), (ii)에서 $a = 3$

$\therefore \dfrac{1}{\log_{3a-1}(10a+2)} + \log_{a+1}(2a^3 + 3a + 1)$

$= \dfrac{1}{\log_8 32} + \log_4 64$

$= \dfrac{3}{5} + 3 = \dfrac{18}{5}$

따라서 $p=5$, $q=18$이고, $p+q=23$ **답 23**

**028** $\log a = A$, $\log b = B$, $\log c = C$, $\log d = D$라 하면

조건 (가)는 $D\left(\dfrac{1}{A} + \dfrac{1}{B} + \dfrac{1}{C}\right) = 0$이고,

$\dfrac{AB + BC + CA}{ABC} = 0$ $(ABC \neq 0)$이므로

$AB + BC + CA = 0$

조건 (나)는 $\dfrac{1}{D}\left(\dfrac{BC}{A} + \dfrac{CA}{B} + \dfrac{AB}{C}\right) = 16$이고,

$\dfrac{1}{D}\left\{\dfrac{(AB)^2 + (BC)^2 + (CA)^2}{ABC}\right\} = 16$

이때

$(AB + BC + CA)^2$

$= (AB)^2 + (BC)^2 + (CA)^2 + 2ABC(A+B+C)$

이므로 $(AB)^2 + (BC)^2 + (CA)^2 = -2ABC(A+B+C)$

즉, $\dfrac{2}{D}(A+B+C) = -16$

$\therefore \log_d abc = \dfrac{A+B+C}{D} = -8$ **답 ③**

**029** 조건 (가)에서

$4\left(\log_9 \dfrac{a}{b}\right)^2 - (\log_3 ab)^2 = -48$이므로

$\left(\log_9 \dfrac{a}{b}\right)^2 - (\log_9 ab)^2 = -12$

$(\log_9 a - \log_9 b)^2 - (\log_9 a + \log_9 b)^2$

$= \{(\log_9 a)^2 - 2\log_9 a \times \log_9 b + (\log_9 b)^2\}$

$\quad - \{(\log_9 a)^2 + 2\log_9 a \times \log_9 b + (\log_9 b)^2\}$

$= -4\log_9 a \times \log_9 b = -12$

즉, $\log_9 a \times \log_9 b = 3$ $\cdots$ ㉠

이때 조건 (나)에서 $\log_9 a$가 자연수이므로

$\log_9 a = n$ ($n$은 자연수)라 하면

㉠은 $n \times \log_9 b = 3$, $\log_9 b = \dfrac{3}{n}$에서

$b = 9^{\frac{3}{n}} = 3^{\frac{6}{n}}$

이때 $b$와 $n$이 자연수이어야 하므로 $n$은 6의 양의 약수이다. 그러므로 순서쌍 $(n,\,b)$는
$(1,\,3^6),\,(2,\,3^3),\,(3,\,3^2),\,(6,\,3)$이고 각각에 대하여
순서쌍 $(a,\,b)$는 $(3^2,\,3^6),\,(3^4,\,3^3),\,(3^6,\,3^2),\,(3^{12},\,3)$
이다. 따라서 $ab$의 최댓값은
$3\times3^{12}=3^{13}$　　　　　　　　　　　　답 ⑤

**030** 조건 ㈎와 ㈐에서 $f(m)+f(n)=2$이므로
$f(m)=f(n)=1$ 또는 $f(m)=0,\,f(n)=2$
$\therefore 10\le m<n<100$ 또는 $1\le m<10,\,100\le n<1000$

(i) $10\le m<n<100$일 때
　$g(m)<g(n)$이므로
　조건 ㈐에서 $g(m)-g(n)=-\log4$
　$1+g(m)=\log m,\ g(m)=\log\dfrac{m}{10}$
　마찬가지로 $g(n)=\log\dfrac{n}{10}$
　즉, $\log\left(\dfrac{n}{10}\div\dfrac{m}{10}\right)=\log4$에서 $\dfrac{n}{m}=4,\ n=4m$
　따라서 $40\le 4m<100$이므로 $10\le m<25$,
　즉 $m$의 개수는 15이므로 순서쌍 $(m,\,n)$의 개수도
　15이다.

(ii) $1\le m<10,\,100\le n<1000$일 때
　$g(m)=\log m,\ g(n)=\log n-2$
　$|g(m)-g(n)|=\left|\log\dfrac{m}{n}+2\right|=\log4$
　조건 ㈐에서 $g(m)-g(n)=\pm\log4$
　① $g(m)-g(n)=\log4$이면
　　$\log\dfrac{m}{n}=\log4-2=\log\dfrac{1}{25}$에서
　　$100\le 25m<1000$이고, $1\le m<10$이므로
　　$4\le m<10$
　　즉, $m$의 개수는 6이므로 순서쌍 $(m,\,n)$의 개수
　　도 6이다.
　② $g(m)-g(n)=-\log4$이면
　　$\log\dfrac{m}{n}=-\log4-2=\log\dfrac{1}{400}$에서
　　$\dfrac{m}{n}=\dfrac{1}{400},\ n=400m$
　　$100\le 400m<1000,\ 1\le m<10$이므로
　　$m=1,\,2$
　　즉, 순서쌍 $(m,\,n)$의 개수는 2이다.
(i), (ii)에서 순서쌍 $(m,\,n)$의 개수는 모두
$15+6+2=23$　　　　　　　　　　　답 23

**031** $10^x=3n+2$ $(n$은 정수$)$이고 $10^x>0$

(i) $n=0$일 때
　$10^x=2$이므로 $x=\log2=0.3$
　$\dfrac{1}{3}<x<1$을 만족하지 않는다.
(ii) $n=1$일 때
　$10^x=5$이므로 $x=\log5=1-\log2=0.7$
　$\dfrac{1}{3}<x<1$을 만족한다.
(iii) $n=2$일 때
　$10^x=8$이므로 $x=\log8=\log2^3=3\log2=0.9$
　$\dfrac{1}{3}<x<1$을 만족한다.
(iv) $n=3$일 때
　$10^x=11$이므로 $x=\log11$
　$\dfrac{1}{3}<x<1$을 만족하지 않는다.
따라서 $x$의 값의 합은 $0.7+0.9=1.6$　　　답 ②

**032** $n<\log_2 m\le n+2$에서 $2^n<m\le 2^{n+2}$이므로
$f(n)=2^{n+2}-2^n=3\times2^n$
$f(2k)-6f(k)+24=3\times2^{2k}-18\times2^k+24=0$
$(2^k)^2-6(2^k)+8=0,\ (2^k-2)(2^k-4)=0$
$2^k=2$ 또는 $2^k=4$
따라서 $k=1$ 또는 $k=2$이다.　　답 $k=1$ 또는 $k=2$

**033** 양의 실수 $x$에 대하여 $\log x$의 정수 부분이 $f(x)$이고,
$f(kx)=f(x)+1$을 만족시키는 자연수 $k$의 최솟값이 5
이므로 $5x$의 자리 수는 $x$보다 한 자리 수가 크고, $4x$의
자리 수는 $x$의 자리 수와 같다.
이때 세 자리의 자연수 $x$에 대하여 $\log x$의 정수 부분은
2이므로 $f(x)=2$
$f(5x)=f(x)+1=3,\ f(4x)=f(x)=2$이므로
$1000\le 5x,\ 4x<1000$
$\therefore 200\le x<250$
따라서 세 자리의 자연수 $x$의 최댓값은 249이다.
　　　　　　　　　　　　　　　　　　답 ③

**034** 조건 ㈎에서 $3\le\log_3 n<4$이므로
$3^3\le n<3^4$　　　　　　　　　　　　　… ㉠
조건 ㈐에서 $[[\log 2n]-1]=1$,
$1\le[\log 2n]-1<2$, 즉 $2\le[\log 2n]<3$이므로
$[\log 2n]=2$
따라서 $100\le 2n<1000$에서 $50\le n<500$　… ㉡
㉠, ㉡에서 $50\le n<81$이므로 $n$의 개수는 31이다.
　　　　　　　　　　　　　　　　　　답 ⑤

**035** $\log E_1=11.8+1.5M$, $\log E_2=11.8+1.5(M+1)$이라 하자.

$\log E_1-\log E_2=1.5$이므로

$\log\dfrac{E_1}{E_2}=\log 10^{\frac{3}{2}}$

$\therefore \dfrac{E_2}{E_1}=10\sqrt{10}$

답 ②

**036** $b=a^{\frac{3}{4}}$, $d=c^{\frac{3}{2}}$이므로 $a=b^{\frac{4}{3}}$, $c=d^{\frac{2}{3}}$

이때 $a$, $b$, $c$, $d$는 모두 자연수이므로

$a$는 네제곱수, $c$는 제곱수이다.

즉, $a=16, 81, 256, \cdots$

$c=4, 9, \cdots, 81, 100, 121, \cdots$

이때 $c-a=19$를 만족하는 경우는 $c=100$, $a=81$이므로 $b=27$, $d=1000$

$\therefore d-b=973$

답 973

**037** 이차방정식의 근과 계수의 관계에 의하여

$\alpha+\beta=-2$, $\alpha\beta=-4$

$\left(\dfrac{2^{\beta}}{2^{\alpha}}\right)^{\frac{\sqrt{5}}{2}}-\left(\dfrac{1}{2^{\alpha}}\right)^{\beta}=\left(2^{\beta-\alpha}\right)^{\frac{\sqrt{5}}{2}}-2^{-\alpha\beta}$에서

$\beta-\alpha=\sqrt{(\alpha+\beta)^2-4\alpha\beta}=\sqrt{4+16}=2\sqrt{5}\ (\because \alpha<\beta)$

$\therefore \left(2^{\beta-\alpha}\right)^{\frac{\sqrt{5}}{2}}-2^{-\alpha\beta}=2^{2\sqrt{5}\times\frac{\sqrt{5}}{2}}-2^4$

$\qquad\qquad\qquad\qquad\quad =2^5-2^4=16$

답 16

**038** $\log_4 a$와 $\log_4 b$의 소수 부분의 합이 1이므로

$\log_4 a+\log_4 b=\log_4 ab=(정수)$

이때 $100<ab<500$이므로

$3.\times\times=\log_4 100<\log_4 ab<\log_4 500=4.\times\times$

즉, $\log_4 ab=4$, $ab=4^4=2^8$

또, $a>b$이므로 $a=2^5$

따라서 $b=2^3$일 때, $a+b$는 최소이고 그 값은 $2^5+2^3=40$

답 40

**039** $A$를 아이스크림의 원래 무게라 하면

$A\left(1-\dfrac{10}{100}\right)^n\le\dfrac{1}{2}A$에서 $n\log\dfrac{9}{10}\le-\log 2$

$n(2\log 3-1)\le-\log 2$, $n(2\times 0.47-1)\le-0.30$

$-0.06n\le-0.30$, $n\ge 5$

답 5

**040** $v=125\log d+k$에서 $d=d_1$일 때, $v=200$이므로

$200=125\log d_1+k$

$\therefore k=200-125\log d_1 \qquad\cdots\ \bigcirc$

$d=ad_1$일 때, $v=240$이므로

$240=125\log ad_1+k$

$\therefore k=240-125\log ad_1 \qquad\cdots\ \bigcirc\!\!\bigcirc$

$\bigcirc$, $\bigcirc\!\!\bigcirc$에서 $k$의 값이 일정하므로

$200-125\log d_1=240-125\log ad_1$

$125(\log a+\log d_1-\log d_1)=40$

$\log a=\dfrac{8}{25}=0.32$

주어진 상용로그표에서 $\log 2.09=0.32$이므로

$a=2.09$

답 ④

| 본문 17p |

**STEP 3** 　　041 16　　042 ③　　043 ④　　044 ②
　　045 ②

**041** $\sqrt[3]{3}=t$로 놓으면

$r=\dfrac{4}{t^2-t+1}=\dfrac{4(t+1)}{(t+1)(t^2-t+1)}$

$\quad =\dfrac{4(t+1)}{t^3+1}=t+1\ (\because t^3=3)$

즉, $r+r^2+r^3=(t+1)+(t+1)^2+(t+1)^3$

$\qquad\qquad\quad =t^3+4t^2+6t+3$

$\qquad\qquad\quad =4\sqrt[3]{9}+6\sqrt[3]{3}+6\ (\because t^3=3)$

따라서 $a=4$, $b=6$, $c=6$이므로

$a+b+c=4+6+6=16$

답 16

**042** $[\sqrt[n]{x}]=1$이면 $1\le\sqrt[n]{x}<2$

$\therefore 1\le x<2^n$

이때 $f(x)=2$이면 $1\le x<4$, $f(x)=3$이면 $4\le x<8$

$f(x)=4$이면 $8\le x<16, \cdots$

$f(x)=k$이면 $2^{k-1}\le x<2^k$ (단, $k\ge 3$인 자연수)

ㄱ. $2^2<5<2^3$이므로 $f(5)=3$ (참)

ㄴ. (반례) $a=2$, $b=3$이면 $f(2)=f(3)=2$이므로

$\quad f(2)+f(3)=2+2=4$, $f(2+3)=f(5)=2$

$\quad \therefore f(2)+f(3)\ne f(5)$ (거짓)

ㄷ. $2\le x<4$일 때, $f(x)=2$

$\quad 4\le x<8$일 때, $f(x)=3$

$\quad 8\le x<16$일 때, $f(x)=4$

$\quad 16\le x<32$일 때, $f(x)=5$

$\quad 32\le x\le 50$일 때, $f(x)=6$

$$\therefore f(2)+f(3)+f(4)+\cdots+f(50)$$
$$=2\times2+3\times4+4\times8+5\times16+6\times19$$
$$=242 \ (참)$$

따라서 옳은 것은 ㄱ, ㄷ이다.      답 ③

**043** ㄱ. $\log 20a=[\log 20]+2=1+2=3$에서

$20a=10^3$이므로 $a=50$

$\therefore f(20)=50 \ (참)$

ㄴ. (반례) $x_1=20$, $x_2=50$이면 $f(20)=50$

$\log 50a=[\log 50]+2=1+2=3$에서

$50a=10^3$이므로 $a=20$

즉, $f(50)=20$이므로

$f(20)>f(50) \ (거짓)$

ㄷ. $\log x=n+\alpha$ ($n$은 정수, $0\le\alpha<1$)라 하면

$\log ax=[\log x]+2=n+2$에서

$\log a+\log x=n+2$

$\log a+n+\alpha=n+2$, $\log a=2-\alpha$

$\therefore a=10^{2-\alpha}$

이때 $0\le\alpha<1$이므로 $10<10^{2-\alpha}\le100$

즉, $f(x)$의 최댓값은 100이다. (참)

따라서 옳은 것은 ㄱ, ㄷ이다.      답 ④

**044** $10^{12}<x<10^{112}$에서 $12<\log x<112$    $\cdots$ ㉠

$$\frac{4}{3}\left\{\log(10x)-\frac{1}{2}\log\sqrt[4]{x}\right\}$$
$$=\frac{4}{3}\left(\log x+1-\frac{1}{8}\log x\right)$$
$$=\frac{4}{3}\left\{\frac{7}{8}\log x+1\right\}$$
$$=\frac{7}{6}\log x+\frac{4}{3}$$

㉠에 의하여 $\dfrac{46}{3}<\dfrac{7}{6}\log x+\dfrac{4}{3}<132$

이때 $\dfrac{7}{6}\log x+\dfrac{4}{3}$는 자연수이므로 $7\log x+8$이

6의 배수이고, $x$도 자연수이므로 $\log x$의 값이 자연수

이어야 한다.

즉, $7\log x+8$이 6의 배수가 되도록 하는 $\log x$의 값

중에서 ㉠을 만족시키는 자연수 $\log x$의 최솟값은

$7\times16+8=120$에서 $\log\alpha=16$

또, $7\log x+8$이 6의 배수가 되도록 하는 $\log x$의 값

중에서 ㉠을 만족시키는 자연수 $\log x$의 최댓값은

$7\times112+8=792$에서 $\log\beta=106$

$\therefore \log\alpha\beta=\log\alpha+\log\beta=16+106=122$      답 ②

**045** $\log a=n_1+\alpha$, $\log b=n_2+\beta$라 하자.

(단, $n_1$, $n_2$는 정수, $0\le\alpha<1$, $0\le\beta<1$)

ㄱ. (반례) $a=10$이면 $\log 10=1$, $\log\dfrac{1}{10}=-1$이므로

$$f(a)=f\left(\frac{1}{a}\right)=0$$

$$\therefore \left(a, \frac{1}{a}\right)\notin X \ (거짓)$$

ㄴ. $f(a)+f(b)=1$, 즉 $\alpha+\beta=1$이면

$$\log\frac{1}{a}=-\log a=(-n_1-1)+(1-\alpha)$$

$$\log\frac{1}{b}=-\log b=(-n_2-1)+(1-\beta)$$

이므로 $f\left(\dfrac{1}{a}\right)=1-\alpha$, $f\left(\dfrac{1}{b}\right)=1-\beta$

$$f\left(\frac{1}{a}\right)+f\left(\frac{1}{b}\right)=(1-\alpha)+(1-\beta)$$
$$=2-(\alpha+\beta)=1 \ (참)$$

ㄷ. (반례) $a=b=10^{\frac{1}{2}}$이면 $\log 10^{\frac{1}{2}}=\dfrac{1}{2}$이므로

$$f(a)=f(b)=\frac{1}{2}$$

$$\therefore f(a)+f(b)=1$$

이때 $\log\left(10^{\frac{1}{2}}\right)^2=1$이므로 $f(a^2)=f(b^2)=0$

즉, $f(a^2)+f(b^2)=0$

$\therefore (a^2, b^2)\notin X \ (거짓)$

따라서 옳은 것은 ㄴ이다.      답 ②

# 02 지수함수와 로그함수

| 본문 20~21p |

**STEP 1**

| | 046 ⑤ | 047 4 | 048 ⑤ | 049 ④ |
|---|---|---|---|---|
| | 050 ⑤ | 051 9 | 052 ② | 053 12 | 054 ⑤ |
| | 055 ④ | 056 ② | 057 ③ | 058 ① | 059 ② |
| | 060 ⑤ | 061 ② | | | |

**046** $t=3^x$ $(t>0)$로 놓으면
$$f(x)=t^2-6t+a=(t-3)^2+a-9$$
이므로 $t=3$일 때, 최솟값 $a-9$를 갖는다.
이때 $3^b=3$, $a-9=1$이므로
$a=10$, $b=1$이고, $a+b=11$  **답** ⑤

**047** $2>\log_3(2x-5)$이므로 $0<2x-5<9$
$$\therefore \frac{5}{2}<x<7$$
따라서 정수 $x$의 개수는 4이다.  **답** 4

**048** ㄱ. $f(x)=a^x>0$ (참)
ㄴ. $f(x)=a^x>0$, $f(-x)=a^{-x}>0$이므로
산술평균과 기하평균의 관계에 의하여
$$f(x)+f(-x)=a^x+a^{-x}\geq 2\sqrt{a^x\times a^{-x}}=2$$
(단, 등호는 $a^x=a^{-x}$일 때 성립한다.)
$$\therefore \frac{1}{f(x)+f(-x)}\leq \frac{1}{2} \text{ (참)}$$
ㄷ. (i) $x\geq 0$일 때
$$2f(|x|)-\{f(x)+f(-x)\}$$
$$=f(x)-f(-x)$$
$$=a^x-a^{-x}\geq 0 \ (\because a>1)$$
(ii) $x<0$일 때
$$2f(|x|)-\{f(x)+f(-x)\}$$
$$=f(-x)-f(x)$$
$$=a^{-x}-a^x>0 \ (\because a>1)$$
(i), (ii)에서 $f(x)+f(-x)\leq 2f(|x|)$ (참)
따라서 옳은 것은 ㄱ, ㄴ, ㄷ이다.  **답** ⑤

**049** $f(x)$는 증가함수이므로 $f(x)$가 제4사분면을 지나지 않으려면 $f(0)\geq 0$이어야 한다.
즉, $f(0)=-2^4+k\geq 0$에서 $k\geq 16$
따라서 $k$의 최솟값은 16이다.  **답** ④

**050** ㄱ. $y=9^{-x}-1$의 그래프는 $y=9^x$의 그래프를 $y$축에 대하여 대칭이동한 후 $y$축의 방향으로 $-1$만큼 평행이동한 것이다. (참)
ㄴ. $y=3^{2x-1}=3^{2\left(x-\frac{1}{2}\right)}=9^{x-\frac{1}{2}}$의 그래프는 $y=9^x$의 그래프를 $x$축의 방향으로 $\frac{1}{2}$만큼 평행이동한 것이다. (참)
ㄷ. $y=3^{3x+1}$의 그래프는 $y=3^{3x}$의 그래프를 $x$축의 방향으로 $-\frac{1}{3}$만큼 평행이동한 것이다. (거짓)
ㄹ. $y=8\times 9^{x+1}-2=9^{\log_9 8}\times 9^{x+1}-2=9^{x+1+\log_9 8}-2$이므로 $y=8\times 9^{x+1}-2$의 그래프는 $y=9^x$의 그래프를 $x$축의 방향으로 $-1-\log_9 8$만큼, $y$축의 방향으로 $-2$만큼 평행이동한 것이다. (참)
따라서 $y=9^x$의 그래프를 평행이동 또는 대칭이동하여 겹쳐질 수 있는 그래프는 ㄱ, ㄴ, ㄹ이다.  **답** ⑤

**051** $\frac{1}{y}$의 값이 최소일 때 $y=\frac{3^{x+3}}{3^{2x}+3^x+1}$의 값이 최대이다.
이때 $\frac{1}{y}=\frac{3^{2x}+3^x+1}{3^{x+3}}=\frac{1}{27}\left(3^x+\frac{1}{3^x}\right)+\frac{1}{27}$이고,
$3^x>0$, $\frac{1}{3^x}>0$이므로
산술평균과 기하평균의 관계에 의하여
$$3^x+\frac{1}{3^x}\geq 2\sqrt{3^x\times \frac{1}{3^x}}=2$$
(단, 등호는 $x=0$일 때 성립한다.)
즉, $\frac{1}{y}\geq \frac{1}{27}\times 2+\frac{1}{27}=\frac{1}{9}$
따라서 $y$의 최댓값은 9이다.  **답** 9

**052** $y=\log_2 4x=2+\log_2 x$이므로 $\overline{BC}=2$, $\overline{AB}=2$
이때 점 $A(a, b)$, $B(a+2, b)$이고,
$b=\log_2 4a=\log_2(a+2)$에서 $2^b=4a=a+2$이므로
$a=\frac{2}{3}$, $2^b=\frac{8}{3}$
$$\therefore a+2^b=\frac{2}{3}+\frac{8}{3}=\frac{10}{3}$$  **답** ②

**053** 로그의 진수 조건에 의하여 $x+4>0$, $x-4>0$이므로
$x>4$
$$\log_2(x+4)+\log_{\frac{1}{2}}(x-4)$$
$$=\log_2(x+4)-\log_2(x-4)$$
$$=\log_2 \frac{x+4}{x-4}=1$$

즉, $\dfrac{x+4}{x-4}=2$에서 $2x-8=x+4$

$x=12$        답 12

**054** $y=4^{x-a}-1+b=2^{2x-2a}-1+b=2^{2x-3}+3$이므로

$2a=3$, $-1+b=3$에서 $a=\dfrac{3}{2}$, $b=4$

$\therefore ab=6$        답 ⑤

**055** $\log_3(\log_3 x)\le1$에서 $0<\log_3 x\le3$, $1<x\le27$

따라서 부등식을 만족하는 자연수 $x$의 개수는 26이다.

       답 ④

**056** $2^x-2^{-x}=t$ ($t$는 모든 실수)로 놓으면

$4^x+4^{-x}=(2^x-2^{-x})^2+2=t^2+2$이므로

$4^x+4^{-x}+a(2^x-2^{-x})+2=t^2+at+4=0$

이때 $x$가 실근을 가지면 $t$도 실근을 갖는다.

이차방정식 $t^2+at+4=0$의 판별식을 $D$라 하면

$D=a^2-16=(a+4)(a-4)\ge0$에서

$a\le-4$ 또는 $a\ge4$

따라서 양수 $a$의 최솟값 $n=4$이므로 $n^2=16$   답 ②

**057** $f(x)=\log_3\left(1+\dfrac{1}{x+1}\right)$

$\qquad\qquad =\log_3\left(\dfrac{x+2}{x+1}\right)$

$\qquad\qquad =\log_3(x+2)-\log_3(x+1)$

이므로

$f(1)+f(2)+\cdots+f(n)$

$=(\log_3 3-\log_3 2)+(\log_3 4-\log_3 3)+\cdots$

$\quad +\{\log_3(n+2)-\log_3(n+1)\}$

$=\log_3(n+2)-\log_3 2=3$

즉, $\log_3\dfrac{n+2}{2}=3$에서 $\dfrac{n+2}{2}=3^3=27$이므로

$n+2=54$, $n=52$        답 ③

**058** $y=\log_{\frac{1}{2}}(x-1)+\log_{\frac{1}{2}}(9-x)$

$\qquad =\log_{\frac{1}{2}}(-x^2+10x-9)$

$\qquad =\log_{\frac{1}{2}}\{-(x-5)^2+16\}$

이때 $1<x<9$이므로 $x=5$일 때 최솟값은

$\log_{\frac{1}{2}}16=-4$        답 ①

**059** $f(a)=\dfrac{3^a-3^{-a}}{3^a+3^{-a}}=\dfrac{3^{2a}-1}{3^{2a}+1}=\dfrac{1}{2}$에서

$3^a=t$ ($t>0$)로 놓으면

$2t^2-2=t^2+1$, $t^2=3$, $t=\sqrt{3}$

즉, $3^a=\sqrt{3}$이므로 $a=\dfrac{1}{2}$

$f(3a)=f\left(\dfrac{3}{2}\right)=\dfrac{3^{\frac{3}{2}}-3^{-\frac{3}{2}}}{3^{\frac{3}{2}}+3^{-\frac{3}{2}}}$

$\qquad\qquad\qquad =\dfrac{3^3-1}{3^3+1}=\dfrac{26}{28}=\dfrac{13}{14}$

따라서 $p=14$, $q=13$이고, $p+q=27$   답 ②

**060** $3^x=X$ ($X>0$)로 놓으면

$X^2-6X+k+5=0$, 즉 $(X-3)^2=-k+4$

이때 $X^2-6X+k+5=0$이 서로 다른 두 실근을 가지려면 $-k+4>0$ 또는 $k+5>0$이어야 한다.

$\therefore -5<k<4$

따라서 정수 $k$의 개수는 8이다.        답 ⑤

**061** 두 함수는 모두 감소함수이므로 $0<a<1$, $0<b<1$이다.

또, 직선 $y=1$과 두 함수 $y=\log_a x$, $y=\log_b x$의 교점의 $x$좌표를 각각 비교해보면 $0<a<b<1$이다.

ㄱ. $\log_b a<\log_a b$에서 $\log_b a>0$이므로

양변에 $\log_b a$를 곱하면 $(\log_b a)^2<1$,

즉 $0<\log_b a<1$

또, $0<a<b<1$에서 양변에 밑이 $b$인 로그를 취하면 $\log_b a>1$이므로 모순이다. (거짓)

ㄴ. $1<b+1$에서 양변에 밑이 $a$인 로그를 취하면

$\log_a 1>\log_a(b+1)$이므로 $\log_a(b+1)<0$ (참)

ㄷ. ㄴ에서 $\log_a(b+1)<0$이고, $\log_{\sqrt{b}} a=2\log_b a$,

$\log_b a>0$이므로 $\log_b(b+1)<\log_{\sqrt{b}} a$

또, $\log_{\sqrt{b}} a<\log_{(b+1)}(a+1)^2$에서 양변을 2로 나누면

$\log_b a<\log_{(b+1)}(a+1)$

이때 $0<a<b<1$에서 양변에 밑이 $b$인 로그를 취하면 $\log_b a>1$

그런데 $\log_{(b+1)}(a+1)<\log_{(b+1)}(b+1)$에서

$\log_{(b+1)}(a+1)<1$이므로 모순이다. (거짓)

따라서 옳은 것은 ㄴ이다.        답 ②

**STEP 2**

| 062 ⑤ | 063 ⑤ | 064 ③ | 065 ① |
|---|---|---|---|
| 066 ④ | 067 ③ | 068 ③ | |
| 069 $p_3=1$, $p_4=2$, $p_5=3$ | | 070 150 | 071 2 |
| 072 ③ | 073 ③ | 074 9 | 075 ⑤ | 076 ② |
| 077 ② | 078 ⑤ | 079 $\frac{1}{4}$ | 080 $1-\frac{1}{2}\log_3 2$ |
| 081 $3^{10}$ | 082 $-\log_3 2 \leq x \leq 0$, $-\log_3 5 \leq x \leq -2\log_3 2$ |
| 083 3 | 084 38 |

**062**

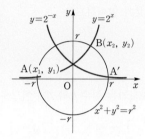

ㄱ. 원 $x^2+y^2=r^2$과 곡선 $y=2^{-x}$의 그래프의 교점을
   A′이라 하면
   A′$(-x_1, y_1)$이고, 그림과 같이 $-x_1>x_2$이다.
   ∴ $|x_2|<|x_1|$ (참)

ㄴ. $x_1<0$, $x_2>0$이므로 $x_1x_2<0$
   $0<y_1<r$, $0<y_2<r$이므로 $y_1y_2<r^2$
   ∴ $x_1x_2+y_1y_2<r^2$ (참)

ㄷ. $x_1-y_1<x_2-y_2$에서 $x_2-x_1>y_2-y_1$이므로
   $$\frac{y_2-y_1}{x_2-x_1}<1 \ (\because x_2>x_1)$$
   이때 $\dfrac{y_2-y_1}{x_2-x_1}$은 직선 AB의 기울기이고, 이것은
   두 점 $(-r, 0)$, $(0, r)$을 연결한 직선의 기울기인
   1보다 작다. (참)

따라서 옳은 것은 ㄱ, ㄴ, ㄷ이다.　　　　답 ⑤

**063** 두 함수 $f(x)$와 $g(x)$는 $x=\dfrac{1}{b}$에 대하여 대칭이므로

조건 (개)에서 $b=\dfrac{1}{4}$

즉, $f(x)=a^{\frac{x}{4}}$, $g(x)=a^{2-\frac{x}{4}}$

조건 (내)에서 $f(8)+g(8)=a^2+1=10$이므로

$a=3$ $(a>1)$

∴ $a+b=3+\dfrac{1}{4}=\dfrac{13}{4}$　　　　답 ⑤

**064** $y=\log_2(-x+1)+3$의 그래프는 다음과 같다.

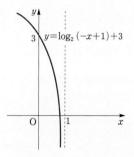

(개) 정의역은 $\{x \,|\, x<1\}$이다.

(내) 그래프의 점근선은 $x=1$이다.

(대) 그래프는 점 $(0, 3)$을 지난다.

(래) 그래프는 제3사분면을 지나지 않는다.

따라서 $a=1$, $b=1$, $c=3$, $d=3$이므로

$a+b+c+d=8$　　　　답 ③

**065** 함수 $y=\log_a(x+2)+4$의 그래프와 직사각형 ABCD
가 만나기 위한 상수 $a$의 최댓값은 점 B를 지날 때, 최
솟값은 점 D를 지날 때이다.

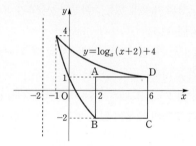

(ⅰ) 점 B를 지날 때
   $-2=\log_a 4+4$에서 $a=2^{-\frac{1}{3}}=M$

(ⅱ) 점 D를 지날 때
   $1=\log_a 8+4$에서 $a=2^{-1}=m$

(ⅰ), (ⅱ)에 의하여

$$\left(\frac{M}{m}\right)^3=\left(\frac{2^{-\frac{1}{3}}}{2^{-1}}\right)^3=(2^{\frac{2}{3}})^3=4$$　　　　답 ①

**066**

ย

$\overline{\text{OA}}=\overline{\text{AB}}$이므로 점 A의 $x$좌표를 $\alpha$라 하면 점 B의 $x$
좌표는 $2\alpha$

$\log_3(5\alpha-3)=k\alpha$　　　…㉠

$\log_3(10\alpha-3)=2k\alpha$　　　…㉡

ⓛ÷⊙을 하면

$\dfrac{\log_3(10a-3)}{\log_3(5a-3)}=2$, 즉 $2\log_3(5a-3)=\log_3(10a-3)$

$(5a-3)^2=10a-3$, $25a^2-40a+12=0$

$(5a-6)(5a-2)=0$

$\therefore a=\dfrac{6}{5}$ $\left(\because a>\dfrac{3}{5}\right)$

$a=\dfrac{6}{5}$을 ⊙에 대입하면 $\log_3 3=1=\dfrac{6}{5}k$

$\therefore k=\dfrac{5}{6}$
　　　　　　　　　　　　　　　　　　　　　　　　답 ④

**067**

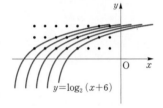

$k=6$일 때 $y=\log_2(x+6)$의 그래프와 $x$축, $y$축으로 둘러싸인 도형의 내부에 있는 $x$좌표와 $y$좌표가 모두 정수인 점의 개수는 4

$y=\log_2(x+k)$가 점 $(-1,\ 3)$을 지날 때 $k=9$이고, 그때까지 점의 개수는 2씩 늘어난다.

즉, $k=9$일 때 $y=\log_2(x+9)$의 그래프와 $x$축, $y$축으로 둘러싸인 도형의 내부에 있는 $x$좌표와 $y$좌표가 모두 정수인 점의 개수는

$4+2\times 3=10$

또, $y=\log_2(x+k)$가 점 $(-1,\ 4)$를 지날 때 $k=17$이고 그때까지 점의 개수는 3씩 늘어나므로

$10+3\times 3=19$, $10+3\times 4=22$

$k=9+3=12$일 때까지 $4<n_k<20$을 만족한다.

따라서 자연수 $k$는 7, 8, $\cdots$, 12로 그 개수는 6이다.
　　　　　　　　　　　　　　　　　　　　　　　　답 ③

**068** ㄱ. $t=1$일 때, 점 Q의 좌표가 $(1,\ 1)$이므로 직선 OQ의 방정식은 $y=x$이다.

또, 점 $P(a,\ \log_5(a+4))$와 직선 $y=x$ 위의 점 $(a,\ a)$에서 $\log_5(a+4)>a$

$\therefore a+4>5^a$ (참)

ㄴ. 점 $R(b,\ \log_5(b+4))$와 직선 $y=x$ 위의 점 $(b,\ b)$에서 $\log_5(b+4)<b$

$\therefore b+4<5^b$ (거짓)

ㄷ. $(a+4)^b>(b+4)^a$에 밑이 5인 로그를 취하면

$\log_5(a+4)^b>\log_5(b+4)^a$,

$b\log_5(a+4)>a\log_5(b+4)$

$\dfrac{\log_5(a+4)}{a}>\dfrac{\log_5(b+4)}{b}$ $(\because a>0,\ b>0)$

이때 $\dfrac{\log_5(a+4)}{a}$는 직선 OP의 기울기이고,

$\dfrac{\log_5(b+4)}{b}$는 직선 OQ의 기울기이므로

$\dfrac{\log_5(a+4)}{a}>\dfrac{\log_5(b+4)}{b}$ (참)

따라서 옳은 것은 ㄱ, ㄷ이다.
　　　　　　　　　　　　　　　　　　　　　　　　답 ③

**069** $k=2$일 때 두 점 Q, R가 일치하므로

$a^4=2$에서 $a=2^{\frac{1}{4}}$

$\therefore \overline{PQ}=\left|2^{\frac{1}{2}x}-2^{\frac{1}{4}x}\right|$

$p_n$은 $\overline{PQ}=\dfrac{1}{n}$을 만족시키는 실수 $k$의 개수이므로

방정식 $\left|2^{\frac{1}{2}k}-2^{\frac{1}{4}k}\right|=\dfrac{1}{n}$을 만족시키는 실근의 개수와 같다.

이때 $2^{\frac{1}{4}k}=t$로 놓으면 $|t^2-t|=\dfrac{1}{n}$ (단, $t>0$)

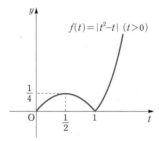

그림과 같이 $f(t)=|t^2-t|$의 그래프에서 $y=\dfrac{1}{n}$의 교점의 개수 $p_n$을 각각 구하면

$n=3,\ 4,\ 5$일 때, $p_3=1$, $p_4=2$, $p_5=3$이다.
　　　　　　　　　　　　　　답 $p_3=1$, $p_4=2$, $p_5=3$

**070** 점 A의 $x$좌표를 $t$라 하면

$A(t,\ -\log_a t)$, $B(2t,\ \log_a 2t)$, $C(0,\ k)$

이때 점 A의 $y$좌표와 점 B의 $y$좌표는 같으므로

$\dfrac{1}{t}=2t$에서 $2t^2=1$, $t=\dfrac{\sqrt{2}}{2}$

또, $\overline{OC}=\overline{CA}$이므로 $t=-\log_a t$이고,

$t=\dfrac{\sqrt{2}}{2}$를 대입하면 $\dfrac{\sqrt{2}}{2}=\log_a \sqrt{2}$, $a^{\sqrt{2}}=2$

곡선 $y=|\log_a x|$의 그래프와 직선 $y=2\sqrt{2}$가 만나는 두 점의 $x$좌표를 각각 $\alpha$, $\beta$ $(\alpha<\beta)$라 하면

$2\sqrt{2}=\log_a \alpha$, $2\sqrt{2}=\log_a \beta$이므로

$\alpha=\dfrac{1}{4}$, $\beta=4$

따라서 $d=\beta-\alpha=4-\dfrac{1}{4}=\dfrac{15}{4}$이므로

$40d=40\times\dfrac{15}{4}=150$

답 150

**071** $A(0,\ 10)$, $B(5,\ 0)$이고, 직선의 기울기가 $-2$이므로 $x$의 값의 증가량이 $k$일 때, $y$의 값의 증가량은 $-2k$이다.

이때 $\overline{\mathrm{AP}}:\overline{\mathrm{QB}}=1:2$이므로 점 P는 점 A를 $x$축의 방향으로 $k$만큼, $y$축의 방향으로 $-2k$만큼 평행이동시킨 점이고, 점 Q는 점 B를 $x$축의 방향으로 $-2k$만큼, $y$축의 방향으로 $4k$만큼 평행이동시킨 점이다.

즉, $\mathrm{P}(k,\ 10-2k)$, $\mathrm{Q}(5-2k,\ 4k)$로 놓을 수 있다.

또, 함수 $f(x)$를 $x$축의 방향으로 2만큼, $y$축의 방향으로 $-4$만큼 평행이동시킨 함수가 $g(x)$이고 두 점 P, Q를 지나는 직선의 기울기가 $-2$이므로

점 P를 $x$축의 방향으로 2만큼, $y$축의 방향으로 $-4$만큼 평행이동시킨 점은 Q이다.

즉, $k+2=5-2k$이므로 $k=1$

따라서 점 Q의 좌표는 $(3,\ 4)$이므로

함수 $g(x)$에 대입하면 $4=a^2$에서 $a=2$

답 2

**072** $y=\log_a x+m$ $(a>1)$은 증가함수이므로 그 역함수와의 교점은 직선 $y=x$ 위에 있다.

즉, 두 점 $(1,\ 1)$, $(3,\ 3)$을 지난다.

$1=\log_a 1+m$에서 $m=1$

$3=\log_a 3+1$에서 $a^2=3$, $a=\sqrt{3}$

즉, $y=\log_{\sqrt{3}} x+1$의 역함수를 구하면

$y-1=\log_{\sqrt{3}} x$에서 $x$, $y$를 서로 바꾸면

$x-1=\log_{\sqrt{3}} y$

$\therefore y=(\sqrt{3})^{x-1}$

답 ③

**073** ㄱ. $4^{-\frac{1}{4}}=(2^2)^{-\frac{1}{4}}=2^{-\frac{1}{2}}=\dfrac{1}{\sqrt{2}}$이고,

$\left|\log_4\dfrac{1}{4}\right|=|-1|=1$이므로 $4^{-\frac{1}{4}}<\left|\log_4\dfrac{1}{4}\right|$

또, $4^{-\frac{\sqrt{2}}{2}}=(2^2)^{-\frac{\sqrt{2}}{2}}=2^{-\sqrt{2}}=\dfrac{1}{2^{\sqrt{2}}}$이고,

$\left|\log_4\dfrac{\sqrt{2}}{2}\right|=\left|\dfrac{1}{2}\log_2 2^{-\frac{1}{2}}\right|=\left|-\dfrac{1}{4}\right|=\dfrac{1}{4}=\dfrac{1}{2^2}$

이므로 $4^{-\frac{\sqrt{2}}{2}}>\left|\log_4\dfrac{\sqrt{2}}{2}\right|$

$\therefore \dfrac{1}{4}<x_1<\dfrac{\sqrt{2}}{2}$ (참)

ㄴ. $4^{-\sqrt{2}}=(2^2)^{-\sqrt{2}}=2^{-2\sqrt{2}}=\dfrac{1}{2^{2\sqrt{2}}}$이고,

$|\log_4\sqrt{2}|=\left|\dfrac{1}{2}\log_2 2^{\frac{1}{2}}\right|=\left|\dfrac{1}{4}\right|=\dfrac{1}{4}=\dfrac{1}{2^2}$이므로

$4^{-\sqrt{2}}<|\log_4\sqrt{2}|$

또, $4^{-2}=(2^2)^{-2}=2^{-4}=\dfrac{1}{2^4}$이고,

$|\log_4 2|=\left|\dfrac{1}{2}\log_2 2\right|=\left|\dfrac{1}{2}\right|=\dfrac{1}{2}$이므로

$4^{-2}<|\log_4 2|$ (거짓)

ㄷ. 점 $\mathrm{Q}(x_2,\ y_2)$는 두 곡선 $y=4^{-x}$과 $y=\log_4 x$가 만나는 점이고, 점 $\mathrm{R}(x_3,\ y_3)$는 두 곡선 $y=4^x$과 $y=\log_{\frac{1}{4}} x$가 만나는 점이다.

이때 $y=\log_4 x$와 $y=4^x$은 직선 $y=x$에 대하여 대칭이고, $y=\log_{\frac{1}{4}} x$와 $y=4^{-x}$도 직선 $y=x$에 대하여 대칭이다.

즉, $x_2=y_3$, $x_3=y_2$

$\therefore x_2+y_2=x_3+y_3$ (참)

따라서 옳은 것은 ㄱ, ㄷ이다.

답 ③

**074** $4^x-(a+4)2^x+4a=(2^x-a)(2^x-4)<0$

(i) $a>4$인 경우

$4<2^x<a$이고, 부등식을 만족시키는 정수 $x$의 개수가 1이어야 하므로

$2^3<a\le 2^4$, $8<a\le 16$

즉, 정수 $a$의 개수는 8

(ii) $a<4$인 경우

$a<2^x<4$이고, 부등식을 만족시키는 정수 $x$의 개수가 1이어야 하므로 $1\le a<2$

즉, 정수 $a$의 개수는 1

(i), (ii)에 의하여 정수 $a$의 개수는 9

답 9

**075** $y=\log_2 (x+1)$의 역함수는 $f(x)=2^x-1$이므로

$f(2x)-3f(x+1)+k+2=2^{2x}-3\times 2^{x+1}+k+4=0$

이때 $2^x=t$ $(t>0)$로 놓으면

$t^2-6t+k+4=0$이 서로 다른 두 실근을 가지므로

이차방정식의 판별식을 $D$라 하면

$D=(-3)^2-(k+4)>0$에서 $k<5$

$f(0)>0$에서 $k>-4$

따라서 $-4<k<5$를 만족하는 정수 $k$의 개수는 $a=8$,

최댓값은 $M=4$이므로

$a+M=8+4=12$

답 ⑤

**076** 함수 $y=f(x)$의 그래프와 함수 $y=g(x)$의 그래프의

교점이 두 개가 되기 위해서는 $g(x)=3^{-\frac{3x}{n}}$에서

$x=3$일 때 $\dfrac{1}{9}\le f(x)\le\dfrac{1}{3}$, 즉 $3^{-2}\le3^{-\frac{9}{n}}\le3^{-1}$이고

$x=6$일 때 $f(x)<\dfrac{1}{9}$, 즉 $3^{-\frac{18}{n}}<3^{-2}$을 만족해야 한다.

따라서 $\dfrac{9}{2}\le n<9$이므로 자연수 $n$의 개수는 4이다.

답 ②

**077** 이차방정식 $kx^2-4kx+4=0$에서 $k\neq0$이고,

근과 계수의 관계에 의하여 $\alpha+\beta=4$, $\alpha\beta=\dfrac{4}{k}$

또, 로그의 진수 조건에 의하여 $\alpha>0$, $\beta>0$이므로 $k>0$

이차방정식의 판별식을 $D$라 하면

$\dfrac{D}{4}=(-2k)^2-4k=4k(k-1)\ge0$이므로

$k\le0$ 또는 $k\ge1$

$\therefore k\ge1\ (\because k>0)$

$|\log_3\alpha-\log_3\beta|\le2$에서 $\left|\log_3\dfrac{\alpha}{\beta}\right|\le2$

즉, $-2\le\log_3\dfrac{\alpha}{\beta}\le2$이므로 $\dfrac{1}{9}\le\dfrac{\alpha}{\beta}\le9$

이때 $\alpha+\beta=4$이므로 $\dfrac{1}{9}\le\dfrac{\alpha}{4-\alpha}\le9$

$\therefore \dfrac{2}{5}\le\alpha\le\dfrac{18}{5}$

또, $\alpha\beta=\alpha(4-\alpha)=-\alpha^2+4\alpha=-(\alpha-2)^2+4$

$\left(\because \dfrac{2}{5}\le\alpha\le\dfrac{18}{5}\right)$

이므로 $\dfrac{36}{25}\le\alpha\beta\le4$

따라서 $\alpha\beta=\dfrac{4}{k}$에서 $k=\dfrac{4}{\alpha\beta}$이므로

$1\le\dfrac{4}{\alpha\beta}\le\dfrac{25}{9}$

답 ②

**078** $(3\times x^{\log3})^2+2k\times3^{\log x+1}-k+6=0$에서

$3^{\log x}=t$로 놓으면

$(3t)^2+6kt-k+6=0$, $9t^2+6kt-k+6=0$

이때 $\dfrac{1}{10}<x<1$이면 $-1<\log x<0$이고,

$\dfrac{1}{3}<3^{\log x}<1$, $\dfrac{1}{3}<t<1$이므로

방정식 $9t^2+6kt-k+6=0$의 한 근이

$\dfrac{1}{3}<t<1$을 만족하면 된다.

$f(t)=9t^2+6kt-k+6$이라 하면

$f\left(\dfrac{1}{3}\right)\times f(1)<0$이어야 한다.

즉, $(k+7)(5k+15)<0$에서 $-7<k<-3$

따라서 모든 정수 $k$의 값의 합은

$-6-5-4=-15$

답 ⑤

**079** $9\times3^{-y}\ge\left(\dfrac{1}{3}\right)^{-x}$에서 $9\ge3^{x+y}$이므로

$x+y\le2$, $y\le-x+2$

$\log_{\frac{1}{5}}(y+2)\le\log_{\frac{1}{5}}(x+3)$에서 $y+2\ge x+3$이므로

$y\ge x+1$

연립부등식을 만족하는 영역을 좌표평면 위에 나타내

면 다음과 같다.

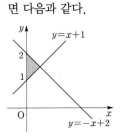

두 직선 $y=-x+2$와 $y=x+1$의 교점은 $\left(\dfrac{1}{2},\dfrac{3}{2}\right)$

이므로 영역의 넓이는

$\dfrac{1}{2}\times1\times\dfrac{1}{2}=\dfrac{1}{4}$

답 $\dfrac{1}{4}$

**080** 두 함수의 그래프의 교점의 좌표를 구하면

$\log_3(x+2)+2^k=2^{x+k-1}+1$에서 $x=1$이므로

$A(1,\ 2^k+1)$

또, 점 B의 $x$좌표가 0이므로

$f(0)=g(0)$에서 $\log_32+2^k=2^{k-1}+1$

$\dfrac{1}{2}\times2^k=1-\log_32$이므로 $2^k=2-2\log_32$

$B(0,\ 2-\log_32)$

따라서 삼각형 OAB의 밑변은 $\overline{OB}=2-\log_32$,

높이는 1이므로 넓이는

$\dfrac{1}{2}(2-\log_32)=1-\dfrac{1}{2}\log_32$

답 $1-\dfrac{1}{2}\log_32$

**081** $y=\log_{\sqrt{3}}x=2\log_3x$, $y=\log_3\sqrt{x}=\dfrac{1}{2}\log_3x$이므로

$\overline{AB}=2\log_3k-\dfrac{1}{2}\log_3k$

$=\dfrac{3}{2}\log_3k=n\ (n은\ 자연수)$

$$\therefore \log_3 k = \frac{2}{3}n$$

즉, $k=3^{\frac{2}{3}n}$이고, $1<3^{\frac{2}{3}n}<81$이므로

$$0<\frac{2}{3}n<4, \ 0<n<6$$

따라서 모든 $k$의 값의 곱은

$$3^{\frac{2}{3}(1+2+3+4+5)}=3^{10}$$  🖉 $3^{10}$

**082** $\left(\dfrac{1}{3}\right)^x=t$로 놓으면 삼각형의 넓이는

$$S(x)=\frac{1}{2}(t+2)(-t+8)=\frac{1}{2}(-t^2+6t+16)$$

이때 $\dfrac{21}{2}\leq\dfrac{1}{2}(-t^2+6t+16)\leq12$이므로

(i) $\dfrac{21}{2}\leq\dfrac{1}{2}(-t^2+6t+16)$에서

$$t^2-6t+5=(t-1)(t-5)\leq0$$
$$\therefore 1\leq t\leq5$$

(ii) $\dfrac{1}{2}(-t^2+6t+16)\leq12$에서

$$t^2-6t+8=(t-2)(t-4)\geq0$$
$$\therefore t\leq2, \ t\geq4$$

(i), (ii)에 의하여 $1\leq t\leq2$, $4\leq t\leq5$이므로

$1\leq\left(\dfrac{1}{3}\right)^x\leq2$에서 $-\log_3 2\leq x\leq0$

$4\leq\left(\dfrac{1}{3}\right)^x\leq5$에서 $-\log_3 5\leq x\leq-2\log_3 2$

🖉 $-\log_3 2\leq x\leq0$, $-\log_3 5\leq x\leq-2\log_3 2$

**083** 조건 ㈎에서 $f(0)=0, f(1)=2, f(2)=0$
조건 ㈏에서 $f(4)=0, f(6)=0, f(8)=0$
$f(3)=kf(1)=2k, f(5)=kf(5)=2k^2,$
$f(7)=kf(5)=2k^3$
이때 $y=f(x)$의 그래프와 $x$축으로 둘러싸인 부분의 넓이는 $2+2k+2k^2+2k^3=80$이므로 $k=3$  🖉 3

**084** $y=\log_3(x-3)$의 그래프는 $y=\log_3 x$의 그래프를 $x$축의 방향으로 3만큼 평행이동시킨 그래프이므로
$y=3^x$의 그래프 위의 점 C를 직선 $y=x$에 대하여 대칭이동시킨 후 $x$축의 방향으로 3만큼 평행이동시킨 점이 D와 같다. 즉, 점 D의 좌표는 D$(12, 2)$이다.
이때 점 C에서 $x$축에 내린 수선의 발을 점 E, 점 D에서 $x$축에 내린 수선의 발을 점 F라 하면

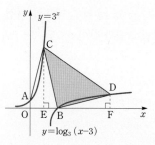

$\triangle\text{CBD}=\square\text{CEFD}-\triangle\text{CEB}-\triangle\text{BFD}$
$$=\frac{1}{2}(9+2)\times10-\frac{1}{2}\times2\times9-\frac{1}{2}\times8\times2$$
$$=55-9-8=38$$  🖉 38

| 본문 28~29p |

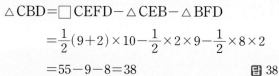

STEP 3 ▶  085 ③  086 $3<p<4$  087 ①
088 ③  089 ②  090 11  091 10  092 ③

**085** $a=1$, $\overline{\text{AD}}=3$이므로 D$(4, 0)$
이때 $bc=1$이므로 $b=\dfrac{1}{c}$

$\log_m b=\log_m\dfrac{1}{c}=-\log_m c$이므로 점 D는 $\overline{\text{BC}}$의 중점
이다. 즉, $b+c=8$
또, 삼각형 ABC의 넓이는 삼각형 ADB와 삼각형 ADC의 넓이의 합과 같으므로

$$\frac{1}{2}\times3\times(-\log_m b)+\frac{1}{2}\times3\times\log_m c=3\log_m c=9$$
$$\left(\because b=\frac{1}{c}\right)$$

따라서 $c=m^3$이므로

$$m^3+\frac{1}{m^3}=c+\frac{1}{c}=b+c=8$$  🖉 ③

**086** 함수 $y=\log_{\frac{1}{2}}(2x-p)$의 그래프와 직선 $x=2$가 한 점에서 만나려면 그림과 같이 $\dfrac{p}{2}<2$이어야 한다. 즉, $p<4$

또, 함수 $y=|2^{-x+2}-3|+p$의 그래프와 직선 $y=6$이
두 점에서 만나려면 그림과 같이 $p<6<3+p$이어야 한
다. 즉, $3<p<6$

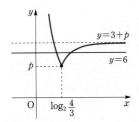

$\therefore 3<p<4$

📄 $3<p<4$

**087** ㄱ. $1<a<b<2$에서 $a>1$이므로 $\log_a a<\log_a b$

$\therefore \log_a b>1$  $\cdots$ ㉠

또, $b>1$이므로 $\log_b 1<\log_b a<\log_b b$

$\therefore 0<\log_b a<1$  $\cdots$ ㉡

㉠, ㉡에 의하여 $\log_b a<\log_a b$ (참)

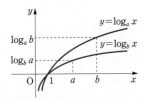

ㄴ. $0<a-1<b-1<1$이고, $0<a-1<1$이므로

$\log_{(a-1)}(a-1)>\log_{(a-1)}(b-1)$

$\therefore \log_{(a-1)}(b-1)<1$ (거짓)

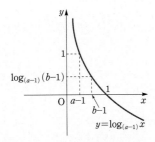

ㄷ. $0<a-1<1$이므로 $\log_{(a-1)} a>\log_{(a-1)} b$  $\cdots$ ㉢

$0<a-1<b-1<1$에서

$0<x<1$일 때 $\log_{(a-1)} x<\log_{(b-1)} x$

$x>1$일 때 $\log_{(a-1)} x>\log_{(b-1)} x$

그런데 $b>1$이므로 $\log_{(a-1)} b>\log_{(b-1)} b$  $\cdots$ ㉣

㉢, ㉣에 의하여 $\log_{(a-1)} a>\log_{(b-1)} b$ (참)

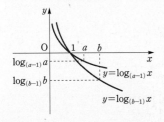

ㄹ. (반례) $a=\dfrac{9}{5}$, $b=\dfrac{19}{10}$일 때

$a-1=\dfrac{4}{5}$, $b-1=\dfrac{9}{10}$이므로

$\log_b (a-1)=\log_{\frac{19}{10}}\dfrac{4}{5}>\log_{\frac{19}{10}}\dfrac{10}{19}=-1$ $(b>1)$

$\log_{(b-1)} a=\log_{\frac{9}{10}}\dfrac{9}{5}<\log_{\frac{9}{10}}\dfrac{10}{9}=-1$

$(\because 0<b<1)$

$\therefore \log_b (a-1)>\log_{(b-1)} a$ (거짓)

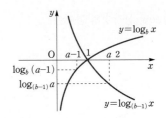

따라서 옳은 것은 ㄱ, ㄷ이다.

📄 ①

**088** 지수함수 $f(x)=a^x$ $(a>0, a\ne 1)$와
로그함수 $g(x)=\log_a x$는 역함수 관계이므로
직선 $y=x$에 대하여 대칭이다. 즉, 두 교점 P, Q는 직선
$y=x$ 위의 점이고, 세 점 O, P, Q는 일직선 위에 있다.
이때 점 P는 원의 중심이므로 선분 OQ는 원의 지름이다.
따라서 두 점 P, Q의 좌표를 각각 $(k, k)$, $(2k, 2k)$라
하면 두 점 모두 $y=a^x$의 그래프 위의 점이므로
$a^k=k$, $a^{2k}=2k$  $\cdots$ ㉠
두 식을 연립하여 풀면
$k^2=2k$에서 $k=2$ $(\because k>0)$
$k=2$를 ㉠에 대입하면 $a^2=2$
$\therefore a^{10}=(a^2)^5=2^5=32$

📄 ③

**089** 그림에서 $y=\log_b ax$의 그래프는 감소함수이므로
$0<b<1$
$x=1$일 때 $\log_b a<0$, 즉 $a>1$

ㄱ. $\log_b a<0$이지만 $\log_b a$, $\log_a b$의 대소 관계는 알
수 없다. (거짓)

ㄴ. $0<\dfrac{1}{a}<1$, $0<\dfrac{b}{a}<1$이고 $\dfrac{1}{a}>\dfrac{b}{a}$이므로

$y=\log_{\frac{1}{a}} x$의 그래프에서 $x_1<x_2$이다. (참)

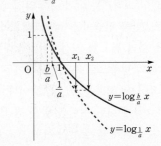

ㄷ. $y=\log_{\frac{1}{b}}x+a=x$에서 $\log_{\frac{1}{b}}x=x-a$

이때 $a$가 충분히 크면 교점이 존재한다. (거짓)
따라서 옳은 것은 ㄴ이다.　　　　　　　　　답 ②

**090** $y=\log_{2n}(x-2)^2$의 그래프는 직선 $x=2$를 점근선, 대칭축으로 갖고, $y=f(x)$의 그래프도 $x=2$를 대칭축으로 가지므로 두 함수의 교점의 개수는 $x>2$에서 교점의 개수의 2배이다.
즉, 교점의 개수가 총 966이므로 $x>2$에서 두 함수
$y=f(x)$와 $y=\log_{2n}(x-2)^2$의 교점의 개수가 483이어야 한다.
이때 $y=f(x)$의 그래프의 최댓값은 4이고,
$y=\log_{2n}(x-2)^2$의 그래프는 $x>2$에서 증가함수이므로 $y=\log_{2n}(x-2)^2$의 그래프가 함숫값 4를 갖는 이후에는 교점이 존재하지 않는다.
또, $y=\log_{2n}(x-2)^2$의 그래프와 $y=f(x)$의 그래프의 교점은 $3<x<4$에서 1개, $4<x<5$에서 1개, $5<x<6$에서 1개, …
따라서 교점의 개수가 총 483이 되기 위해서는
$485<x<486$에서 교점은 1개이고, 이후에는 교점이 존재하지 않아야 한다.
$g(x)=\log_{2n}(x-2)^2$이라 하면 연립부등식
$\begin{cases} g(485)<4 \\ g(487)>4 \end{cases}$ 를 만족하는 $n$의 값은
$483<(2n)^2<485$에서 $n=11$　　　　　답 11

**091** 조건 (개)에서 $a^{g(3^x)}=a^{xg(3)}$, $g(3^x)=xg(3)$
이때 $3^x=t$로 놓으면 $x=\log_3 t$,
$g(t)=g(3)\log_3 t$
조건 (내)에서 $g(4)=g(3)\log_3 4=\log 2$, $g(3)=\log\sqrt{3}$
$\therefore g(x)=\log\sqrt{3}\times\log_3 x=\log\sqrt{x}$
따라서 $h(x)=a^{\log\sqrt{x}}$이고,
$h(2)\times h(3)\times h(6)=a^{\log\sqrt{2}+\log\sqrt{3}+\log\sqrt{6}}=a^{\log 6}=6$
이므로 $a=10$　　　　　　　　　　　　　答 10

**092** 조건 (개)와 조건 (내)에서 $\overline{AB}:\overline{BC}=1:3$, $\overline{ED}=\overline{DC}$이다.
점 B의 좌표를 $B(a, (2k)^a)$이라 하면 점 A, C, D의 좌표는 각각 $A(0, 1)$, $C(4a, k^{4a})$, $D(2a, (2k)^{2a})$이다.
그런데 점 C와 점 D의 $y$좌표는 같으므로
$k^{4a}=(2k)^{2a}$, $k^2=2k$
이때 $k>1$이므로 $k=2$
$k=2$를 대입하면 $A(0, 1)$, $B(a, 4^a)$, $C(4a, 2^{4a})$

또, 점 A, B, C는 일직선 위에 있으므로
두 점 A, B의 기울기와 두 점 A, C의 기울기는 같다.
$\dfrac{4^a-1}{a}=\dfrac{2^{4a}-1}{4a}$에서 $\dfrac{4^a-1}{a}=\dfrac{(4^a-1)(4^a+1)}{4a}$
$4^a+1=4$이므로 $a=\log_4 3$
즉, 기울기 $m=\dfrac{4^a-1}{a}$이므로
$m=\dfrac{2}{\log_4 3}=\log_3 16$
$\therefore k\times 3^m=2\times 16=32$　　　　　답 ③

## 03 삼각함수의 뜻과 그래프

| 본문 32~35p |

**STEP 1**

| | | | | |
|---|---|---|---|---|
| 093 ④ | 094 2 | 095 $-\dfrac{\sqrt{3}}{2}$ | 096 ② | |
| 097 ③ | 098 ② | 099 ② | 100 ② | 101 $\dfrac{3}{2}$ |
| 102 $a$ | 103 ② | 104 ③ | 105 ⑤ | 106 ⑤ |
| 107 ② | 108 0 | 109 $-1$ | 110 ① | 111 ① |
| 112 $4\pi$ | 113 ⑤ | 114 $-1<k<3$ | | |

**093** 각 $\theta$를 나타내는 동경과 각 $5\theta$를 나타내는 동경이 서로 수직이므로

$5\theta-\theta=2n\pi+\dfrac{\pi}{2}$ 또는 $5\theta-\theta=2n\pi-\dfrac{\pi}{2}$ ($n$은 정수)

이다.

( i ) $5\theta-\theta=2n\pi+\dfrac{\pi}{2}$일 때,

$4\theta=2n\pi+\dfrac{\pi}{2}$에서 $\theta=\dfrac{n}{2}\pi+\dfrac{\pi}{8}$

이때 $0<\theta<\pi$이므로

$\theta=\dfrac{\pi}{8}$ 또는 $\theta=\dfrac{5}{8}\pi$

(ii) $5\theta-\theta=2n\pi-\dfrac{\pi}{2}$일 때,

$4\theta=2n\pi-\dfrac{\pi}{2}$에서 $\theta=\dfrac{n}{2}\pi-\dfrac{\pi}{8}$

이때 $0<\theta<\pi$이므로

$\theta=\dfrac{3}{8}\pi$ 또는 $\theta=\dfrac{7}{8}\pi$

따라서 $\theta$의 값의 합은

$\dfrac{\pi}{8}+\dfrac{5}{8}\pi+\dfrac{3}{8}\pi+\dfrac{7}{8}\pi=2\pi$

답 ④

**094** 반지름의 길이를 $r$, 호의 길이를 $l$이라 하면

$2r+l=10$ ⋯ ㉠

$\dfrac{1}{2}rl=4$ ⋯ ㉡

즉, ㉡에서 $r=\dfrac{8}{l}$

㉠에 $r=\dfrac{8}{l}$을 대입하면 $\dfrac{16}{l}+l=10$

$l^2-10l+16=(l-2)(l-8)=0$

$l=2$ 또는 $l=8$

그런데 $l=8$이면 $r=1$이므로 원의 둘레의 길이는 $2\pi$이고, $2\pi<l$이 되어 $l=8$인 부채꼴은 존재하지 않는다.

$\therefore l=2$

답 2

**095** $\overline{EA}$를 그으면 $\triangle ACE$는 정삼각형이므로 $\alpha=\dfrac{\pi}{3}$

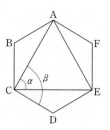

또, $\triangle BCA$와 $\triangle DCE$가 합동이므로

$\angle BCA=\angle DCE=\beta-\alpha$

정육각형의 한 내각의 크기는 $\dfrac{\pi(6-2)}{6}=\dfrac{2}{3}\pi$이므로

$\angle C=(\beta-\alpha)+\alpha+(\beta-\alpha)=2\beta-\alpha=\dfrac{2}{3}\pi$, $\beta=\dfrac{\pi}{2}$

$\therefore \sin\left(\dfrac{\pi}{6}-\alpha-\beta\right)=\sin\left(\dfrac{\pi}{6}-\dfrac{\pi}{3}-\dfrac{\pi}{2}\right)$

$=\sin\left(-\dfrac{2}{3}\pi\right)=-\sin\left(\dfrac{2}{3}\pi\right)=-\dfrac{\sqrt{3}}{2}$ 답 $-\dfrac{\sqrt{3}}{2}$

**096** $\sin\theta+\cos\theta=\dfrac{\sqrt{6}}{2}$의 양변을 제곱하면

$\sin^2\theta+2\sin\theta\cos\theta+\cos^2\theta=\dfrac{3}{2}$

이때 $\sin^2\theta+\cos^2\theta=1$이므로

$2\sin\theta\cos\theta=\dfrac{1}{2}$, 즉

$(\sin\theta-\cos\theta)^2=\sin^2\theta+\cos^2\theta-2\sin\theta\cos\theta$

$=1-\dfrac{1}{2}=\dfrac{1}{2}$

따라서 $0<\theta<\dfrac{\pi}{4}$에서 $\sin\theta<\cos\theta$이므로

$\sin\theta-\cos\theta=-\dfrac{\sqrt{2}}{2}$ 답 ②

**097** $\log_2(\sin\theta)-\log_2(\cos\theta)=\log_2\dfrac{\sin\theta}{\cos\theta}=-2$이므로

$\dfrac{\sin\theta}{\cos\theta}=\dfrac{1}{4}$, $4\sin\theta=\cos\theta$

$\sin^2\theta+\cos^2\theta=1$에 $\cos\theta=4\sin\theta$를 대입하면

$17\sin^2\theta=1$, $\sin^2\theta=\dfrac{1}{17}$

$\therefore \log_2(\sin\theta)+\log_2(\cos\theta)=\log_2(\sin\theta\cos\theta)$

$=\log_2(\sin\theta\times4\sin\theta)$

$=\log_2(4\sin^2\theta)$

$=\log_2 4+\log_2(\sin^2\theta)$

$=2+\log_2\dfrac{1}{17}$

$=2-\log_2 17$

따라서 $x=17$이다. 답 ③

**098** 이차방정식의 근과 계수의 관계에 의하여

$\cos\theta + \tan\theta = \dfrac{a}{3}$, $\cos\theta \times \tan\theta = \sin\theta = \dfrac{1}{3}$

$\dfrac{\pi}{2} < \theta < \pi$에서 $\cos\theta < 0$이므로

$\cos\theta = -\sqrt{1-\sin^2\theta} = -\sqrt{1-\dfrac{1}{9}} = -\dfrac{2\sqrt{2}}{3}$

$\tan\theta = \dfrac{\sin\theta}{\cos\theta} = \dfrac{\dfrac{1}{3}}{-\dfrac{2\sqrt{2}}{3}} = -\dfrac{1}{2\sqrt{2}} = -\dfrac{\sqrt{2}}{4}$

이때 $\cos\theta + \tan\theta = -\dfrac{2\sqrt{2}}{3} - \dfrac{\sqrt{2}}{4} = -\dfrac{11\sqrt{2}}{12} = \dfrac{a}{3}$

이므로 $a = -\dfrac{11\sqrt{2}}{4}$　　　**답** ②

**099** $0 \le x \le \dfrac{\pi}{6}$에서 $0 \le \sin x \le \dfrac{1}{2}$

$\sin x = t$라 하면 $0 \le t \le \dfrac{1}{2}$이고

$y = \dfrac{2at}{t-3}$의 최솟값은 $-4$이다.

이때 $0 \le t \le \dfrac{1}{2}$에서 $y = \dfrac{2at}{t-3}$의 최솟값은 $-\dfrac{2}{5}a$이다.

(i) $a < 0$일 때

　$y = 2a + \dfrac{6a}{t-3}$이므로 $t=0$일 때 최솟값은 $0$이다.

　즉, 조건에 맞지 않는다.

(ii) $a \ge 0$일 때

　$y = 2a + \dfrac{6a}{t-3}$이므로 $t=\dfrac{1}{2}$일 때 최솟값은 $-\dfrac{2}{5}a$

(i), (ii)에 의하여 $-\dfrac{2}{5}a = -4$, $a = 10$　　　**답** ②

**100** ㄱ. $f(x) = \tan 2x + 3\pi$의 주기는 $\dfrac{\pi}{2}$이므로

　　$f(x) = f(x+\pi)$가 성립한다. (참)

ㄴ. $f(x) = \dfrac{1}{2}\cos 3x$의 주기는 $\dfrac{2\pi}{3}$이므로

　　$f(x) = f(x+\pi)$가 성립하지 않는다. (거짓)

ㄷ. $f(x) = 2\sin\left(2x - \dfrac{2}{3}\pi\right)$의 주기는 $\dfrac{2\pi}{2} = \pi$이다. (참)

ㄹ. $f(x) = \left|\sin\dfrac{x}{2}\right|$의 그래프는 다음과 같다.

$f(x) = \left|\sin\dfrac{x}{2}\right|$

즉, $f(x) = \left|\sin\dfrac{x}{2}\right|$의 주기는 $2\pi$이다. (거짓)

ㅁ. $y = \sin x$, $y = \cos x$의 주기는 모두 $2\pi$이므로

　　$f(x) = \sin x + \cos x$의 주기도 $2\pi$이다. (거짓)

따라서 옳은 것은 ㄱ, ㄷ이다.　　　**답** ②

**101**

점 A의 $x$좌표가 $\dfrac{1}{2}$이므로 점 A의 $y$좌표는

$2\sin\left(\dfrac{\pi}{4}\right) = \sqrt{2}$이다.

따라서 점 A의 좌표는 $\left(\dfrac{1}{2},\ \sqrt{2}\right)$, 점 D의 좌표는

$\left(\dfrac{3}{2},\ \sqrt{2}\right)$이다.

$\square ABCD = \dfrac{1}{2} \times \sqrt{2} \times (\overline{AD} + \overline{BC}) = \dfrac{5}{4}\sqrt{2}$에서

$\overline{AD} = \dfrac{3}{2} - \dfrac{1}{2} = 1$이므로

$\dfrac{1}{2} \times \sqrt{2} \times (1 + \overline{BC}) = \dfrac{5}{4}\sqrt{2}$, $1 + \overline{BC} = \dfrac{5}{2}$

$\therefore \overline{BC} = \dfrac{3}{2}$　　　**답** $\dfrac{3}{2}$

**102**

$f(x)$의 주기가 $\dfrac{\pi}{k}$이므로

$\beta = \dfrac{\pi}{2k} - \alpha$, $\gamma = \dfrac{\pi}{2k} + \alpha$, $\delta = \dfrac{\pi}{k} - \alpha$

$\alpha + \beta - \gamma + \delta$

$= \alpha + \left(\dfrac{\pi}{2k} - \alpha\right) - \left(\dfrac{\pi}{2k} + \alpha\right) + \left(\dfrac{\pi}{k} - \alpha\right)$

$= \dfrac{\pi}{k} - 2\alpha$

$\therefore f\left(\dfrac{\alpha + \beta - \gamma + \delta}{2}\right) = f\left(\dfrac{\pi}{2k} - \alpha\right) = f(\beta) = a$

**답** $a$

**103** $f(x)$의 주기는 $\frac{1}{a}$이므로 점 $B(\alpha, \sqrt{3})$이라 하면

점 $A\left(\frac{1}{a}+\alpha, \sqrt{3}\right)$이고 점 $C\left(\alpha+\frac{1}{2a}, 0\right)$이라 할 수 있다.

직선 CA의 기울기는 $\dfrac{\sqrt{3}-0}{\frac{1}{a}+\alpha-\left(\alpha+\frac{1}{2a}\right)}=4\sqrt{3}$

$\therefore a=2$　　　　　　　　　　　　　　　**답 ②**

**104** 함수 $y=a\sin bx$의 주기가 $\pi$이므로

$\dfrac{2\pi}{b}=\pi$에서 $b=2$

함수 $y=\tan x$가 점 $\left(\dfrac{\pi}{3}, c\right)$를 지나므로

$c=\tan\dfrac{\pi}{3}=\sqrt{3}$

점 $\left(\dfrac{\pi}{3}, \sqrt{3}\right)$이 함수 $y=a\sin 2x$의 그래프 위의 점이므로

$\sqrt{3}=a\sin\dfrac{2\pi}{3}=a\sin\dfrac{\pi}{3}=\dfrac{\sqrt{3}}{2}a$에서 $a=2$

$\therefore a+b+c=2+2+\sqrt{3}=4+\sqrt{3}$

　　　　　　　　　　　　　　　　**답 ③**

**105** ㄱ. 함수의 주기는 $\dfrac{15}{8}\pi-\left(-\dfrac{5}{8}\pi\right)=\dfrac{20}{8}\pi=\dfrac{5}{2}\pi$ (참)

ㄴ. 함수 $y=a\cos b(x-c)+d$의 최댓값은 3,

최솟값은 $-1$이고, 주기가 $\dfrac{5}{2}\pi$이므로

$a+d=3$, $-a+d=-1$, $\dfrac{2\pi}{b}=\dfrac{5}{2}\pi$에서

$a=2$, $d=1$, $b=\dfrac{4}{5}$

즉, 함수

$y=a\cos b(x-c)+d=2\cos\dfrac{4}{5}(x-c)+1$은

점 $(0, 1)$을 지나고, $0<c<\pi$이므로

$2\cos\left(-\dfrac{4}{5}c\right)+1=1$, $\cos\left(\dfrac{4}{5}c\right)=0$에서

$\dfrac{4}{5}c=\dfrac{\pi}{2}$, $c=\dfrac{5}{8}\pi$

$\therefore y=2\cos\dfrac{4}{5}\left(x-\dfrac{5}{8}\pi\right)+1=2\cos\left(\dfrac{4}{5}x-\dfrac{\pi}{2}\right)+1$

　　　　　$=2\sin\dfrac{4}{5}x+1$ (참)

ㄷ. $abcd=2\times\dfrac{4}{5}\times\dfrac{5}{8}\pi\times1=\pi$ (참)

따라서 옳은 것은 ㄱ, ㄴ, ㄷ이다.　　　**답 ⑤**

**106** ㄱ. 점 B, C는 점 A에 대하여 대칭이므로

$B(1+\alpha, \beta)$라 하면 $C(1-\alpha, -\beta)$ $\left(0<\alpha<\dfrac{1}{2}\right)$

한편, $\triangle$BOC는 직각삼각형이므로

$\overline{AB}^2=\overline{OB}^2+\overline{OC}^2$이 성립한다.

즉, $4\alpha^2+4\beta^2=\alpha^2+2\alpha+1+\beta^2+\alpha^2+1-2\alpha+\beta^2$

에서 $\alpha^2+\beta^2=1$

$\therefore \overline{AB}=\sqrt{\alpha^2+\beta^2}=\sqrt{1}=1$ (참)

ㄴ. ㄱ에서 점 B를 $x$축의 방향으로 $-1$만큼 평행이동하면 $(\alpha, \beta)$이고, $\alpha^2+\beta^2=1$을 만족하므로

점 B는 $x^2+y^2=1$ 위의 점이다. (참)

ㄷ. 직선 AB의 기울기는 $\dfrac{\beta}{\alpha}$이다.

한편, ㄴ에서 점 $(\alpha, \beta)$는 $x^2+y^2=1$ 위의 점이고

ㄱ에서 $0<\alpha<\dfrac{1}{2}$이므로 그림과 같이 영역이 그려진다.

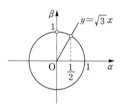

즉, $\dfrac{\beta}{\alpha}>\sqrt{3}$ (참)

따라서 옳은 것은 ㄱ, ㄴ, ㄷ이다.

　　　　　　　　　　　　　　　　**답 ⑤**

**107** $-3\le 3\sin 2x\le 3$이므로 $-\dfrac{10}{3}\le 3\sin 2x-\dfrac{1}{3}\le\dfrac{8}{3}$

즉, $a\le\left|3\sin 2x-\dfrac{1}{3}\right|+a\le\dfrac{10}{3}+a$이고,

최솟값이 $-1$이므로 $a=-1$

$f(x)$는 최댓값 $\dfrac{10}{3}+a=\dfrac{7}{3}$을 갖고, 이때의 $x$의 값은

$\left|3\sin 2x-\dfrac{1}{3}\right|=\dfrac{10}{3}$에서 $3\sin 2x-\dfrac{1}{3}=-\dfrac{10}{3}$

$\sin 2x=-1$, $x=\dfrac{3}{4}\pi$

따라서 $k=\dfrac{3}{4}\pi$, $M=\dfrac{7}{3}$이므로

$a\times k\times M=(-1)\times\dfrac{3}{4}\pi\times\dfrac{7}{3}=-\dfrac{7}{4}\pi$

　　　　　　　　　　　　　　　　**답 ②**

**108** $\theta=\dfrac{\pi}{8}$이므로 $8\theta=\pi$, $16\theta=2\pi$

$\sin\theta+\sin 3\theta+\sin 6\theta+\sin 9\theta+\sin 10\theta+\sin 11\theta$

$$= (\sin\theta + \sin 9\theta) + (\sin 3\theta + \sin 11\theta)$$
$$\quad + (\sin 6\theta + \sin 10\theta)$$
$$= \{\sin\theta + \sin(\pi + \theta)\} + \{\sin 3\theta + \sin(\pi + 3\theta)\}$$
$$\quad + \{\sin 6\theta + \sin(2\pi - 6\theta)\}$$
$$= (\sin\theta - \sin\theta) + (\sin 3\theta - \sin 3\theta)$$
$$\quad + (\sin 6\theta - \sin 6\theta)$$
$$= 0 \hfill \boxed{\text{답}}\ 0$$

**109** $15° = \theta$라 하면

$$\frac{\sin 15° + \sin 105° + \sin 195° + \cos 105°}{\cos 75° - \cos 15°}$$

$$= \frac{\sin\theta + \sin\left(\frac{\pi}{2} + \theta\right) + \sin(\pi + \theta) + \cos\left(\frac{\pi}{2} + \theta\right)}{\cos\left(\frac{\pi}{2} - \theta\right) - \cos\theta}$$

이때 $\sin\left(\dfrac{\pi}{2} + \theta\right) = \cos\theta$, $\cos\left(\dfrac{\pi}{2} - \theta\right) = \sin\theta$

이므로

$$\frac{\sin\theta + \sin\left(\frac{\pi}{2} + \theta\right) + \sin(\pi + \theta) + \cos\left(\frac{\pi}{2} + \theta\right)}{\cos\left(\frac{\pi}{2} - \theta\right) - \cos\theta}$$

$$= \frac{\sin\theta + \cos\theta - \sin\theta - \sin\theta}{\sin\theta - \cos\theta}$$

$$= \frac{\cos\theta - \sin\theta}{\sin\theta - \cos\theta} = -1$$

$$\boxed{\text{답}}\ -1$$

**110** $1 \le x < 300$이면 $0 \le \log_2 x < \log_2 300 < \log_2 512$이고, $\pi\log_2 x = m\pi$ ($m$은 정수)꼴이므로 $\log_2 x$는 정수이다.
이때 $512 = 2^9$이므로
$$\log_2 x_1 = 0,\ \log_2 x_2 = 1,\ \cdots,\ \log_2 x_9 = 8$$
$$\therefore\ n + \log_2(x_1 \times x_2 \times \cdots \times x_n)$$
$$= 9 + (0 + 1 + 2 + \cdots + 8) = 45$$

$$\boxed{\text{답}}\ ①$$

**111** $\tan x + \dfrac{\sqrt{3}}{\tan x} = 1 + \sqrt{3}$의 양변에 $\tan x$를 곱하여

정리하면
$$\tan^2 x - (1 + \sqrt{3})\tan x + \sqrt{3} = 0$$
$\tan x = t$로 놓으면
$$t^2 - (1 + \sqrt{3})t + \sqrt{3} = 0,\ (t - 1)(t - \sqrt{3}) = 0$$
$$\therefore\ t = 1\ \text{또는}\ t = \sqrt{3}$$

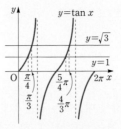

(i) $t = 1$, 즉 $\tan x = 1$일 때

$0 < x < 2\pi$이므로 $x = \dfrac{\pi}{4}$ 또는 $x = \dfrac{5}{4}\pi$

(ii) $t = \sqrt{3}$, 즉 $\tan x = \sqrt{3}$일 때

$0 < x < 2\pi$이므로 $x = \dfrac{\pi}{3}$ 또는 $x = \dfrac{4}{3}\pi$

(i), (ii)에서 $x_1 = \dfrac{\pi}{4}$, $x_2 = \dfrac{\pi}{3}$, $x_3 = \dfrac{5}{4}\pi$, $x_4 = \dfrac{4}{3}\pi$이므로

$$x_2 + x_4 - (x_1 + x_3) = \frac{\pi}{3} + \frac{4}{3}\pi - \left(\frac{\pi}{4} + \frac{5}{4}\pi\right) = \frac{\pi}{6}$$

따라서 $p = 6$, $q = 1$이고, $p + q = 7$ $\hfill \boxed{\text{답}}\ ①$

**112** $f(x) = 3x^2 + x\cos\theta - 2\sin^2\theta - 2$라 하면
$$f(-1) = 3 - \cos\theta - 2\sin^2\theta - 2$$
이때 $\sin^2\theta + \cos^2\theta = 1$이므로
$\alpha < -1 < \beta$가 성립하려면
$$f(-1) = 2\cos^2\theta - \cos\theta - 1$$
$$= (2\cos\theta + 1)(\cos\theta - 1) < 0$$

즉, $-\dfrac{1}{2} < \cos\theta < 1$이어야 한다.

따라서 $0 < \theta < \dfrac{2}{3}\pi$, $\dfrac{4}{3}\pi < \theta < 2\pi$이므로

$a = 0$, $b = \dfrac{2}{3}\pi$, $c = \dfrac{4}{3}\pi$, $d = 2\pi$이고,

$$a + b + c + d = 4\pi \hfill \boxed{\text{답}}\ 4\pi$$

**113** $3\sin^2 x + 2\cos x = k$에서 $\cos x = t$ ($-1 \le t \le 1$)로
놓으면
$$3\sin^2 x + 2\cos x = 3(1 - \cos^2 x) + 2\cos x$$
$$= 3(1 - t^2) + 2t$$
$$= -3t^2 + 2t + 3$$
$$= -3\left(t - \frac{1}{3}\right)^2 + \frac{10}{3}$$

$\cos x = t$로 치환한 그래프는 그림과 같다.

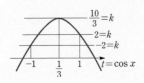

이때 $0 \le x < 2\pi$에서 $-1 \le t \le 1$이므로

$k = 2$일 때, $\cos x = t = 1$, $-\dfrac{1}{3}$

$k = -2$일 때, $\cos x = t = -1$, $\dfrac{5}{3}$

다음 그림에서 $\cos x$의 값에 대응하는 점은 3개, 1개이다. 즉 각 경우에 대하여 서로 다른 세 근, 한 근을 가지므로 조건에 맞지 않는다.

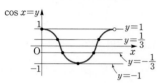

$k = \dfrac{10}{3}$일 때, $\cos x = t = \dfrac{1}{3}$만 대응하고 이것은 위의

그림에서 2개의 점에서 만난다. 즉, 서로 다른 두 개의 근을 가지므로 조건에 맞지 않는다.

따라서 서로 다른 네 개의 실근을 가지려면

$2 < k < \dfrac{10}{3}$에서 $\cos x = t$에 대응하는 값은 2개씩이고,

위의 그림에서 네 개의 대응점을 갖는다.

그러므로 조건을 만족하는 $k$의 값의 범위는

$2 < k < \dfrac{10}{3}$이고, $\alpha = 2$, $\beta = \dfrac{10}{3}$이므로 $\alpha\beta = \dfrac{20}{3}$

**답** ⑤

**114** $\cos\theta = t$로 놓으면 부등식이 모든 실수 $\theta$에 대하여 항상 성립해야 하므로 $-1 \le t \le 1$

$\cos^2\theta - 2k\cos\theta + k + 2 = t^2 - 2kt + k + 2 > 0$

$f(t) = t^2 - 2kt + k + 2 = (t-k)^2 - k^2 + k + 2$라 하면 $f(t)$의 꼭짓점의 $x$좌표인 $k$는 $-1 \le t \le 1$에서 다음과 같다.

(i) $k \ge 1$일 때

$f(1) > 0$이어야 하므로 $f(1) = -k + 3 > 0$, $k < 3$

$\therefore 1 \le k < 3$

(ii) $-1 \le k < 1$일 때

$-k^2 + k + 2 > 0$이어야 하므로

$(k+1)(k-2) < 0$에서 $-1 < k < 2$

$\therefore -1 < k < 1$

(iii) $k < -1$일 때

$f(-1) = 3k + 3 > 0$, $k > -1$이므로 부등식을 만족하는 $k$의 값은 없다.

(i), (ii), (iii)에서 $-1 < k < 3$   **답** $-1 < k < 3$

| 본문 36~42p |

**STEP 2**

| | | | |
|---|---|---|---|
| **115** ⑤ | **116** 12 | **117** ② | **118** ① |
| **119** 5 | **120** ⑤ | **121** $\dfrac{-\sqrt{6}-3\sqrt{2}}{3}$ | **122** ② |
| **123** 13 | **124** ④ | **125** ⑤ | **126** $\dfrac{3}{2}$ | **127** ③ |

**128** $M(n)$: $\dfrac{21}{16}$, $\dfrac{19+4\sqrt{3}}{16}$, $\dfrac{7}{4}$,

$m(n)$: $\dfrac{13}{16}$, $\dfrac{19-4\sqrt{3}}{16}$, $\dfrac{3}{4}$

| | | | |
|---|---|---|---|
| **129** ③ | **130** ② | **131** ⑤ | **132** 12 |
| **133** $k < -\dfrac{3}{2}$ 또는 $k > \dfrac{1}{2}$ | | **134** $\dfrac{1}{2}$ | **135** ④ |
| **136** ③ | **137** $\dfrac{\pi}{4}$ | **138** 3 | **139** 9 | **140** $4\pi$ |

**141** $\dfrac{3}{2}$

**115** ㄱ. $A_1$은 점 $(1, 0)$을 원의 호를 따라 시계 반대 방향으로 $\pi$만큼 이동한 점들의 집합이다. 즉,

$P_1(1, 0)$, $P_2(-1, 0)$, $P_3(1, 0)$, $\cdots$으로 $(1, 0)$과 $(-1, 0)$이 반복되므로 $A_1 = \{(1, 0), (-1, 0)\}$이다. (참)

ㄴ. 점 $P_{k+m}$은 점 $P_k$를 시계 반대 방향으로 $\dfrac{\pi}{m}$만큼 $m$ 번 이동한 것이므로 $\dfrac{\pi}{m} \times m = \pi$만큼 이동한 점이다.

점 $P_k$가 원 $x^2 + y^2 = 1$ 위에서 $\pi$만큼 이동했다는 것은 원점에 대하여 대칭이동시킨 것과 같으므로

점 $P_{k+m}$은 점 $P_k$와 원점에 대하여 대칭이다. (참)

ㄷ. 점 $P_m$은 $2\pi$만큼 이동하면 원래의 점으로 돌아온다. 즉, $\dfrac{\pi}{m}$가 $2\pi$만큼 이동하려면 $2\pi \div \dfrac{\pi}{m} = 2m$ (번)

이동하면 된다.

이때 점 $P_m$이 $2m$번 이동하는 동안 겹치는 점은 없으므로 $2m$개의 서로 다른 점이 원에 찍힌다.

따라서 집합 $A_m$의 원소의 개수는 $2m$이다. (참)

따라서 옳은 것은 ㄱ, ㄴ, ㄷ이다.   **답** ⑤

**116** $\dfrac{\theta}{4} = \dfrac{n}{2}\pi + \dfrac{\alpha}{4}$, $\dfrac{\theta}{3} = \dfrac{2n}{3}\pi + \dfrac{\alpha}{3}$이고,

$\dfrac{\alpha}{4}$와 $\dfrac{\alpha}{3}$는 각각 $\dfrac{\pi}{8} < \dfrac{\alpha}{4} < \dfrac{\pi}{4}$, $\dfrac{\pi}{6} < \dfrac{\alpha}{3} < \dfrac{\pi}{3}$이다.

$\dfrac{\theta}{4}$가 제1사분면에 위치할 때 $n = 4, 8, 12, 16, \cdots$이고,

$\dfrac{\theta}{3}$가 제1사분면에 위치할 때 $n = 3, 6, 9, 12, \cdots$이므로

$\dfrac{\theta}{4}$와 $\dfrac{\theta}{3}$가 모두 제1사분면에 위치하도록 하는 $n$의

최솟값은 4와 3의 최소공배수인 12이다.   🗹 12

**117**

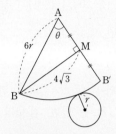

원뿔의 전개도는 그림과 같고, 옆면의 중심각의 크기를

$\theta$라 하면

$2\pi r=6r\theta$에서 $\theta=\dfrac{\pi}{3}$

또, 점 B에서 점 M까지의 최단거리는 $\overline{\text{BM}}=4\sqrt{3}$이고,

$\triangle \text{ABB}'$은 정삼각형이므로

$\triangle \text{ABM}$에서 $3r \times \tan\dfrac{\pi}{3}=4\sqrt{3}$이다.

따라서 $3\sqrt{3}r=4\sqrt{3}$에서 $r=\dfrac{4}{3}$, $R=8$이므로

$r+R=\dfrac{28}{3}$   🗹 ②

**118** $x(x-2)=(x-1)^2-1$이고,

$0 \leq x \leq 2$에서 $-1 \leq x(x-2) \leq 0$

$k<1$에서 $\log_3 k<0$이므로

$0 \leq (\log_3 k)x(x-2) \leq -\log_3 k$,

$0 \leq [(\log_3 k)x(x-2)] \leq -[\log_3 k]$

이때 $\left\{\sin\left(\dfrac{\pi}{6}f(x)\right) \middle| 0 \leq x \leq 2\right\}$의 원소의 개수는 3이고,

$\sin 0=0$, $\sin\dfrac{\pi}{6}=\dfrac{1}{2}$, $\sin\dfrac{\pi}{3}=\dfrac{\sqrt{3}}{3}$, $\sin\dfrac{\pi}{2}=1$이므로

$f(x)$의 값은 0, 1, 2이다.

즉, $[-\log_3 k]=2$이고, $2 \leq -\log_3 k < 3$이므로

$-3 < \log_3 k \leq -2$, $3^{-3} < k \leq 3^{-2}$

따라서 $\alpha=3^{-3}=\dfrac{1}{27}$, $\beta=3^{-2}=\dfrac{1}{9}$이고,

$\left(\dfrac{\beta}{\alpha}\right)^2=\left(\dfrac{\frac{1}{9}}{\frac{1}{27}}\right)^2=3^2=9$   🗹 ①

**119** 그림과 같이 단위원에서 $\tan\theta=\dfrac{1}{5}$, $\tan\theta=a$를 만족

시키는 $\theta$의 값을 각각 $\alpha$, $\beta$라 하자.

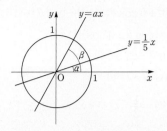

이때 $\cos\theta$의 최댓값은 $\theta=\alpha$일 때이고, $\sin\theta$의 최댓값

은 $\theta=\beta$일 때이다.

두 값이 같아지려면 $\dfrac{\pi}{2}-\beta=\alpha$이어야 하므로

직선 $y=ax$와 직선 $y=\dfrac{1}{5}x$가 $y=x$에 대하여 대칭이어

야 한다.

$\therefore a=5$   🗹 5

**120** $f(x)$는 두 점 $(\cos x, \sin x)$, $(-1, \sqrt{3})$을 지나는 직

선의 기울기로 생각할 수 있다. 이것을 좌표평면 위에

나타내면 다음과 같다.

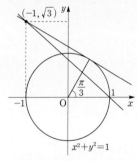

이때 두 점 $(-1, \sqrt{3})$과 $(1, 0)$을 지나는 직선의 기울

기는 최대가 되고, 점 $(-1, \sqrt{3})$과 원의 접점을 지나는

직선의 기울기는 최소가 된다.

(i) 두 점 $(-1, \sqrt{3})$, $(1, 0)$을 지나는 직선의 기울기는

   $-\dfrac{\sqrt{3}}{2}$

(ii) 점 $(-1, \sqrt{3})$을 지나고, 원점을 지나는 직선

   $y=-\sqrt{3}x$가 $x$축과 이루는 양의 각의 크기는

   $\dfrac{2}{3}\pi$이므로

   점 $(-1, \sqrt{3})$을 지나고 원 $x^2+y^2=1$에 접하는 접점

   의 좌표는 $\left(\cos\dfrac{\pi}{3}, \sin\dfrac{\pi}{3}\right)$이다.

   따라서 점 $(-1, \sqrt{3})$과 원의 접점을 지나는 접선의

   기울기는 $-\dfrac{1}{\sqrt{3}}$

(i), (ii)에서 $a=-\dfrac{\sqrt{3}}{2}$, $b=-\dfrac{\sqrt{3}}{3}$이고,

$a+b=-\dfrac{5\sqrt{3}}{6}$   🗹 ⑤

**121** $3(\sin\theta-\cos\theta)^2+6\cos\theta(\sin\theta-\cos\theta)-1=0$에서

$3\sin^2\theta-6\sin\theta\cos\theta+3\cos^2\theta$
$\qquad +6\cos\theta\sin\theta-6\cos^2\theta-1$
$=3\sin^2\theta-3\cos^2\theta-1=0$

즉, $\sin^2\theta-\cos^2\theta=\dfrac{1}{3}$

이때 $\sin^2\theta+\cos^2\theta=1$이므로

$\sin^2\theta-(1-\sin^2\theta)=\dfrac{1}{3}$에서 $2\sin^2\theta=\dfrac{4}{3}$

$\sin^2\theta=\dfrac{2}{3}$, $\cos^2\theta=\dfrac{1}{3}$

$\dfrac{3}{2}\pi<\theta<2\pi$에서 $\sin\theta=-\dfrac{\sqrt{2}}{\sqrt{3}}$, $\cos\theta=\dfrac{1}{\sqrt{3}}$,

$\tan\theta=-\sqrt{2}$이므로

$\sin\theta+\tan\theta=-\dfrac{\sqrt{2}}{\sqrt{3}}-\sqrt{2}=\dfrac{-\sqrt{6}-3\sqrt{2}}{3}$

답 $\dfrac{-\sqrt{6}-3\sqrt{2}}{3}$

**122** 조건 ㈎에서

$\sin^3\theta+\cos^3\theta$
$=(\sin\theta+\cos\theta)(\sin^2\theta-\sin\theta\cos\theta+\cos^2\theta)$

이므로

$\dfrac{\sin^3\theta+\cos^3\theta}{\sin\theta+\cos\theta}=\sin^2\theta-\sin\theta\cos\theta+\cos^2\theta$
$\qquad\qquad\qquad\qquad =1-\sin\theta\cos\theta=\dfrac{3}{4}$

즉, $\sin\theta\cos\theta=\dfrac{1}{4}$이다.

조건 ㈏에서 이차방정식의 근과 계수의 관계에 의하여

$-\dfrac{a}{2}=b\sin\theta+b\cos\theta=b(\sin\theta+\cos\theta)$

$\dfrac{6}{2}=3=b^2\sin\theta\cos\theta$

이때 $\sin\theta\cos\theta=\dfrac{1}{4}$이므로 $b^2=12$

$\therefore b=2\sqrt{3}\ (\because b>0)$

또, $0<\theta<\dfrac{\pi}{2}$에서 $\sin\theta>0$, $\cos\theta>0$이므로

$\sin\theta+\cos\theta=\sqrt{\sin^2\theta+2\sin\theta\cos\theta+\cos^2\theta}$
$\qquad\qquad\qquad =\sqrt{1+2\times\dfrac{1}{4}}=\dfrac{\sqrt{6}}{2}$

$-\dfrac{a}{2}=b(\sin\theta+\cos\theta)=2\sqrt{3}\times\dfrac{\sqrt{6}}{2}=3\sqrt{2}$이므로

$a=-6\sqrt{2}$

$\therefore a^2+b^2=(-6\sqrt{2})^2+(2\sqrt{3})^2=72+12=84$

답 ②

**123** $0<x<2$에서 $\sin(2\pi x)=0$을 만족하는 점의 좌표는

$\left(\dfrac{1}{2},0\right)$, $(1,0)$, $\left(\dfrac{3}{2},0\right)$

$0<x<2$에서 $k\cos(3\pi x)=0$을 만족하는 점의 좌표는

$\left(\dfrac{1}{6},0\right)$, $\left(\dfrac{1}{2},0\right)$, $\left(\dfrac{5}{6},0\right)$, $\left(\dfrac{7}{6},0\right)$, $\left(\dfrac{3}{2},0\right)$, $\left(\dfrac{11}{6},0\right)$

이 중에서 $\left(\dfrac{1}{2},0\right)$과 $\left(\dfrac{3}{2},0\right)$은 겹쳐지므로 $P_n$의 개수는

$3+6-2=7$(개)　　$\therefore n=7$

$1\le m_1<m_2$이고 $P_{m_1}$, $P_{m_2}$와 $y=k\cos(3\pi x)$ 위의 점 Q로 삼각형을 만들 때, $\overline{P_{m_1}P_{m_2}}$는 밑변, 점 Q의 $y$좌표의 값이 높이가 된다.

즉, 밑변의 길이와 높이가 모두 최대일 때 삼각형의 넓이가 최대이다.

$\overline{P_{m_1}P_{m_2}}$가 최대일 때는 $\overline{P_1P_7}=\dfrac{11}{6}-\dfrac{1}{6}=\dfrac{5}{3}$

점 Q의 $y$좌표의 값이 최대일 때는 $y=k\cos(3\pi x)$가 최댓값을 가질 때이므로 $0\le k\cos(3\pi x)\le k$

$\dfrac{1}{2}\times\dfrac{5}{3}\times k=5$에서 $k=6$

$\therefore n+k=7+6=13$

답 13

**124** △OAC와 △HAB가 닮음이고, 두 삼각형의 넓이의 비가 △OAC : △HAB$=4\sqrt{2}:9\sqrt{2}=4:9$이므로

$\overline{AO}:\overline{AH}=\sqrt{4}:\sqrt{9}=2:3$

즉, $2\overline{AH}=3\overline{AO}$에서 $\overline{AO}=\dfrac{\pi}{2a}$이므로

$\overline{AH}=\dfrac{3}{2}\times\dfrac{\pi}{2a}=\dfrac{3\pi}{4a}$

점 B의 $x$좌표는 $\dfrac{\pi}{2a}+\dfrac{3\pi}{4a}=\dfrac{5\pi}{4a}$,

$y$좌표는 $\cos\left(\dfrac{5}{4}\pi\right)=-\dfrac{\sqrt{2}}{2}$이므로

△HAB의 넓이는

$\dfrac{1}{2}\times\overline{AH}\times\overline{BH}=\dfrac{1}{2}\times\dfrac{3\pi}{4a}\times\dfrac{\sqrt{2}}{2}=\dfrac{3\sqrt{2}\pi}{16a}=9\sqrt{2}$에서

$16a=\dfrac{3\sqrt{2}}{9\sqrt{2}}\pi=\dfrac{\pi}{3}$

$\therefore a=\dfrac{\pi}{48}$

답 ④

**125** $f(\theta)=\sin^2\theta-2a^2\sin\theta+3=(\sin\theta-a^2)^2-a^4+3$

이고,

$0\le\theta<2\pi$에서 $-1\le\sin\theta\le1$이므로

$f(\theta)$의 최댓값은 $\sin\theta=-1$일 때

$(-1-a^2)^2-a^4+3=4+2a^2=10$에서 $a^2=3$

이때 $\sin a = -1$에서 $a = \dfrac{3}{2}\pi$

$\therefore a^4 \times a = 3^2 \times \dfrac{3}{2}\pi = \dfrac{27}{2}\pi$　　　　답 ⑤

**126** $f(x) = (x-a)^2 + 3$이고, $g(x) = t$로 놓으면
$-b \le t \le b$

이때 $(f \circ g)(x) = f(t)$이므로 $f(t)$는 정의역이
$\{t \mid -b \le t \le b\}$인 이차함수로 생각할 수 있다.

(i) $b \le a$일 때

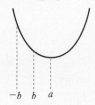

$f(-b) = 12$, $f(b) = 3$이어야 하므로
$(-b-a)^2 + 3 = 12$, $(b-a)^2 + 3 = 3$

$\therefore a = b = \dfrac{3}{2}$

(ii) $-b \le a < b$일 때

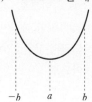

$a > 0$이므로 최댓값은 $f(-b)$이고 최솟값은 $f(a)$이다.
즉, $(-b-a)^2 + 3 = 12$이므로 $a + b = 3$

$\therefore 0 < a \le \dfrac{3}{2}$

(i), (ii)에서 $a$의 값의 범위는 $0 < a \le \dfrac{3}{2}$이므로

$a$의 최댓값은 $\dfrac{3}{2}$이다.　　　　답 $\dfrac{3}{2}$

**127** $\dfrac{\pi}{\frac{\pi}{a}} = a$이므로 $f(x)$의 주기는 $a$이다.

직선 AB의 경우, $\angle BAD = \dfrac{\pi}{3}$이므로 기울기는 $\sqrt{3}$이

고 점 C$(0, b)$를 지나므로 $y = \sqrt{3}x + b$로 쓸 수 있다.
점 B를 $(t, \sqrt{3}t + b)$로 놓으면 점 A는 점 C에 대하여
대칭이므로 A$(-t, -\sqrt{3}t + b)$이고,
점 A는 $x$축 위에 있으므로 $-\sqrt{3}t + b = 0$, $b = \sqrt{3}t$

또, $\overline{AB} = 4t$이므로 $16t^2 \times \dfrac{\sqrt{3}}{4} = \dfrac{16\sqrt{3}}{9}$, $t = \dfrac{2}{3}$ $(t > 0)$

즉, $\triangle ABD$의 한 변의 길이는 $\dfrac{8}{3}$이다.

---

이때 $f(x)$의 주기가 $a$이므로 $\overline{AD} = a = \dfrac{8}{3}$

또한, $t = \dfrac{2}{3}$이므로 $b = \dfrac{2\sqrt{3}}{3}$

따라서 $f(x) = \tan \dfrac{3\pi}{8}x + \dfrac{2\sqrt{3}}{3}$이므로

$f\left(\dfrac{4}{9}\right) = \tan \dfrac{3\pi}{8} \times \dfrac{4}{9} + \dfrac{2\sqrt{3}}{3} = \sqrt{3}$　　　　답 ③

**128** $\cos^2 x = 1 - \sin^2 x$,

$\cos\left(x - \dfrac{\pi}{2}\right) = \cos\left(\dfrac{\pi}{2} - x\right) = \sin x$이므로

$f(x) = (1 - \sin^2 x)\sin x + \sin^3 x - \dfrac{3}{2}\sin x$

$\qquad = -\dfrac{1}{2}\sin x$

즉, $\{f(x)\}^2 - f(x) + 1 = \dfrac{1}{4}\sin^2 x + \dfrac{1}{2}\sin x + 1$

$\qquad\qquad\qquad\qquad = \dfrac{1}{4}(\sin x + 1)^2 + \dfrac{3}{4}$

(i) $n = 1$일 때

$-\dfrac{\pi}{6} \le x \le \dfrac{\pi}{6}$이므로 $-\dfrac{1}{2} \le \sin x \le \dfrac{1}{2}$

$M(n) = \dfrac{1}{4}\left(\dfrac{1}{2} + 1\right)^2 + \dfrac{3}{4} = \dfrac{21}{16}$,

$m(n) = \dfrac{1}{4}\left(-\dfrac{1}{2} + 1\right)^2 + \dfrac{3}{4} = \dfrac{13}{16}$

(ii) $n = 2$일 때

$-\dfrac{\pi}{3} \le x \le \dfrac{\pi}{3}$이므로 $-\dfrac{\sqrt{3}}{2} \le \sin x \le \dfrac{\sqrt{3}}{2}$

$M(n) = \dfrac{1}{4}\left(\dfrac{\sqrt{3}}{2} + 1\right)^2 + \dfrac{3}{4} = \dfrac{19 + 4\sqrt{3}}{16}$,

$m(n) = \dfrac{1}{4}\left(\dfrac{\sqrt{3}}{2} - 1\right)^2 + \dfrac{3}{4} = \dfrac{19 - 4\sqrt{3}}{16}$

(iii) $n \ge 3$일 때

$-\dfrac{n\pi}{6} \le -\dfrac{\pi}{2} \le x \le \dfrac{\pi}{2} \le \dfrac{n\pi}{6}$이므로

$-1 \le \sin x \le 1$

$M(n) = \dfrac{1}{4}(1 + 1)^2 + \dfrac{3}{4} = \dfrac{7}{4}$,

$m(n) = \dfrac{1}{4}(-1 + 1)^2 + \dfrac{3}{4} = \dfrac{3}{4}$

(i), (ii), (iii)에서 $M(n)$은 $\dfrac{21}{16}$, $\dfrac{19 + 4\sqrt{3}}{16}$, $\dfrac{7}{4}$이고,

$m(n)$은 $\dfrac{13}{16}$, $\dfrac{19 - 4\sqrt{3}}{16}$, $\dfrac{3}{4}$이다.

답 $M(n)$: $\dfrac{21}{16}$, $\dfrac{19 + 4\sqrt{3}}{16}$, $\dfrac{7}{4}$

$m(n)$: $\dfrac{13}{16}$, $\dfrac{19 - 4\sqrt{3}}{16}$, $\dfrac{3}{4}$

**129** $\sin^2 x = 1 - \cos^2 x$, $\sin\left(\dfrac{\pi}{2}+x\right) = \cos x$이므로

$$f(x) = 1 - \cos^2 x + \cos x - 4\cos x + 2\cos^2 x$$
$$= \cos^2 x - 3\cos x + 1$$
$$= \left(\cos x - \dfrac{3}{2}\right)^2 - \dfrac{5}{4}$$

$af(x)$는 $x=0$, 즉 $\cos x = 1$일 때, 최솟값을 가지므로

$af(0) = a\left\{\left(1-\dfrac{3}{2}\right)^2 - \dfrac{5}{4}\right\} = -a = -3$에서 $a=3$

$0 \le x \le k$에서 $\cos x$의 최솟값을 $t$라 하면
$-1 < t < 1$

$af(x)$의 최댓값이 $\dfrac{33}{4}$이므로

$a\left\{\left(t-\dfrac{3}{2}\right)^2 - \dfrac{5}{4}\right\} = 3\left\{\left(t-\dfrac{3}{2}\right)^2 - \dfrac{5}{4}\right\} = \dfrac{33}{4}$에서

$\left(t-\dfrac{3}{2}\right)^2 - \dfrac{5}{4} = \dfrac{11}{4}$, $\left(t-\dfrac{3}{2}\right)^2 = 4$

$\therefore t = -\dfrac{1}{2}$

즉, $\cos x$의 최솟값은 $-\dfrac{1}{2}$이고, $k = \dfrac{2}{3}\pi$이다.

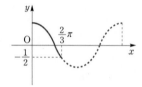

따라서 $p=3$, $q=2$이고 $p+q=5$ **답 ③**

**130** ㄱ. $0 \le x \le 1$에서 $k=1$이면
$1 - 2\cos(2\pi x) = 1$, $\cos(2\pi x) = 0$

$\therefore x = \dfrac{1}{4}$ 또는 $x = \dfrac{3}{4}$

즉, 점 A의 $x$좌표는 $\dfrac{1}{4}$, 점 B의 $x$좌표는 $\dfrac{3}{4}$이므로

두 점 A와 B의 $x$좌표의 차는 $\dfrac{1}{2}$이다. (거짓)

ㄴ. ㄱ에서 $x_1 = 1 - x_2$이므로 $x_1 + x_2 = 1$이다. (거짓)

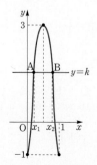

ㄷ. 점 A의 좌표를 $(t, k)$라 하면 직선 OA의 기울기가 직선 OB의 기울기의 2배이므로 점 B의 좌표는 $(2t, k)$이다.

이때 ㄴ에서 점 A와 점 B의 $x$좌표의 합이 1이므로
$t + 2t = 1$, $t = \dfrac{1}{3}$

즉, $1 - 2\cos\left(2\pi \times \dfrac{1}{3}\right) = k$에서 $1 - 2 \times \left(-\dfrac{1}{2}\right) = k$

$\therefore k = 2$ (참)

따라서 옳은 것은 ㄷ이다. **답 ②**

**131** ㄱ. $\{f(x)\}^2 = 2 + 2\sqrt{1 - \sin^2 x}$
$= 2 + 2\sqrt{\cos^2 x}$
$= 2 + 2|\cos x|$

$0 \le |\cos x| \le 1$이므로 $\{f(x)\}^2$의 최댓값은 $|\cos x| = 1$일 때 $2+2=4$이다. (참)

ㄴ. $f(x) = \sqrt{1+\sin x} + \sqrt{1-\sin x}$에서
$\sqrt{1+\sin x} \ge 0$, $\sqrt{1-\sin x} \ge 0$이므로
$f(x) \ge 0$이다.
즉, $\{f(x)\}^2$이 최소이면 $f(x)$도 최소이고, $\{f(x)\}^2$이 최대이면 $f(x)$도 최대이다.

ㄱ에서 $\{f(x)\}^2 = 2 + 2|\cos x|$이므로
$\{f(x)\}^2$의 최솟값은 $\cos x = 0$일 때 2이고, 그때 $f(x)$도 최소이므로 $f(x)$의 최솟값은 $\sqrt{2}$이다. (참)

ㄷ. ㄱ, ㄴ에서 $\sqrt{2} \le f(x) \le 2$이므로

$\{f(x)\}^2 - 3f(x) = \left\{f(x) - \dfrac{3}{2}\right\}^2 - \dfrac{9}{4}$

즉, 최댓값은 $f(x) = 2$일 때 $\left(\dfrac{1}{2}\right)^2 - \dfrac{9}{4} = -2$,

최솟값은 $f(x) = \dfrac{3}{2}$일 때 $-\dfrac{9}{4}$이므로

최댓값과 최솟값의 차는 $-2 + \dfrac{9}{4} = \dfrac{1}{4}$ (참)

따라서 옳은 것은 ㄱ, ㄴ, ㄷ이다. **답 ⑤**

**132** $2\sin(\pi x) - 1 = 0$에서 $\sin(\pi x) = \dfrac{1}{2}$이므로

$x = \dfrac{1}{6}, \dfrac{5}{6}, \dfrac{13}{6}, \cdots$

점 A, B, C의 좌표는 각각 $A\left(\dfrac{1}{6}, 0\right)$, $B\left(\dfrac{5}{6}, 0\right)$,

$C\left(\dfrac{13}{6}, 0\right)$이고, $-1 \le \sin(\pi x) \le 1$이므로

$-3a \le a\{2\sin(\pi x) - 1\} \le a$

점 D, E의 좌표는 각각 $D\left(\dfrac{1}{2}, a\right)$, $E\left(\dfrac{3}{2}, -3a\right)$이다.

이때 $\triangle ABD = \dfrac{1}{2} \times \left(\dfrac{5}{6} - \dfrac{1}{6}\right) \times a = \dfrac{1}{3}a = 2$이므로

$a = 6$

따라서 △BEC의 넓이는

$\frac{1}{2} \times \left(\frac{13}{6} - \frac{5}{6}\right) \times |-3a| = \frac{1}{2} \times \frac{4}{3} \times 18 = 12$  📝 12

**133** $f(x) - k = t$로 놓으면

$-1 \leq f(x) \leq 1$이므로 $-1-k \leq t \leq 1-k$

$g\{f(x) - k\} = g(t) = \frac{5t+3}{2t-1}$

이때 $y = g(t)$가 최댓값과 최솟값을 모두 가져야 하므로

$2t - 1 \neq 0$, 즉 $t \neq \frac{1}{2}$

따라서 $\frac{1}{2} < -1-k \leq t \leq 1-k$ 또는

$-1-k \leq t \leq 1-k < \frac{1}{2}$이므로 $k < -\frac{3}{2}$ 또는 $k > \frac{1}{2}$이다.

📝 $k < -\frac{3}{2}$ 또는 $k > \frac{1}{2}$

**134** $f(1) = \sin(a\pi) + \cos\left(\frac{\pi}{3} + b\pi\right) = 2$에서

$-1 \leq \sin(a\pi) \leq 1$, $-1 \leq \cos\left(\frac{\pi}{3} + b\pi\right) \leq 1$이므로

$\sin(a\pi) = 1$, $\cos\left(\frac{\pi}{3} + b\pi\right) = 1$이어야 한다.

즉, $a = 2n + \frac{1}{2}$ $(n = 0, 1, 2, \cdots)$,

$b = 2m - \frac{1}{3}$ $(m = 1, 2, \cdots)$ 꼴이 된다.

따라서

$f(x) = \sin\left\{\left(2n\pi + \frac{\pi}{2}\right)x\right\} + \cos\left\{\frac{\pi}{3} + \left(2m - \frac{1}{3}\right)\pi x\right\}$

이므로

$f(5) = \sin\left(10n\pi + \frac{5}{2}\pi\right) + \cos\left(\frac{\pi}{3} + 10m\pi - \frac{5}{3}\pi\right)$

$= \sin\left(\frac{5}{2}\pi\right) + \cos\left(-\frac{4}{3}\pi\right)$

$= \sin\frac{\pi}{2} + \cos\frac{2}{3}\pi$

$= 1 - \frac{1}{2} = \frac{1}{2}$  📝 $\frac{1}{2}$

**135** 점 A, B, C, D의 좌표를 각각

$A(\alpha, 2\sqrt{3})$, $B(\alpha + \pi, 2\sqrt{3})$, $C(\beta, 0)$, $D(\beta + \pi, 0)$

이라 하자.

$\overline{AE} = \alpha$, $\overline{CO} = \beta$, $\overline{DO} = \beta + \pi$이므로

$\frac{\overline{CO} - \overline{AE}}{\overline{DO} - \frac{3}{2}\pi} = 2$에 대입하여 정리하면 $\beta = \pi - \alpha$

점 A와 C를 대입하면

$f(\alpha) = a\tan\alpha + b = 2\sqrt{3}$  ···㉠

$f(\beta) = a\tan\beta + b = 0$  ···㉡

$\beta = \pi - \alpha$를 ㉡에 대입하여 정리하면

$a\tan\alpha = b$  ···㉢

㉢을 ㉠에 대입하여 정리하면

$b = \sqrt{3}$이고 $a\tan\alpha = \sqrt{3}$

또, $\overline{AC} = \sqrt{(\pi - 2\alpha)^2 + 12} = \frac{2\sqrt{27 + \pi^2}}{3}$에서

$(\pi - 2\alpha)^2 + 12 = \frac{4}{9}(27 + \pi^2)$, $(\pi - 2\alpha)^2 = \left(\frac{2}{3}\pi\right)^2$

$\pi - 2\alpha = \frac{2}{3}\pi$ 또는 $\pi - 2\alpha = -\frac{2\pi}{3}$

$\therefore \alpha = \frac{\pi}{6}$ 또는 $\alpha = \frac{5}{6}\pi$

이때 $0 < \alpha < \frac{\pi}{2}$이므로 $\alpha = \frac{\pi}{6}$이고

$a\tan\frac{\pi}{6} + \sqrt{3} = 2\sqrt{3}$이므로 $a = 3$

따라서 $f(x) = 3\tan x + \sqrt{3}$이므로

$f\left(\frac{\pi}{3}\right) = 4\sqrt{3}$  📝 ④

**136** $0 \leq x \leq 2\pi$에서 $f(x)$의 그래프의 개형은 다음과 같다.

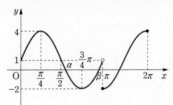

그래프가 $x$축과 만나는 교점을 각각 $\alpha$, $\beta$라 하면

$\alpha + \beta = \frac{3}{2}\pi$

조건 ㈎에서 $\pi \leq x \leq 2\pi$일 때 $f(x) = 0$을 만족시키는

모든 실근의 합은 $\frac{17}{6}\pi - \frac{3}{2}\pi = \frac{4}{3}\pi$

한편, $\pi \leq x \leq 2\pi$에서 $f(x)$의 그래프는 일대일대응이므로

$f(x) = 0$을 만족시키는 $x$의 값은 $\frac{4}{3}\pi$이다.

즉, $m\cos\frac{4}{3}\pi + n = 0$에서 $\cos\frac{4}{3}\pi = -\frac{n}{m}$,

$2n = m$을 만족하고, 조건 ㈏에서 $-m + n \geq -2$이어야 하므로

$-2n + n \geq -2$, 즉 $n \leq 2$이다.

따라서 $n = 2$일 때 $f(x)$는 최댓값을 갖고

$f(x) \leq m + n \leq 4 + 2 = 6$이므로 $f(x)$의 최대값은 6이다.  📝 ③

**137** $x$에 대하여 내림차순으로 정리하면

$(1 + \cos\alpha)x^2 + 2(1 + \sin\alpha)x + (1 + \cos\alpha) = 0$

(ⅰ) $1 + \cos\alpha = 0$이면 $1 + \sin\alpha \neq 0$이므로 $x = 0$

즉, $\alpha=\pi$일 때 실근을 갖는다.

(ii) $1+\cos\alpha\neq0$일 때 이차방정식의 판별식을 $D$라 하면

$$\frac{D}{4}=(1+\sin\alpha)^2-(1+\cos\alpha)^2\geq0$$

$$(\sin^2\alpha-\cos^2\alpha)+2(\sin\alpha-\cos\alpha)\geq0$$

$$(\sin\alpha+\cos\alpha+2)(\sin\alpha-\cos\alpha)\geq0$$

이때 $0\leq\alpha<2\pi$에서 $\sin\alpha\geq-1$, $\cos\alpha>-1$

이므로 $\sin\alpha+\cos\alpha+2>0$, 즉 $\sin\alpha-\cos\alpha\geq0$

$$\therefore \frac{\pi}{4}\leq\alpha\leq\frac{5}{4}\pi\ (\alpha\neq\pi)$$

(i), (ii)에 의하여 최솟값은 $\frac{\pi}{4}$이다. 　　　답 $\frac{\pi}{4}$

**138** $-1\leq\sin\left(\dfrac{x}{n^2}\right)\leq1$이므로

$$-|a|+b\leq a\sin\left(\frac{x}{n^2}\right)+b\leq|a|+b$$

즉, 조건 (가)에서 $\begin{cases}-|a|+b=-1\\|a|+b=3\end{cases}$

연립방정식을 풀면 $b=1$, $|a|=2$

또, 조건 (나)에서 $f(x+16\pi)=f(x)$이므로

$$a\sin\left(\frac{x}{n^2}+\frac{16}{n^2}\pi\right)+b=a\sin\left(\frac{x}{n^2}\right)+b,$$

$$\sin\left(\frac{x}{n^2}+\frac{16}{n^2}\pi\right)=\sin\left(\frac{x}{n^2}\right)$$

따라서 $\dfrac{16}{n^2}\pi=2k\pi$ ($k$는 자연수) 꼴이므로 이를

만족시키는 $n$의 값은 1, 2이다.

(i) $n=1$일 때, $f(\pi)=\pm2\sin\pi+1=1$

(ii) $n=2$일 때, $f(\pi)=\pm2\sin\dfrac{\pi}{4}+1=\pm\sqrt{2}+1$

(i), (ii)에서 $f(\pi)$의 값의 합은

$1+(-\sqrt{2}+1)+(\sqrt{2}+1)=3$ 　　　답 3

**139** $\sin^2\theta+\cos^2\theta=1$이므로 $\cos^2\theta=1-\sin^2\theta$를 대입하면

$2(1-\sin^2\theta)\sin\theta-9\sin^2\theta-14\sin\theta=4$

$-2\sin^3\theta-9\sin^2\theta-12\sin\theta=4$

$2\sin^3\theta+9\sin^2\theta+12\sin\theta+4=0$

$(\sin\theta+2)^2(2\sin\theta+1)=0$

이때 $\dfrac{\pi}{2}<\theta<\dfrac{7}{2}\pi$에서 $-1\leq\sin\theta\leq1$이므로

$\sin\theta=-\dfrac{1}{2}$이고,

$\theta_1=\dfrac{7}{6}\pi$, $\theta_2=\dfrac{11}{6}\pi$, $\theta_3=\theta_n=\dfrac{19}{6}\pi$

$$\therefore \tan(\theta_1+\theta_n)=\tan\left(\frac{7}{6}\pi+\frac{19}{6}\pi\right)$$

$$=\tan\left(\frac{13}{3}\pi\right)$$

$$=\tan\left(\frac{\pi}{3}\right)=\sqrt{3}$$

따라서 $n=3$, $M=\sqrt{3}$이고,

$n\times M^2=3\times(\sqrt{3})^2=9$ 　　　답 9

**140** $(1+\sin\theta)(1-\sin\theta)\tan^4\theta=2$에서

$(1-\sin^2\theta)(\tan^4\theta)=2$, $\cos^2\theta\,\tan^4\theta=2$

한편, $\tan^2\theta=\dfrac{1}{\cos^2\theta}-1=\dfrac{1-\cos^2\theta}{\cos^2\theta}$이므로

$$\cos^2\theta\left(\frac{1-\cos^2\theta}{\cos^2\theta}\right)^2=2$$

이때 $\cos^2\theta=X$로 놓으면

$$X\left(\frac{1-X}{X}\right)^2=2,\ X^2-4X+1=0$$

$$X=2-\sqrt{3}\ (0\leq X\leq1)$$

또, $2-\sqrt{3}=a$라 하면 $\cos\theta=\sqrt{a}$, $\cos\theta=-\sqrt{a}$를 만

족시키는 $\theta$의 값의 합을 구하는 것과 같으므로

$B_1+B_2+B_3+B_4=4\pi$

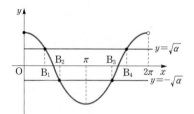

　　　답 $4\pi$

**141** $f(x)=x^2-x\cos\theta+\dfrac{1}{2}\sin^3\theta-\dfrac{1}{2}\sin\theta$라 하면

$$f(x)=\left(x-\frac{1}{2}\cos\theta\right)^2-\frac{1}{4}\cos^2\theta+\frac{1}{2}\sin^3\theta-\frac{1}{2}\sin\theta$$

$$=\left(x-\frac{1}{2}\cos\theta\right)^2-\frac{1}{4}(1-\sin^2\theta)+\frac{1}{2}\sin^3\theta$$

$$-\frac{1}{2}\sin\theta$$

$$=\left(x-\frac{1}{2}\cos\theta\right)^2$$

$$+\frac{1}{4}(2\sin^3\theta+\sin^2\theta-2\sin\theta-1)$$

이므로 $f(x)$의 최솟값은

$\dfrac{1}{4}(2\sin^3\theta+\sin^2\theta-2\sin\theta-1)$이다. 이때

$$\frac{1}{4}(2\sin^3\theta+\sin^2\theta-2\sin\theta-1)$$

$$=\frac{1}{4}(2\sin\theta+1)(\sin\theta+1)(\sin\theta-1)\geq0$$

(i) $\theta=\dfrac{3}{2}\pi$일 때, $\sin\theta+1=0$

(ii) $\theta \neq \dfrac{3}{2}\pi$일 때, $\sin\theta+1>0$이므로

$\dfrac{1}{4}(2\sin\theta+1)(\sin\theta-1)\geq 0$

$\therefore \sin\theta\geq 1$ 또는 $-1<\sin\theta\leq-\dfrac{1}{2}$

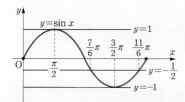

$y=\sin x$의 그래프에서 $\theta=\dfrac{\pi}{2}$ 또는 $\dfrac{7}{6}\pi\leq\theta<\dfrac{3}{2}\pi$

또는 $\dfrac{3}{2}\pi<\theta\leq\dfrac{11}{6}\pi$이다.

(i), (ii)에서 $\alpha=\dfrac{\pi}{2}$, $\beta=\dfrac{11}{6}\pi$이고,

$\cos^2\alpha-3\cos(\beta-\alpha)=\cos^2\dfrac{\pi}{2}-3\cos\left(\dfrac{4}{3}\pi\right)$

$=0-3\times\left(-\dfrac{1}{2}\right)=\dfrac{3}{2}$

답 $\dfrac{3}{2}$

| 본문 43p |

**STEP 3**　　142 14　　　143 320　　　144 19　　　145 21

**142** $0<\theta<\dfrac{5}{2}\pi$에서 $y=\sin\theta$의 그래프는 다음과 같다.

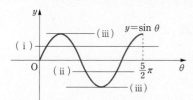

$1\leq n\leq 20$, $n\neq 10$인 자연수 $n$에 대하여 방정식

$\sin\theta=\dfrac{24}{n(n-10)}$의 실근의 개수 $f(n)$을 구하면

$f(n)$의 값은 $y=\sin\theta$의 그래프와 직선

$y=\dfrac{24}{n(n-10)}$의 교점의 개수와 같다.

(i) $0<\dfrac{24}{n(n-10)}<1$인 $n$에 대하여 $f(n)=3$

$0<\dfrac{24}{n(n-10)}$에서 $n(n-10)>0$, $n>10$

$\dfrac{24}{n(n-10)}<1$에서 $n^2-10n-24>0$,

$(n-12)(n+2)>0$, $n>12$

$\therefore n>12$

즉, $n=13,\ 14,\ \cdots,\ 20$

(ii) $-1<\dfrac{24}{n(n-10)}\leq 0$인 $n$에 대하여 $f(n)=2$

$\dfrac{24}{n(n-10)}<0$에서 $0<n<10$

$-1<\dfrac{24}{n(n-10)}$에서 $-n(n-10)>24$

$(n-4)(n-6)<0$, $n=5$

(iii) $\dfrac{24}{n(n-10)}=\pm 1$인 $n$에 대하여 $f(n)=1$

$\dfrac{24}{n(n-10)}=1$에서 $n=12$

$\dfrac{24}{n(n-10)}=-1$에서 $n=4,\ 6$

즉, $m=3$이고, $f(n)=y_1=1$인 $n$의 개수는 $n_1=3$

$f(n)=y_m=y_3$를 만족하는 $n$의 개수는 $n_2=8$이다.

따라서 $m+n_1+n_2=3+3+8=14$

답 14

**143** $X$는 자연수의 부분집합이고, $n(X)=4$이므로

$X=\{n_1,\ n_2,\ n_3,\ n_4\}$

$S_k$는 $X$의 원소 1개와 $\left|\sin\dfrac{24}{k}\pi\right|$를 더한 값을 원소로

갖는다.

$\alpha=\left|\sin\dfrac{24}{k}\pi\right|$라 하면

$S_k=\{n_1+\alpha,\ n_2+\alpha,\ n_3+\alpha,\ n_4+\alpha\}$이고,

$X\cup S_k=\{n_1,\ n_1+\alpha,\ n_2,\ n_2+\alpha,\ n_3,\ n_3+\alpha,\ n_4,\ n_4+\alpha\}$

한편, $n_1\neq n_2\neq n_3\neq n_4$이므로

$n_1+\alpha\neq n_2+\alpha\neq n_3+\alpha\neq n_4+\alpha$

$\alpha$가 정수가 아니면 $n(X\cup S_k)=8$이다.

이때 $n(X\cup S_k)$가 최소가 되려면 $X\cup S_k$는 최대한 같은 원소를 가져야하므로

$\alpha$는 정수이고, $\alpha=0$ 또는 $\alpha=1$이어야 한다.

$\alpha=0$이면 $S_k=X$이므로 모순이다. 따라서 $\alpha=1$

즉, $\alpha=\left|\sin\dfrac{24}{k}\pi\right|=1$인 $k$에 대하여

$\dfrac{24}{k}\pi=n\pi+\dfrac{\pi}{2}$ ($n$은 정수), $48=(2n+1)k$

이때 $n=0$이면 $k=48$이고,

$n>0$이면 $(2n+1)$은 홀수이고, $48=2^4\times 3$이므로

홀수 인수를 하나만 갖는다.

따라서 $n=1$이고, $k=16$인 경우이다.

즉, $k=16$인 경우에 $\alpha=1$

따라서 $m=5$이므로 $ma=16\times5=80$,
$ma=5\times48=240$

$\therefore 80+240=320$

답 320

**144** $f(x)=\begin{cases}|\sin x-t| & (x\geq0)\\ |-\sin x-t| & (x<0)\end{cases}$

$f(x)$의 그래프의 개형은 $y=\sin x\ (0\leq x<2\pi)$,
$y=-\sin x\ (-2\pi\leq x<0)$에서 정의된 함수와 $y=t$
아래에 있는 그래프를 위로 꺾어 올린 것과 같다.

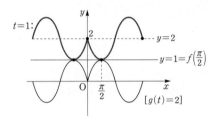

$t$의 값의 범위를 정하기 위하여 점 $(0, 0)$을 $y=t$에 대
하여 대칭이동한 점을 $(0, \alpha)$라 하자.

$\dfrac{\alpha}{2}=t$이므로 $\begin{cases}\alpha=2\\ 1<\alpha<2\\ \alpha=1\\ 0<\alpha<1\\ \alpha=0\end{cases}$ 인 경우로 각각을 나누어 $t$의

값의 범위를 구하면 다음 그림과 같다.

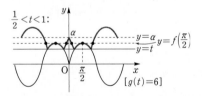

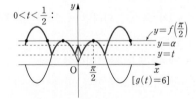

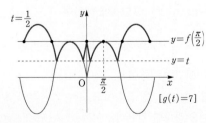

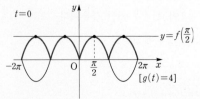

가능한 $g(t)$의 값은 2, 4, 6, 7이므로 그 합은
$2+4+6+7=19$

답 19

**145** $f(x)=(x-\cos\theta)^2-\cos^2\theta-\dfrac{1}{2}\sin^2\theta$

$\qquad=(x-\cos\theta)^2-\dfrac{1}{2}\cos^2\theta-\dfrac{1}{2}$

이고 $\cos\theta=t$라 하면 $\dfrac{\pi}{2}\leq\theta\leq\dfrac{3}{2}\pi$에서 $-1\leq t\leq0$

이때 $-\dfrac{1}{2}\leq x\leq\dfrac{1}{2}$이므로

$f(x)=(x-t)^2-\dfrac{1}{2}t^2-\dfrac{1}{2}$에서 $-\dfrac{1}{2}\leq t\leq0$

이차함수 $f(x)$는 $x=t$일 때 최솟값 $-\dfrac{1}{2}t^2-\dfrac{1}{2}$을 갖
는다.

$-1<t<-\dfrac{1}{2}$에서 이차함수 $f(x)$는 $x=-\dfrac{1}{2}$일 때

최솟값 $\left(-\dfrac{1}{2}-t\right)^2-\dfrac{1}{2}t^2-\dfrac{1}{2}$을 갖는다. 즉,

$g(\theta)$

$=\begin{cases}g_1(\theta)=\dfrac{1}{2}\cos^2\theta+\cos\theta-\dfrac{1}{4}\ \left(\dfrac{2}{3}\pi<\theta<\dfrac{4}{3}\pi\right)\\ g_2(\theta)=-\dfrac{1}{2}\cos^2\theta-\dfrac{1}{2}\\ \qquad\qquad\left(\dfrac{\pi}{2}\leq\theta\leq\dfrac{2}{3}\pi,\ \dfrac{4}{3}\pi\leq\theta\leq\dfrac{3}{2}\pi\right)\end{cases}$

따라서 $\alpha=\dfrac{2}{3}\pi$, $\beta=\dfrac{4}{3}\pi$, $g(\pi)=-\dfrac{3}{4}$,

$g\left(\dfrac{2}{3}\pi\right)=-\dfrac{5}{8}$이고,

$\alpha+\beta+g(\pi)+g\left(\dfrac{2}{3}\pi\right)=2\pi-\dfrac{11}{8}$이므로

$p+q+r=21$

답 21

# 04 삼각형에의 응용

| 본문 46~47p |

**STEP 1**

| | 146 ③ | 147 3 | 148 ④ | 149 ③ |
|---|---|---|---|---|
| 150 $-5$ | 151 ③ | 152 ③ | 153 $\dfrac{7\sqrt{7}}{16}$ | 154 $\dfrac{3\sqrt{62}}{8}$ |
| 155 ③ | 156 ① | 157 ⑤ | | |

**146** $\angle CBP = \dfrac{\pi}{6} + \theta$이고, $\angle BPC = \dfrac{\pi}{3}$이므로

$$\angle BCP = \pi - \left( \dfrac{\pi}{6} + \theta + \dfrac{\pi}{3} \right) = \dfrac{\pi}{2} - \theta$$

따라서 △PBC에서 사인법칙에 의하여

$$\dfrac{3}{\sin \dfrac{\pi}{3}} = \dfrac{\overline{PB}}{\sin \left( \dfrac{\pi}{2} - \theta \right)}, \ \overline{PB} = \dfrac{6}{\sqrt{3}} \times \cos \theta$$

이때 $\cos \theta = \sqrt{1 - \sin^2 \theta} = \sqrt{1 - \dfrac{29}{15^2}} = \dfrac{14}{15}$이므로

$$\overline{PB} = \dfrac{6}{\sqrt{3}} \times \dfrac{14}{15} = \dfrac{28\sqrt{3}}{15} \qquad \text{답 ③}$$

**147**

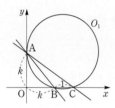

△AOC에서 피타고라스 정리에 의하여

$$\overline{AB} = \sqrt{k^2 + (k+1)^2}$$

△ABC의 외접원을 $O_1$이라 하고 $O_1$의 반지름의 길이를 $r$라 하면

사인법칙에 의하여 $\dfrac{\overline{AC}}{\sin (\angle ABC)} = \dfrac{\overline{BC}}{\sin \theta} = 2r$

이때 $\angle ABC = \dfrac{3}{4}\pi$이므로

$$\sqrt{k^2 + (k+1)^2} = \dfrac{\sqrt{2}}{2} \times 5\sqrt{2}, \ \sqrt{2k^2 + 2k + 1} = 5$$

$$k^2 + k - 12 = (k+4)(k-3) = 0 에서$$

$$k = -4 \ 또는 \ k = 3$$

$k > 0$이므로 $k = 3$ \qquad 답 3

**148** $\angle H_1 B H_2 = \alpha$라 하면 $\alpha = \pi - \theta$

$$\cos \alpha = \cos (\pi - \theta) = -\cos \theta = \dfrac{\sqrt{5}}{3},$$

$$\sin \alpha = \sqrt{1 - \cos^2 \alpha} = \dfrac{2}{3}$$

또, 점 O는 △ABC의 세 변의 수직이등분선의 교점이므로 외심이다.

이때 △ABC의 외접원의 반지름의 길이를 $R$라 하면

$\overline{OA} = \overline{OB} = \overline{OC} = R$이고, 사인법칙에 의하여

$$\dfrac{\overline{AC}}{\sin \alpha} = 2R, \ \dfrac{\dfrac{4}{2}}{\dfrac{4}{3}} = 2R$$

$\therefore R = \overline{OA} = 3$ \qquad 답 ④

**149**

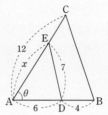

$\overline{AE} = x$, $\angle BAC = \theta$라 하면

△ADE에서 코사인법칙에 의하여

$$7^2 = x^2 + 6^2 - 2 \times x \times 6 \times \cos \theta$$

$$49 = x^2 + 36 - \dfrac{12}{5}x, \ 5x^2 - 12x - 65 = 0$$

$$(5x + 13)(x - 5) = 0 에서 x = 5 \ (x > 0)$$

또, △ABE에서 코사인법칙에 의하여

$$\overline{BE}^2 = x^2 + 10^2 - 2 \times x \times 10 \times \cos \theta$$

$$= 5^2 + 10^2 - 2 \times 5 \times 10 \times \dfrac{1}{5}$$

$$= 25 + 100 - 20 = 105 \qquad \text{답 ③}$$

**150** $\angle AEF = \theta$라 하면 $\alpha + \beta + \theta = \pi$이므로

$$\cos (\alpha + \beta) = \cos (\pi - \theta) = -\cos \theta$$

△ABE, △ECF, △ADF에서 각각 피타고라스 정리에 의하여

$$\overline{AE} = \sqrt{4^2 + 1^2} = \sqrt{17}, \ \overline{EF} = \sqrt{3^2 + 2^2} = \sqrt{13}$$

$$\overline{AF} = \sqrt{4^2 + 2^2} = \sqrt{20}$$

△AEF에서 코사인법칙에 의하여

$$\cos \theta = \dfrac{\overline{AE}^2 + \overline{EF}^2 - \overline{AF}^2}{2 \times \overline{AE} \times \overline{EF}}$$

$$= \dfrac{17 + 13 - 20}{2 \times \sqrt{17} \times \sqrt{13}}$$

$$= \dfrac{5}{\sqrt{17} \times \sqrt{13}}$$

$\therefore \overline{AE} \times \overline{EF} \times \cos (\alpha + \beta)$

$$= \sqrt{17} \times \sqrt{13} \times \left( -\dfrac{5}{\sqrt{17} \times \sqrt{13}} \right) = -5 \qquad \text{답} -5$$

**151**

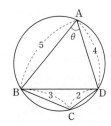

사각형 ABCD가 원에 내접하므로 마주보는 각의 합은 항상 $\pi$이다. 즉, $\angle BAD = \theta$라 하면 $\angle BCD = \pi - \theta$

$\triangle ABD$에서 코사인법칙에 의하여

$\overline{BD}^2 = 5^2 + 4^2 - 2 \times 5 \times 4 \times \cos\theta = 41 - 40\cos\theta$

$\triangle BCD$에서 코사인법칙에 의하여

$\overline{BD}^2 = 3^2 + 2^2 - 2 \times 3 \times 2 \times \cos(\pi - \theta) = 13 + 12\cos\theta$

$41 - 40\cos\theta = 13 + 12\cos\theta$에서 $52\cos\theta = 28$

$\cos\theta = \dfrac{7}{13}$

$\therefore \overline{BD}^2 = 41 - 40 \times \dfrac{7}{13} = \dfrac{253}{13}$ 　　　　📋 ③

**152**　$\overline{AC}$의 길이를 $l$이라 하면

$\triangle ABC$에서 코사인법칙에 의하여

$\cos\theta = \dfrac{2^2 + 5^2 - l^2}{2 \times 2 \times 5} = \dfrac{29 - l^2}{20}$

또, $\overline{AD} = x$라 하면

$\triangle ABD$의 외접원의 반지름의 길이가 4이므로

사인법칙에 의하여 $\sin\theta = \dfrac{x}{8}$

$\angle ACD = \alpha$라 하면

$\triangle ADC$의 외접원의 반지름의 길이가 8이므로

사인법칙에 의하여 $\sin\alpha = \dfrac{x}{16}$

$\triangle ABD$와 $\triangle ADC$에서

$\sin\alpha : \sin\theta = \dfrac{x}{16} : \dfrac{x}{8} = 1 : 2 = 2 : l$이므로 $l = 4$

$\therefore \cos\theta = \dfrac{29 - 4^2}{20} = \dfrac{13}{20}$ 　　　　📋 ③

**153**

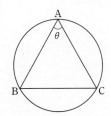

$\angle BAC = \theta$라 하면 $\sin\theta = \dfrac{\sqrt{7}}{4}$이므로

$\cos\theta = \sqrt{1 - \sin^2\theta} = \dfrac{3}{4}$

또, 사인법칙에 의하여 $\sin\theta = \dfrac{\overline{BC}}{2R}$에서

$\dfrac{\sqrt{7}}{4} = \dfrac{\overline{BC}}{2}$, $\overline{BC} = \dfrac{\sqrt{7}}{2}$

$\overline{AB} = \overline{AC} = x$라 하면 코사인법칙에 의하여

$\left(\dfrac{\sqrt{7}}{2}\right)^2 = x^2 + x^2 - 2 \times x \times x \times \cos\theta$

$\dfrac{7}{4} = 2x^2 - \dfrac{3}{2}x^2 = \dfrac{1}{2}x^2$, $x = \sqrt{\dfrac{7}{2}}$

따라서 삼각형 ABC의 넓이는

$\dfrac{1}{2} \times \left(\sqrt{\dfrac{7}{2}}\right) \times \left(\sqrt{\dfrac{7}{2}}\right) \times \dfrac{\sqrt{7}}{4} = \dfrac{7\sqrt{7}}{16}$

　　　　📋 $\dfrac{7\sqrt{7}}{16}$

**154**

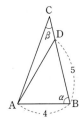

$\angle ABC = \alpha$, $\angle ACB = \beta$라 하면

$\cos\alpha = \dfrac{1}{4}$, $\cos\beta = \dfrac{1}{3}$

$\triangle ABD$에서 코사인법칙에 의하여

$\overline{AD}^2 = 4^2 + 5^2 - 2 \times 4 \times 5 \times \cos\alpha$

$\qquad = 16 + 25 - 10 = 31$

$\overline{AD} = \sqrt{31}$

$\triangle ACD$의 외접원의 반지름의 길이를 $r$라 하면

사인법칙에 의하여 $2r = \dfrac{\overline{AD}}{\sin\beta}$

이때 $\cos\beta = \dfrac{1}{3}$이므로

$\sin\beta = \sqrt{1 - \left(\dfrac{1}{3}\right)^2} = \dfrac{2\sqrt{2}}{3}$ $(0 < \beta < \pi)$

$\therefore r = \dfrac{\overline{AD}}{2\sin\beta} = \dfrac{\sqrt{31}}{2 \times \dfrac{2\sqrt{2}}{3}} = \dfrac{3\sqrt{62}}{8}$

　　　　📋 $\dfrac{3\sqrt{62}}{8}$

**155**　$\triangle ABC$에서 코사인법칙에 의하여

$\overline{BC}^2 = 4^2 + 5^2 - 2 \times 4 \times 5 \times \dfrac{1}{8} = 36$, $\overline{BC} = 6$

또, $\sin A = \sqrt{1 - \left(\dfrac{1}{8}\right)^2} = \dfrac{3\sqrt{7}}{8}$

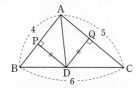

점 D에서 $\overline{AB}$에 내린 수선의 발을 P, $\overline{AC}$에 내린 수선의 발을 Q, $\overline{DP}=x$라 하면

$\triangle ABC=\triangle ABD+\triangle ACD$이므로

$\dfrac{1}{2}\times4\times5\times\dfrac{3\sqrt{7}}{8}=\dfrac{1}{2}\times4\times x+\dfrac{1}{2}\times5\times x$

$9x=\dfrac{15\sqrt{7}}{2}$, $x=\dfrac{5\sqrt{7}}{6}$

이때 $\triangle ABD$와 $\triangle ACD$에서 $\overline{AB}:\overline{AC}=4:5$이므로

$\overline{BD}:\overline{CD}=4:5$, 즉 $\overline{BD}=6\times\dfrac{4}{9}=\dfrac{8}{3}$

$\triangle DBP$에서 피타고라스 정리에 의하여

$\overline{BP}=\sqrt{\left(\dfrac{8}{3}\right)^2-\left(\dfrac{5\sqrt{7}}{6}\right)^2}=\dfrac{3}{2}$, $\overline{AP}=4-\dfrac{3}{2}=\dfrac{5}{2}$

$\triangle APD$에서 피타고라스 정리에 의하여

$\overline{AD}=\sqrt{\left(\dfrac{5}{2}\right)^2+\left(\dfrac{5\sqrt{7}}{6}\right)^2}=\dfrac{10}{3}$

답 ③

**156** $\triangle ABC$의 외접원의 반지름의 길이를 $R$라 하면

사인법칙에 의하여 $\sin A=\dfrac{a}{2R}$, $\sin B=\dfrac{b}{2R}$,

$\sin C=\dfrac{c}{2R}$이고,

코사인법칙에 의하여 $\cos C=\dfrac{a^2+b^2-c^2}{2ab}$이다.

또, $A+B+C=\pi$이므로

$\sin(A+B)=\sin(\pi-C)=\sin C$

즉, $1+\dfrac{\dfrac{b}{2R}}{\dfrac{a}{2R}}-\dfrac{\dfrac{c}{2R}}{\dfrac{a}{2R}}=2\times\dfrac{a^2+b^2-c^2}{2ab}$이고

$b(a+b-c)=a^2+b^2-c^2$, $ab-bc=a^2-c^2$

$(a-c)(a+c-b)=0$

이때 $a+c-b\neq0$이므로 $a=c$

따라서 $\triangle ABC$는 $a=c$인 이등변삼각형이다.

답 ①

**157** $\angle AEB$를 $\theta$라 하고, $\overline{AE}=2k$, $\overline{BE}=3k$ $(k>0)$라 하면

$\square ABCD=\dfrac{1}{2}\times\overline{AC}\times\overline{BD}\times\sin\theta$에서

$8\sqrt{2}=\dfrac{1}{2}\times4k\times6k\times\sin\theta=12k^2\sin\theta$

또, $\triangle ABE$에서 코사인법칙에 의하여

$\cos\theta=\dfrac{\overline{AE}^2+\overline{BE}^2-\overline{AB}^2}{2\times\overline{AE}\times\overline{BE}}$

$=\dfrac{(2k)^2+(3k)^2-(\sqrt{17})^2}{2\times2k\times3k}$

$=\dfrac{13k^2-17}{12k^2}$

$12k^2\cos\theta=13k^2-17$

$\sin^2\theta+\cos^2\theta=1$을 이용하면

$(12k^2\sin\theta)^2+(12k^2\cos\theta)^2$

$=144k^4\sin^2\theta+144k^4\cos^2\theta$

$=(8\sqrt{2})^2+(13k^2-17)^2$

$=169k^4-442k^2+417=144k^2$

$25k^4-442k^2+417=0$, $(k^2-1)(25k^2-417)=0$

$k^2=1$ 또는 $k^2=\dfrac{417}{25}$

이때 $\dfrac{\pi}{2}<\theta<\pi$이므로 $\cos\theta=\dfrac{13k^2-17}{12k^2}<0$, $k^2<\dfrac{17}{13}$

따라서 $k^2=1$이고 $k>0$이므로 $k=1$

$\therefore$ $\overline{AC}+\overline{BD}=4k+6k=10k=10$

답 ⑤

| 본문 48~52p |

**STEP 2**

158 ④　　159 $\dfrac{\sqrt{2}+\sqrt{6}}{2}$　　160 $\dfrac{2\sqrt{2}}{3}$

161 ①　　162 $\dfrac{15\sqrt{15}}{2}$　　163 $\dfrac{13}{60}$　　164 ③

165 $\dfrac{7}{3}\pi-\dfrac{7}{4}\sqrt{3}$　　166 ②　　167 $\dfrac{4\sqrt{3}}{3}$

168 $3+\sqrt{22}$　　169 ③　　170 $5\sqrt{2}$

171 ⑤　　172 3　　173 $\dfrac{7}{6}\pi+1$　　174 ③

175 $\dfrac{5}{2}\sqrt{3}+\dfrac{5}{4}\sqrt{2}$　　176 $\dfrac{\sqrt{15}}{2}+2$　　177 4

178 5, 6, 7　　179 $\dfrac{21}{5}$

**158**

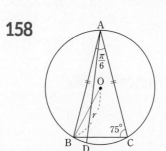

$\triangle$ABC가 $\overline{AB}=\overline{AC}$인 이등변삼각형이므로
$\angle$ABC=$\angle$ACB이다.

따라서 $\angle$BAC=$180°-75°-75°=30°=\dfrac{\pi}{6}$이다.

원의 중심을 O라 하면 호 CD에 대한 중심각의 크기는

$\angle$BAD=$\dfrac{\pi}{18}$이므로 $\angle$COD=$2\left(\dfrac{\pi}{6}-\dfrac{\pi}{18}\right)=\dfrac{2}{9}\pi$

이때 호 CD의 길이가 $2\pi$이므로

$\dfrac{2}{9}\pi \times r=2\pi$에서 $r=9$

$\triangle$AOB에서 $\angle$AOB=$\dfrac{5}{6}\pi$이므로 코사인법칙에 의하여

$\overline{AB}^2=9^2+9^2-2\times9\times9\times\cos\dfrac{5}{6}\pi=162+81\sqrt{3}$

따라서 $p=162$, $q=81$이고, $p-q=81$ 답 ④

**159** $\angle$BAC는 호 BC의 원주각이므로

$\angle$BAC=$\dfrac{1}{2}\times\angle$BOC=$\dfrac{\pi}{3}$이고,

사인법칙에 의하여 $\dfrac{\sqrt{2}}{\sin\alpha}=2$에서

$\sin\alpha=\dfrac{\sqrt{2}}{2}$, $\alpha=\dfrac{\pi}{4}$

점 C에서 $\overline{AB}$에 내린 수선의 발을 H라 하자.

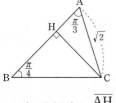

$\cos(\angle$CAH$)=\dfrac{\overline{AH}}{\overline{AC}}$이므로

$\cos\dfrac{\pi}{3}=\dfrac{\overline{AH}}{\sqrt{2}}$, $\overline{AH}=\sqrt{2}\times\dfrac{1}{2}=\dfrac{\sqrt{2}}{2}$

$\sin\dfrac{\pi}{3}=\dfrac{\overline{CH}}{\overline{AC}}$이므로 $\overline{CH}=\sqrt{2}\times\dfrac{\sqrt{3}}{2}=\dfrac{\sqrt{6}}{2}$

이때 $\triangle$BHC는 직각이등변삼각형이므로

$\overline{BH}=\overline{CH}=\dfrac{\sqrt{6}}{2}$

$\therefore \overline{AB}=\overline{AH}+\overline{BH}=\dfrac{\sqrt{2}+\sqrt{6}}{2}$ 답 $\dfrac{\sqrt{2}+\sqrt{6}}{2}$

**160** $\overline{AB}=1$, $\overline{AC}=3$, $\cos(\angle$BAC$)=\dfrac{1}{3}$이므로

코사인법칙을 이용하면

$\overline{BC}^2=1^2+3^2-2\times1\times3\times\dfrac{1}{3}=8$

---

$\therefore \overline{BC}=2\sqrt{2}$

이때 $\overline{AB}^2+\overline{BC}^2=\overline{AC}^2$이므로 삼각형 ABC는 $\angle$B가
직각인 직각삼각형이다.

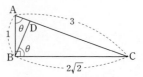

$\overline{AC}$ 위의 점 D에 대하여 $\angle$CBD=$\angle$BAD이고

$\angle$CBD=$\theta$라 하면 $\angle$ABD=$90°-\theta$이므로

$\angle$ADB=$90°$

점 D는 점 B에서 $\overline{AC}$에 내린 수선의 발이다.

이때 삼각형 ABC의 넓이는

$\dfrac{1}{2}\times\overline{AB}\times\overline{BC}=\dfrac{1}{2}\times\overline{AC}\times\overline{BD}$이므로

$\dfrac{1}{2}\times1\times2\sqrt{2}=\dfrac{1}{2}\times3\times\overline{BD}$

$\therefore \overline{BD}=\dfrac{2\sqrt{2}}{3}$ 답 $\dfrac{2\sqrt{2}}{3}$

**161**

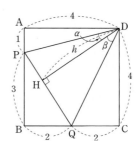

$\triangle$PQD=$\square$ABCD$-(\triangle$APD$+\triangle$DCQ$+\triangle$PQB$)$

$=16-\left(\dfrac{1}{2}\times4\times1+\dfrac{1}{2}\times4\times2+\dfrac{1}{2}\times3\times2\right)$

$=16-(2+4+3)=7$

$\overline{DH}=k$라 하면 $\triangle$PQD=$\dfrac{1}{2}\times\overline{PQ}\times h=7$이고

$\overline{PQ}=\sqrt{3^2+2^2}=\sqrt{13}$이므로 $h=\dfrac{14}{\sqrt{13}}$

$\overline{PD}=\sqrt{17}$, $\overline{DQ}=2\sqrt{5}$이므로

$\overline{PQ}^2\times\cos\alpha\times\cos\beta=13\times\dfrac{h}{\sqrt{17}}\times\dfrac{h}{2\sqrt{5}}$

$=13\times\dfrac{14}{\sqrt{13}\times\sqrt{17}}\times\dfrac{14}{\sqrt{13}\times2\sqrt{5}}$

$=\dfrac{98}{\sqrt{85}}$ 답 ①

**162** $\overline{BD}:\overline{CE}=2:3$이므로 $\overline{CE}=\dfrac{3}{2}\overline{BD}$

$$\triangle ABC = \frac{1}{2} \times \overline{AC} \times \overline{BD} = \frac{1}{2} \times \overline{AB} \times \overline{CE}$$
$$= \frac{1}{2} \times \overline{AB} \times \frac{3}{2}\overline{BD}$$

이므로 $2\overline{AC} = 3\overline{AB}$

$\angle CAB = \theta$, $\overline{AC} = 3k$, $\overline{AB} = 2k \ (k>0)$라 하면

$\triangle ABC$에서 코사인법칙에 의하여

$$\cos\theta = \frac{(3k)^2 + (2k)^2 - 10^2}{2 \times 3k \times 2k} = \frac{13k^2 - 100}{12k^2} = \frac{1}{4}$$

$3k^2 = 13k^2 - 100$, $10k^2 = 100$이므로 $k = \sqrt{10}$

이때 $0 < \theta < \pi$이므로

$$\sin\theta = \sqrt{1 - \cos^2\theta} = \sqrt{1 - \left(\frac{1}{4}\right)^2} = \frac{\sqrt{15}}{4}$$

$$\therefore \ \triangle ABC = \frac{1}{2} \times 2k \times 3k \times \sin\theta = 3k^2 \times \frac{\sqrt{15}}{4}$$

$$= 30 \times \frac{\sqrt{15}}{4} = \frac{15\sqrt{15}}{2}$$  📋 $\dfrac{15\sqrt{15}}{2}$

**163**

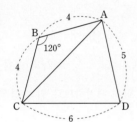

$\overline{AC}$를 그리면 $\triangle BCA$에서 코사인법칙에 의하여
$$\overline{AC}^2 = 16 + 16 - 32\cos 120° = 48$$

또, $\triangle ADC$에서 코사인법칙에 의하여

$$\cos(\angle ADC) = \frac{5^2 + 6^2 - \overline{AC}^2}{2 \times 5 \times 6} = \frac{61 - 48}{60} = \frac{13}{60}$$

$$\therefore \ \cos(\angle ADC) = \frac{13}{60}$$  📋 $\dfrac{13}{60}$

**164**  $\angle ADB = \alpha$라 하자.

$\triangle ABD$에서 코사인법칙에 의하여

$$\cos\alpha = \frac{2^2 + 2^2 - 3^2}{2 \times 2 \times 2} = -\frac{1}{8}$$

이때 $\angle BDC = \pi - \alpha$이고, $\overline{DC} = 3$이므로

$\triangle BDC$에서 코사인법칙에 의하여

$$\overline{BC}^2 = 4 + 9 - 12\cos(\pi - \alpha)$$

$$= 4 + 9 - \frac{12}{8} = \frac{23}{2}$$

📋 ③

**165**  $\triangle ABC$에서 코사인법칙을 이용하면

$$\overline{BC}^2 = 4^2 + 5^2 - 2 \times 4 \times 5 \times \frac{1}{2} = 21$$

$$\therefore \ \overline{BC} = \sqrt{21}$$

원의 중심을 O라 하면 호 BC의 원주각의 크기가 $\dfrac{\pi}{3}$

이므로 중심각의 크기는 $\dfrac{2}{3}\pi$이다.

원의 반지름의 길이를 $r$라 하면
$\triangle OBC$에서 코사인법칙에 의하여

$$r^2 + r^2 - 2 \times r \times r \times \cos\frac{2}{3}\pi = (\sqrt{21})^2$$

$$3r^2 = 21, \ r^2 = 7$$

$$\therefore \ r = \sqrt{7}$$

따라서 선분 BC와 호 BC로 둘러싸인 부분의 넓이는

$$\frac{1}{2} \times (\sqrt{7})^2 \times \frac{2}{3}\pi - \frac{1}{2} \times \sqrt{7} \times \sqrt{7} \times \sin\frac{2}{3}\pi$$

$$= \frac{7}{3}\pi - \frac{7}{4}\sqrt{3}$$  📋 $\dfrac{7}{3}\pi - \dfrac{7}{4}\sqrt{3}$

**166**  $\overline{BC} = \overline{BD} = a \ (a>0)$라 하자.

$\triangle ABC$에서 코사인법칙에 의하여
$\overline{BC}^2 = 1 + 1 - 2\cos\theta$에서 $a^2 = 2 - 2\cos\theta$

$$\cos\theta = \frac{2 - a^2}{2}$$

$\triangle BCD$에서 코사인법칙에 의하여
$$\overline{CD}^2 = a^2 + a^2 - 2a^2\cos\theta$$

즉, $\dfrac{1}{9} = a^2 + a^2 - a^2(2 - a^2)$이므로 $a^4 = \dfrac{1}{9}$, $a^2 = \dfrac{1}{3}$,

$$a = \frac{\sqrt{3}}{3}$$

$$\cos\theta = \frac{2 - a^2}{2} = \frac{5}{6}, \ \sin\theta = \sqrt{1 - \left(\frac{5}{6}\right)^2} = \frac{\sqrt{11}}{6}$$

$\square ABDC$
$$= \triangle ABC + \triangle BDC$$
$$= \frac{1}{2} \times 1 \times 1 \times \sin\theta + \frac{1}{2} \times \frac{\sqrt{3}}{3} \times \frac{\sqrt{3}}{3} \times \sin\theta$$
$$= \frac{\sqrt{11}}{9}$$  📋 ②

**167**  $\overline{BC} > \overline{AC}$이므로 점 C는 그림과 같이 점 A와 더 가깝게 위치한다. 이때 점 A에서 원 $C_2$에 접하는 직선이 점 O 를 지나므로

$\angle OAO' = \dfrac{\pi}{2}$, $\angle OBO' = \dfrac{\pi}{2}$이다.

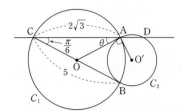

그림의 $\triangle ABC$에서 코사인법칙에 의하여

$\overline{AB}^2 = (2\sqrt{3})^2 + 5^2 - 2 \times 2\sqrt{3} \times 5 \times \cos\dfrac{\pi}{6} = 7$

$\therefore \overline{AB} = \sqrt{7}$

$\angle ACB$는 호 AB의 원주각이므로 호 AB의 중심각의 크기는

$\angle AOB = \dfrac{\pi}{6} \times 2 = \dfrac{\pi}{3}$

즉, $\triangle ABO$는 정삼각형이므로 $R = \overline{AB} = \sqrt{7}$

이때 $\angle OAO' = \dfrac{\pi}{2}$, $\angle OBO' = \dfrac{\pi}{2}$,

$\angle AOB = \dfrac{\pi}{3}$이므로

$\angle AO'B = 2\pi - \left(\dfrac{\pi}{2} + \dfrac{\pi}{2} + \dfrac{\pi}{3}\right) = \dfrac{2}{3}\pi$

$\triangle AO'B$에서 코사인법칙에 의하여

$r^2 + r^2 - 2 \times r \times r \times \cos\dfrac{2}{3}\pi = (\sqrt{7})^2$

$r^2 = \dfrac{7}{3}$  $\therefore r = \sqrt{\dfrac{7}{3}}$

$\angle OAC = \theta$라 하면

$\cos\theta = \dfrac{\frac{1}{2}\overline{AC}}{\overline{OA}} = \dfrac{\sqrt{3}}{\sqrt{7}}$, $\sin\theta = \sqrt{1 - \left(\dfrac{3}{7}\right)^2} = \dfrac{2}{\sqrt{7}}$

$\angle O'AD = \pi - \angle OAO' - \angle OAC = \dfrac{\pi}{2} - \theta$에서

$\cos\left(\dfrac{\pi}{2} - \theta\right) = \sin\theta = \dfrac{2}{\sqrt{7}}$

$\therefore \overline{AD} = \dfrac{2}{\sqrt{7}} \times \overline{O'A} \times 2 = \dfrac{4}{\sqrt{3}} = \dfrac{4\sqrt{3}}{3}$　　　🔲 $\dfrac{4\sqrt{3}}{3}$

**168** 조건 ㈎에 역수를 취하면

$\dfrac{2\sqrt{3}}{\sin A} = \dfrac{5}{\sin B} = 10$이므로 $\overline{BC} = 2\sqrt{3}$, $\overline{CA} = 5$,

외접원의 반지름의 길이는 5이다.

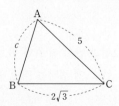

이때 $\overline{AB} = c$라 하면 $\triangle ABC$에서 코사인법칙에 의하여

$25 = 12 + c^2 - 4\sqrt{3}c \cos B$　　⋯ ㉠

$12 = 25 + c^2 - 10c \cos A$　　⋯ ㉡

조건 ㈎에서 $\sin A = \dfrac{\sqrt{3}}{5}$, $\sin B = \dfrac{1}{2}$이고

$\sin^2\theta + \cos^2\theta = 1$이므로 $\cos A = \dfrac{\sqrt{22}}{5}$, $\cos B = \dfrac{\sqrt{3}}{2}$

㉠－㉡을 하면

$13 = -13 - 4\sqrt{3}c \times \dfrac{\sqrt{3}}{2} + 10c \times \dfrac{\sqrt{22}}{5}$

$26 = -6c + 2\sqrt{22}c$, $13 = (\sqrt{22} - 3)c$

$\therefore c = \dfrac{13}{\sqrt{22} - 3} = \sqrt{22} + 3$　　🔲 $3 + \sqrt{22}$

**169**

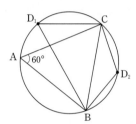

ㄱ. $\triangle ABC$에서 사인법칙에 의하여

$\dfrac{\overline{BC}}{\sin 60°} = 4\sqrt{7}$, $\overline{BC} = 4\sqrt{7} \times \dfrac{\sqrt{3}}{2} = 2\sqrt{21}$ (참)

ㄴ. 사각형 $ACD_2B$는 원에 내접하므로 원의 성질에 의하여 $\angle CD_2B = 120°$

한편, 호 BC에 대한 원주각의 크기는 같으므로 $\angle BAC = \angle BD_1C = 60°$ (거짓)

ㄷ. $\overline{BD_2} = a$, $\overline{CD_2} = b$라 하자.

$\triangle BD_2C$에서 사인법칙에 의하여

$\dfrac{a}{\sin(\angle BCD_2)} = \dfrac{2\sqrt{21}}{\sin 120°}$,

$\dfrac{7a}{2\sqrt{7}} = 4\sqrt{7}$, $7a = 56$

$\therefore a = 8$

또, 코사인법칙에 의하여

$a^2 + b^2 - 2ab\cos\dfrac{2}{3}\pi = \overline{BC}^2 = 84$, $64 + b^2 + 8b = 84$

$b^2 + 8b - 20 = (b + 10)(b - 2) = 0$

$\therefore b = 2$

$\overline{BD_2} + \overline{CD_2} = a + b = 8 + 2 = 10$ (참)

따라서 옳은 것은 ㄱ, ㄷ이다.　　🔲 ③

**170** $\triangle BPC$에서 코사인법칙에 의하여

$\overline{PC}^2 = \overline{BP}^2 + \overline{BC}^2 - 2 \times \overline{BP} \times \overline{BC} \times \cos\dfrac{\pi}{4}$

$$10 = \overline{BP}^2 + 18 - 2 \times \overline{BP} \times 3\sqrt{2} \times \frac{\sqrt{2}}{2}$$

$$\overline{BP}^2 - 6\overline{BP} + 8 = (\overline{BP} - 2)(\overline{BP} - 4) = 0$$

$$\therefore \overline{BP} = 2 \ \text{또는} \ \overline{BP} = 4$$

$\triangle BPC$는 둔각삼각형이므로 코사인법칙에 의하여

$$18 = \overline{BP}^2 + 10 - 2\sqrt{10} \times \overline{BP} \times \cos(\angle BPC)$$

이때 $\overline{BP} = 4$이면 $\cos(\angle BPC) > 0$이므로 조건에 맞지 않는다.

즉, $\overline{BP} = 2$이고 $\cos(\angle BPC) = -\dfrac{\sqrt{10}}{10}$이다.

한편, $\triangle ABP$에서 $\tan\theta = 2$이므로 $\overline{AP} = 4$

또, $\angle BPC = \alpha$라 하면

$$\angle APC = 2\pi - \left(\frac{\pi}{2} + \alpha\right) = \frac{3}{2}\pi - \alpha$$

따라서 $\triangle APC$에서 코사인법칙에 의하여

$$\overline{AC}^2 = 16 + 10 - 8\sqrt{10}\cos\left(\frac{3}{2}\pi - \alpha\right)$$

$$= 26 + 8\sqrt{10} \times \frac{3\sqrt{10}}{10} = 50$$

$$\therefore \overline{AC} = 5\sqrt{2} \qquad \qquad \text{답} \ 5\sqrt{2}$$

---

**171** $P_1\left(\cos\dfrac{\pi}{3}, \sin\dfrac{\pi}{3}\right)$, $P_2\left(3\cos\dfrac{2\pi}{3}, 3\sin\dfrac{2\pi}{3}\right)$,

$P_3(\cos\pi, \sin\pi)$, $P_4\left(3\cos\dfrac{4\pi}{3}, 3\sin\dfrac{4\pi}{3}\right)$,

$P_5\left(\cos\dfrac{5\pi}{3}, \sin\dfrac{5\pi}{3}\right)$, $P_6(3\cos 2\pi, 3\sin 2\pi)$

이므로 자연수 $k$에 대하여

$P_1 = P_{6k-5}$, $P_2 = P_{6k-4}$, $P_3 = P_{6k-3}$,

$P_4 = P_{6k-2}$, $P_5 = P_{6k-1}$, $P_6 = P_{6k}$

이것을 좌표평면 위에 나타내면 다음과 같다.

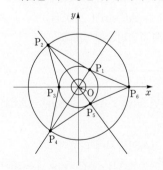

이때 부채꼴 $P_2OP_6$은 원점 O를 중심으로 $\dfrac{2}{3}\pi$만큼 회전하면 부채꼴 $P_2OP_4$와 같아지고, 부채꼴 $P_4OP_6$도 같은 방법으로 구할 수 있다.

즉, $\cos(\angle P_6P_1P_2) = \cos(\angle P_2P_3P_4)$

$$= \cos(\angle P_4P_5P_6)$$

$\triangle P_2P_3P_4$에서 $\overline{P_2P_4}$와 $x$축이 만나는 점을 A라 하면

---

$\overline{AP_2} = \dfrac{3\sqrt{3}}{2}$, $\overline{AP_3} = \dfrac{1}{2}$이므로 $\overline{P_2P_3} = \sqrt{7}$

$\triangle P_2P_3P_4$에서 코사인법칙에 의하여

$$27 = 7 + 7 - 14\cos(\angle P_2P_3P_4), \ \cos(\angle P_2P_3P_4) = -\frac{13}{14}$$

같은 방법으로 $\triangle P_1P_5P_6$에서 코사인법칙에 의하여

$$3 = 7 + 7 - 14\cos(\angle P_1P_6P_5), \ \cos(\angle P_1P_6P_5) = \frac{11}{14}$$

따라서 $\cos(\angle P_nP_{n+1}P_{n+2})$의 값의 합은

$$-\frac{13}{14} + \frac{11}{14} = -\frac{1}{7} \qquad \text{답 ⑤}$$

---

**172** $A + B + C = \pi$이므로

$$\cos(B + C) = \cos(\pi - A) = -\frac{1}{3}$$

$$\therefore \cos A = \frac{1}{3}$$

$0 < A < \pi$이므로

$$\sin A = \sqrt{1 - \cos^2 A} = \sqrt{1 - \left(\frac{1}{3}\right)^2} = \frac{2\sqrt{2}}{3}$$

따라서 $\triangle AMN$의 넓이는

$$\frac{1}{2} \times \overline{AM} \times \overline{AN} \times \sin A = \frac{1}{2} \times \frac{\sqrt{2}}{2} \times \frac{k}{2} \times \frac{2\sqrt{2}}{3} = \frac{k}{6}$$

즉, $\dfrac{k}{6} = \dfrac{1}{2}$이므로 $k = 3$ $\qquad$ 답 3

---

**173**

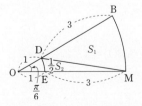

구하는 넓이는 $S_1 + S_2$이고, 호 AM의 길이와 호 BM의 길이가 같으므로 $\overline{OM}$을 기준으로 도형을 잘라내면 다음과 같다.

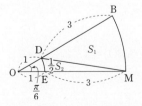

이때 $S_1 = $ (부채꼴 OBM의 넓이) $-$ ($\triangle ODM$의 넓이)이므로

$$S_1 = \frac{1}{2} \times 4^2 \times \frac{\pi}{6} - \frac{1}{2} \times 1 \times 4 \times \sin\frac{\pi}{6} = \frac{4}{3}\pi - 1$$

$\dfrac{1}{2}S_2 = (\triangle\text{ODM의 넓이}) - (\text{부채꼴 ODE의 넓이})$

이므로

$\dfrac{1}{2}S_2 = \dfrac{1}{2}\times1\times4\times\sin\dfrac{\pi}{6} - \dfrac{1}{2}\times1^2\times\dfrac{\pi}{6} = 1-\dfrac{\pi}{12}$

$\therefore S_1+S_2 = \left(\dfrac{4}{3}\pi-1\right)+2\times\left(1-\dfrac{\pi}{12}\right)$

$= \dfrac{4}{3}\pi-1+2-\dfrac{\pi}{6}$

$= \dfrac{7}{6}\pi+1$      目 $\dfrac{7}{6}\pi+1$

**174**

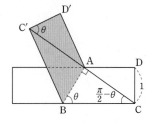

$\overline{CA}=\overline{C'A}$, $\overline{BC}=\overline{BC'}$이므로 $\triangle ABC$와 $\triangle ABC'$은 합동이고, $\triangle BCC'$은 이등변삼각형이다.

즉, $\angle CAB=\dfrac{\pi}{2}$, $\angle BCA=\dfrac{\pi}{2}-\theta$이고,

$\angle DCA=\angle D'C'A=\theta$이다.

$\triangle CAD$에서 $\cos\theta=\dfrac{\overline{CD}}{\overline{AC}}=\dfrac{1}{\overline{AC}}=\dfrac{2}{3}$이므로 $\overline{AC}=\dfrac{3}{2}$

또, $0<\theta<\dfrac{\pi}{2}$이므로

$\sin\theta=\sqrt{1-\cos^2\theta}=\sqrt{1-\dfrac{4}{9}}=\dfrac{\sqrt5}{3}$

$\therefore \triangle C'D'C = \dfrac{1}{2}\times\overline{CC'}\times\overline{C'D'}\times\sin(\angle D'C'C)$

$= \dfrac{1}{2}\times3\times1\times\dfrac{\sqrt5}{3}=\dfrac{\sqrt5}{2}$      目 ③

**175** 세 점 A, B, C가 모두 원 위의 점이므로 $\triangle$OAB, $\triangle$OAC는 이등변삼각형이고, $\angle$ABO=$\angle$OAB, $\angle$ACO=$\angle$CAO이다.

$\triangle$OAB에서

$\angle BOA = \pi-2\times(\angle ABO) = \pi-2\times\dfrac{\pi}{6}=\dfrac{2}{3}\pi$

$\triangle$OAC에서

$\angle AOC = \pi-2\times(\angle ACO) = \pi-2\times\dfrac{\pi}{8}=\dfrac{3}{4}\pi$

즉, 점 B와 점 C는 [그림 1]과 같이 위치한다.

$\left(\because \angle BOC > \dfrac{\pi}{12}\right)$

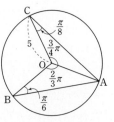

〔그림 1〕

$\overline{OB}$의 $2:3$ 내분점 D와 $\overline{OC}$의 $1:4$ 내분점 E는 [그림 2]와 같이 위치한다.

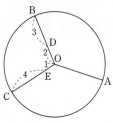

〔그림 2〕

$\overline{OD}$, $\overline{OE}$, $\overline{AD}$, $\overline{AE}$로 둘러싸인 도형은 [그림 3]이다.

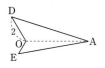

〔그림 3〕

$\therefore \triangle AOD+\triangle AOE$

$= \dfrac{1}{2}\times2\times5\times\sin\dfrac{2}{3}\pi + \dfrac{1}{2}\times1\times5\times\sin\dfrac{3}{4}\pi$

$= \dfrac{5}{2}\sqrt3+\dfrac{5}{4}\sqrt2$      目 $\dfrac{5}{2}\sqrt3+\dfrac{5}{4}\sqrt2$

**176** 조건 ㈎에서

$\overline{AB}\sin^2(\angle ABC) = \overline{AC}\times\{1-\cos^2(\angle ACB)\}$
$= \overline{AC}\sin^2(\angle ACB)$    ··· ㉠

한편, $\triangle$ABC에서 사인법칙에 의하여

$\dfrac{\overline{AB}}{\sin(\angle ACB)}=\dfrac{\overline{AC}}{\sin(\angle ABC)}$    ··· ㉡

㉡을 ㉠에 대입하면 $\sin(\angle ABC)=\sin(\angle ACB)$

이므로 $\overline{AB}=\overline{AC}$

즉, $\triangle$ABC에서 코사인법칙에 의하여

$\overline{BC}^2 = \overline{AB}^2+\overline{AC}^2-2\times\overline{AB}\times\overline{AC}\times\cos A=10$이므로

$\overline{BC}=\sqrt{10}$이고 $\triangle$BCP에서 피타고라스 정리에 의하여

$\overline{PC}=2\sqrt2$

$\therefore \square ABPC = \triangle ABC+\triangle BPC$

$= \dfrac{1}{2}\times2\times2\times\sin A + \dfrac{1}{2}\times\sqrt2\times2\sqrt2$

$= \dfrac{\sqrt{15}}{2}+2$      目 $\dfrac{\sqrt{15}}{2}+2$

**177**

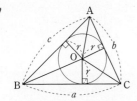

사인법칙에 의하여 $\sin A = \dfrac{a}{2R}$, $\sin B = \dfrac{b}{2R}$,

$\sin C = \dfrac{c}{2R}$이므로

$\dfrac{1}{\sin B \sin C} + \dfrac{1}{\sin A \sin C} + \dfrac{1}{\sin A \sin B}$

$= \dfrac{4R^2}{bc} + \dfrac{4R^2}{ac} + \dfrac{4R^2}{ab}$

$= \dfrac{(a+b+c) \times 4R^2}{abc} = 6$

$\therefore \dfrac{abc}{a+b+c} = \dfrac{2R^2}{3}$

이때 $\triangle ABC = \dfrac{1}{2} \times a \times b \times \sin C = \dfrac{abc}{4R}$

$$\left( \because \ \sin C = \dfrac{c}{2R} \right)$$

$\triangle ABC = \triangle OAB + \triangle OBC + \triangle OCA$

$\qquad = \dfrac{1}{2}cr + \dfrac{1}{2}ar + \dfrac{1}{2}br$

$\qquad = \dfrac{1}{2}r(a+b+c)$

즉, $\dfrac{abc}{4R} = \dfrac{(a+b+c)r}{2}$에서

$\dfrac{abc}{a+b+c} = 2Rr$이고, $\dfrac{2R^2}{3} = 2Rr$이므로

$R^2 = 3Rr$, $R = 3r$

$\therefore \dfrac{r}{R} = \dfrac{r}{3r} = \dfrac{1}{3}$

따라서 $p=3$, $q=1$이고, $p+q=4$ 　　📵 **4**

**178** 삼각형 ABC의 내각 중 가장 큰 각을 $\angle A$라 하면
$\triangle ABC$는 둔각삼각형이므로 $\angle A$의 대변의 길이는 다른 두 변의 길이의 합보다 작다.
이때 $\angle A$의 대변의 길이를 $a$라 하면 다음과 같이 나눌 수 있다.

(i) $a = n+3$인 경우

코사인법칙에 의하여

$(n+3)^2 = (n+1)^2 + (10-n)^2$
$\qquad\qquad - 2(n+1)(10-n) \cos A$

$A > \dfrac{\pi}{2}$이므로

$\cos A = \dfrac{(n+1)^2 + (10-n)^2 - (n+3)^2}{2(n+1)(10-n)} < 0$

$n^2 - 24n + 92 < 0$, $(n-12)^2 < 52$

한편, 삼각형의 결정 조건에 의하여

$n+3 < (n+1) + (10-n) = 11$이고,

$n+3 > 10-n$이어야 하므로

$\dfrac{7}{2} < n < 8$, 즉 $n = 4, 5, 6, 7$

그런데 $n=4$이면 $(n-12)^2 < 52$를 만족하지 않으므로 $n = 5, 6, 7$

(ii) $a = 10-n$인 경우

코사인법칙에 의하여

$(10-n)^2 = (n+1)^2 + (n+3)^2$
$\qquad\qquad - 2(n+1)(n+3) \cos A$

$A > \dfrac{\pi}{2}$이므로

$\cos A = \dfrac{(n+1)^2 + (n+3)^2 - (10-n)^2}{2(n+1)(n+3)} < 0$

$n^2 + 28n - 90 < 0$, $(n+14)^2 < 286$

한편, 삼각형의 결정 조건에 의하여

$10-n < (n+1) + (n+3) = 2n+4$이고, $2 < n$이어야 한다.

이때 $n \geq 3$이면 $(n+14)^2 \geq 289$이므로
위 조건을 만족하는 자연수 $n$은 없다.

(i), (ii)에서 자연수 $n$의 값은 5, 6, 7이다.

　　　　　　　　　　　　　　　　📵 **5, 6, 7**

**179** $r_1 = 3t$, $r_2 = 4t$, $r_3 = 5t$ $(t > 0)$라 하자.

$\triangle O_1 O_2 O_3 = \dfrac{1}{2} \times (8t) \times (9t) \times \sin(\angle AO_3C)$

$\qquad\qquad = 36t^2 \sin(\angle AO_3C)$

$\triangle AO_3 C = \dfrac{1}{2} \times (5t) \times (5t) \times \sin(\angle AO_3C)$

$\qquad\qquad = \dfrac{25}{2} t^2 \sin(\angle AO_3C)$

$\triangle O_1 O_2 O_3 = S$라 하면 $\triangle AO_3 C = \dfrac{25}{72}S$

같은 방법으로 $\triangle BO_1 C = \dfrac{9}{56}S$, $\triangle AO_3 B = \dfrac{16}{63}S$

즉, $\triangle ABC = S - \left( \dfrac{16}{63}S + \dfrac{9}{56}S + \dfrac{25}{72}S \right)$이므로

$\triangle ABC = \dfrac{120}{504}S = \dfrac{5}{21}S$

$\therefore k = \dfrac{21}{5}$ 　　　　　　　　　📵 $\dfrac{21}{5}$

STEP 3    180 11    181 $4\sqrt{2}$    182 $25\sqrt{5}$    183 $\dfrac{53}{3}$

**180**

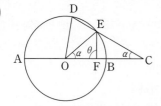

조건 ㈁에서 $\overline{AB}=8$이므로 원의 반지름의 길이는 4이다.
$\angle ODE=\theta$라 하면 $\triangle ODC$에서 코사인법칙에 의하여
$$\overline{OC}^2=4^2+5^2-2\times4\times5\times\cos\theta=36$$
$$\therefore \overline{OC}=6$$
이때 $\triangle ODE$는 $\overline{OD}=\overline{OE}$인 이등변삼각형이므로
점 O에서 $\overline{DE}$에 내린 수선의 발을 $H_1$이라 하면
조건 ㈎에서 $\cos\theta=\dfrac{1}{8}$이므로 $\overline{DH_1}=\dfrac{1}{2}$,
$\overline{CD}=5$이므로 $\overline{EC}=4$
즉, $\triangle OEC$는 이등변삼각형이다.
$\angle EOC=\angle ECO=\alpha$라 하면
$\triangle ODC$에서 사인법칙에 의하여 $\dfrac{6}{\sin\theta}=\dfrac{4}{\sin\alpha}$
$\triangle OEF$에서 사인법칙에 의하여 $\dfrac{4}{\sin\theta}=\dfrac{\overline{EF}}{\sin\alpha}$
즉, $\dfrac{\sin\alpha}{\sin\theta}=\dfrac{2}{3}$이므로
$$\overline{EF}=4\times\dfrac{\sin\alpha}{\sin\theta}=4\times\dfrac{2}{3}=\dfrac{8}{3}$$
따라서 $p=3$, $q=8$이고, $p+q=11$    🔳 11

**181** 지름에 대한 원주각의 크기는 $\dfrac{\pi}{2}$이므로 $\angle CAB=\dfrac{\pi}{2}$
즉, $\triangle ABC$는 $\angle A$가 $\dfrac{\pi}{2}$인 직각이등변삼각형이고,
$\overline{AB}=\dfrac{2\sqrt{5}}{\sqrt{2}}=\sqrt{10}$
이때 $\angle DAB=\alpha$, $\angle DAC=\beta$라 하자.
$S_1=\dfrac{1}{2}\times\overline{AD}\times\overline{AC}\times\sin\beta$,
$S_2=\dfrac{1}{2}\times\overline{AD}\times\overline{AB}\times\sin\alpha$이고
$S_1:S_2=3:4$이므로
$$\dfrac{3}{2}\times\overline{AD}\times\overline{AB}\times\sin\alpha=2\times\overline{AD}\times\overline{AC}\times\sin\beta$$
한편, $\overline{AD}=\overline{AB}=\overline{AC}=\sqrt{10}$이므로 $3\sin\alpha=4\sin\beta$
또, $\alpha+\beta+\dfrac{\pi}{2}=2\pi$이므로 $\beta=\dfrac{3}{2}\pi-\alpha$

즉, $3\sin\alpha=4\sin\left(\dfrac{3}{2}\pi-\alpha\right)=-4\cos\alpha$,
$\tan\alpha=-\dfrac{4}{3}$
$1+\tan^2\theta=\dfrac{1}{\cos^2\theta}$에서 $1+\dfrac{16}{9}=\dfrac{25}{9}$이므로
$\cos\alpha=-\dfrac{3}{5}\left(\because \dfrac{\pi}{2}<\theta<\pi\right)$
$\triangle ADB$에서 코사인법칙에 의하여
$$\overline{BD}^2=(\sqrt{10})^2+(\sqrt{10})^2-2(\sqrt{10})\times(\sqrt{10})\times\cos\alpha$$
$$=10+10+12=32$$
$$\therefore \overline{BD}=4\sqrt{2}$$    🔳 $4\sqrt{2}$

**182** $\triangle ACB$에서 사인법칙에 의하여
$\dfrac{10}{\sin\theta}=6\sqrt{5}$이므로 $\sin\theta=\dfrac{\sqrt{5}}{3}$
조건 ㈁에서 $\dfrac{a}{b}=X$로 놓으면
$$X+\dfrac{1}{X}=\dfrac{5}{9}+\dfrac{13}{9}=2$$
즉, $X^2-2X+1=(X-1)^2=0$
$X=1$이므로 $a=b$
원주각의 성질에 의하여 $\angle ACB=\angle ADB=\theta$이다.
$\triangle ABD$에서 코사인법칙에 의하여
$10^2=a^2+a^2-2a^2\cos\theta$이고
$\cos\theta=\sqrt{1-\sin^2\theta}$에서 $\cos\theta=\sqrt{1-\dfrac{5}{9}}=\dfrac{2}{3}$이므로
$\dfrac{2}{3}a^2=100$, $a=5\sqrt{6}$
$$\therefore \triangle ABD=\dfrac{1}{2}\times a\times a\times\sin\theta$$
$$=\dfrac{1}{2}\times150\times\dfrac{\sqrt{5}}{3}=25\sqrt{5}$$    🔳 $25\sqrt{5}$

**183** $\angle CAB=\theta$라 하자.
조건 ㈁에서 $\overline{AC}/\!/\overline{BD}$이므로
$\sin(\angle CAB)=\sin(\angle DBA)=\sin\theta$
$\overline{AC}=k$라 하면 조건 ㈎에서
$\triangle AEC$와 $\triangle BED$의 닮음비는 $1:2$이므로 $\overline{BD}=2k$
$\triangle ABC$와 $\triangle BAD$에서 각각 사인법칙을 이용하면
$$\dfrac{\overline{BC}}{\sin\theta}=2r,\quad \dfrac{\overline{AD}}{\sin\theta}=2R$$
즉, $\overline{AD}^2-\overline{BC}^2=4(R^2-r^2)\sin^2\theta=51$
또, $\triangle ABC$와 $\triangle ABD$에서 각각 코사인법칙을
이용하면
$$\overline{BC}^2=k^2+4-4k\cos\theta,\quad \overline{AD}^2=4k^2+4-8k\cos\theta$$
이므로

$3k^2-4k\cos\theta=51$

$\triangle$AHC에서 $\cos\theta=\dfrac{\overline{AH}}{k}=\dfrac{1}{2k}$이므로

$3k^2-4k\times\dfrac{1}{2k}=51$, $k^2=\dfrac{53}{3}$ **답** $\dfrac{53}{3}$

# 05 등차수열과 등비수열

| 본문 56~58p |

**STEP 1** 184 ② 185 ① 186 ③ 187 ④
188 1 189 170 190 ④ 191 ③ 192 ④
193 17 194 ⑤ 195 155 196 301만 원
197 ② 198 ② 199 ④

**184** $a_{n+10}=a_n$의 $n$에 1, 2, 3, …을 차례대로 대입하면
$b_n=a_{2n-1}$은 $a_1$, $a_3$, $a_5$, $a_7$, $a_9$,
$a_{11}=a_1$, $a_{13}=a_3$, $a_{15}=a_5$, $a_{17}=a_7$, $a_{19}=a_9$, …와 같이
$a_1$, $a_3$, $a_5$, $a_7$, $a_9$가 반복되는 것을 알 수 있다.
같은 방법으로
$b_n=a_{3n-1}$은 $a_2$, $a_5$, $a_8$, $a_1$, $a_4$, $a_7$, $a_{10}$, $a_3$, $a_6$, $a_9$
$b_n=a_{4n-1}$은 $a_3$, $a_7$, $a_1$, $a_5$, $a_9$
$b_n=a_{5n-1}$은 $a_4$, $a_9$
$b_n=a_{6n-1}$은 $a_5$, $a_1$, $a_7$, $a_3$, $a_9$
따라서 $a_1$, $a_2$, $a_3$, $a_4$, $a_5$, $a_6$, $a_7$, $a_8$, $a_9$, $a_{10}$이 모두 나타나는 것은 $b_n=a_{3n-1}$이다. **답** ②

**185** ㄱ. 수열 $\{2a_n-6\}$이 공차가 $d$인 등차수열이라고 할 때,
$(2a_{n+1}-6)-(2a_n-6)=2(a_{n+1}-a_n)=d$이므로
$a_{n+1}-a_n=\dfrac{d}{2}$
즉, 수열 $\{a_n\}$은 공차가 $\dfrac{d}{2}$인 등차수열이다. (참)

ㄴ. (반례) $a_1=1$, $a_2=\sqrt{2}$, $a_3=-2$, $a_4=2\sqrt{2}$, … 이면
$(a_1)^2=1$, $(a_2)^2=2$, $(a_3)^2=4$, $(a_4)^2=8$, … 이므로
수열 $\{(a_n)^2\}$은 첫째항이 1이고 공비가 2인 등비수열이지만 수열 $\{a_n\}$은 등비수열이 아니다. (거짓)

ㄷ. (반례) $a_1=0$, $a_2=2$, $a_3=3$, $a_4=0$, … 이고
$b_1=1$, $b_2=0$, $b_3=0$, $b_4=4$, … 이면
$a_1+b_1=1$, $a_2+b_2=2$, $a_3+b_3=3$, … 이므로
수열 $\{a_n+b_n\}$은 첫째항이 1이고, 공차가 1인 등차수열이지만 수열 $\{a_n\}$, $\{b_n\}$은 각각 등차수열이 아니다. (거짓)
따라서 옳은 것은 ㄱ이다. **답** ①

**186** $\{a_n\}$을 공차가 $d$ $(d<0)$인 등차수열이라 하면
$|(3+d)+(3+2d)+10|=|(3+3d)+(3+4d)-2|$
이므로 $|3d+16|=|7d+4|$
( i ) $3d+16=7d+4$일 때,
$4d=12$, $d=3$이므로 $d<0$에 모순이다.

(ii) $3d+16=-(7d+4)$일 때,

$10d=-20$, $d=-2$

(i), (ii)에서 $\{a_n\}$은 첫째항이 3, 공차가 $-2$인 등차수열

이므로 $a_{10}=a_1+9d=3+9\times(-2)=-15$ 답 ③

**187** 8개의 수가 순서대로 등차수열을 이루므로

$\sqrt{3}+5=a+f=b+e=c+d$가 성립한다.

$\therefore 3a+4b-2c-2d+4e+3f$

$=3(a+f)+4(b+e)-2(c+d)$

$=5(\sqrt{3}+5)=25+5\sqrt{3}$ 답 ④

**188** $S_{19}=a_1+a_2+a_3+\cdots+a_{19}$

$=(a_1+a_{19})+(a_2+a_{18})+\cdots+(a_9+a_{11})+a_{10}$

$=19a_{10}$

이고,

$T_{19}=b_1+b_2+b_3+\cdots+b_{19}$

$=(b_1+b_{19})+(b_2+b_{18})+\cdots+(b_9+b_{11})+b_{10}$

$=19b_{10}$

이므로

$\dfrac{a_{10}}{b_{10}}=\dfrac{19a_{10}}{19b_{10}}=\dfrac{S_{19}}{T_{19}}=\dfrac{5\times19+5}{7\times19-33}=\dfrac{100}{100}=1$ 답 1

**189** 등차수열 $\{a_n\}$의 첫째항을 $a$, 공차를 $d$라 하면

$a_1+a_2+a_3+\cdots+a_{10}=10$에서

$\dfrac{10}{2}\times(a_1+a_{10})=5\times(a+a+9d)$

$=10a+45d=10$ $\cdots$ ㉠

$a_{11}+a_{12}+a_{13}+\cdots+a_{20}=40$에서

$\dfrac{10}{2}\times(a_{11}+a_{20})=5\times(a+10d+a+19d)$

$=10a+145d=40$ $\cdots$ ㉡

㉠, ㉡을 연립하여 풀면 $a=-\dfrac{7}{20}$, $d=\dfrac{3}{10}$

$a_{21}+a_{22}+a_{23}+\cdots+a_{40}=\dfrac{20}{2}\times(a_{21}+a_{40})$

$=10\times(a+20d+a+39d)$

$=20a+590d$

$=-7+177=170$ 답 170

**다른 풀이**

$a_1+a_2+a_3+\cdots+a_{10}=10$

$a_{11}+a_{12}+a_{13}+\cdots+a_{20}=40=10+30$

등차수열 $\{a_n\}$에서 10개씩 항을 더하여 나열한 수열은

공차가 30인 등차수열을 이루므로

$a_{21}+a_{22}+a_{23}+\cdots+a_{30}=40+30=70$

$a_{31}+a_{32}+a_{33}+\cdots+a_{40}=70+30=100$

$\therefore a_{21}+a_{22}+a_{23}+\cdots+a_{40}=70+100=170$

**190** $l_k$의 $x$좌표를 $t$라 하면

$l_k=t^2+at+b-t^2=at+b$ $\cdots$ ㉠

이때 인접한 선분 $l_k$와 $l_{k+1}$ 사이의 간격을 $c$라 하면

$l_{k+1}=(t+c)^2+a(t+c)+b-(t+c)^2$

$=a(t+c)+b$ $\cdots$ ㉡

㉡－㉠을 하면 $l_{k+1}-l_k=ac$로 일정하므로

수열 $\{l_k\}$는 등차수열임을 알 수 있다.

$\therefore l_1+l_2+l_3+\cdots+l_{10}=\dfrac{10}{2}\times(l_1+l_{10})$

$=5\times(3+27)=150$ 답 ④

**191** $S_{2n}$, $S_{2n-1}$을 각각 $f(n)$, $g(n)$이라 하면

조건 (나)에서

$f(n)=S_{2n}=5+(n-1)\times4=4n+1$

조건 (다)에서

$g(n)=S_{2n-1}=5+(n-1)\times2=2n+3$

$\therefore a_{11}=S_{11}-S_{10}=g(6)-f(5)=15-21=-6$ 답 ③

**192** 두 자리 자연수 중에서 서로 다른 네 개의 수를 작은 것부터 순서대로 나열하여 공비가 자연수인 등비수열이 되는 경우를 구해보자.

(i) (공비)＝2일 때

10, 20, 40, 80 $\cdots$ ㉠

11, 22, 44, 88 $\cdots$ ㉡

12, 24, 48, 96 $\cdots$ ㉢

(ii) (공비)$\geq$3일 때

네 번째 항이 세 자리 자연수가 되므로 조건을 만족하는 경우는 없다.

따라서 네 수의 합이 가장 클 때는 ㉢이고, 그 합은

$12+24+48+96=180$ 답 ④

**193** $f(x)=x^2-ax+2a$라 하면

$p=f(2)=4$

$q=f(3)=9-a$

$r=f(4)=16-2a$

세 수 $p$, $q$, $r$가 이 순서대로 등비수열을 이루므로

$q^2=p\times r$가 성립한다.

즉, $(9-a)^2=4\times(16-2a)$에서 $a^2-10a+17=0$

따라서 모든 실수 $a$의 값의 곱은 이차방정식의 근과 계수의 관계에 의하여 17이다. 답 17

**194** $18^{2022}=2^{2022}\times(3^2)^{2022}$이므로 약수의 총합은

$$(1+2+2^2+ \cdots +2^{2022}) \times (1+3+3^2+ \cdots +3^{4044})$$

$$=1 \times \frac{2^{2023}-1}{2-1} \times 1 \times \frac{3^{4045}-1}{3-1}$$

$$=(2 \times 2^{2022}-1) \times \frac{1}{2}(3 \times 3^{4044}-1)$$

$$=\frac{1}{8}(2A-1)(9B^2-1)$$  답 ⑤

**195** $a_1=S_1=3-10=-7$이고, $a_n=S_n-S_{n-1}$이므로
$$a_n=(3^n-10)-(3^{n-1}-10)=2 \times 3^{n-1} \ (n \geq 2)$$
$$\therefore a_1+a_5=(-7)+2 \times 3^4=155$$  답 155

**196** 매월 초에 20만 원씩 24개월 동안 월이율 0.2%의 복리로 저금한 원리합계는
$$20(1+0.002)+20(1+0.002)^2+ \cdots +20(1+0.002)^{24}$$
$$=\frac{20 \times 1.002 \times \{(1.002)^{24}-1\}}{1.002-1}=501(만 \ 원)$$

노트북을 사고 200만 원이 남았으므로 노트북의 가격은
$$501-200=301(만 \ 원)$$  답 301만 원

**197** $a_1=\left(\frac{1}{2}\right)^2=\frac{1}{4}$

$a_2=\left(\frac{1}{4}\right)^2=\frac{1}{16}$

$a_3=\left(\frac{1}{8}\right)^2=\frac{1}{64}$

$\vdots$

$n$번째 시행까지 색칠한 정사각형의 넓이의 합은
$$\left(\frac{1}{2}\right)^2+\left(\frac{1}{4}\right)^2+\left(\frac{1}{8}\right)^2+ \cdots +\left(\frac{1}{2^n}\right)^2=\frac{1}{4} \times \frac{1-\left(\frac{1}{4}\right)^n}{1-\frac{1}{4}}$$

즉, $\frac{1}{3} \times \left\{1-\left(\frac{1}{4}\right)^n\right\} > \frac{341}{1024}$에서

$\left(\frac{1}{4}\right)^n < \frac{1}{1024}$, $2^{2n} > 2^{10}$

따라서 6번째 시행에서 색칠한 정사각형의 넓이의 합이 $\frac{341}{1024}$보다 커진다.  답 ②

**198** 등차수열 $\{a_n\}$의 공차를 $d$라 하고, 등비수열 $\{b_n\}$의 공비를 $r$라 하자.
조건 (나)에서 $a_2=b_2$이므로 $-2+d=2r$ $\cdots$ ㉠
$a_4=b_4$이므로 $-2+3d=2r^3$ $\cdots$ ㉡
㉡$-3 \times$㉠을 하여 정리하면

$$r^3-3r-2=(r+1)^2(r-2)=0$$
이때 수열 $\{b_n\}$의 공비가 양수이므로 $r=2$
$r=2$를 ㉠에 대입하면 $d=6$
$$\therefore a_7+b_7=(-2+6 \times 6)+(2 \times 2^6)$$
$$=34+128=162$$  답 ②

**199** 조건 ㈎에서 세 수 $a$, $c$, $b$가 이 순서대로 공비가 $r$인 등비수열을 이룬다고 하면
$$c=ar, \ b=ar^2 \ \cdots ㉠$$

조건 ㈏에서 세 수 $\frac{1}{a}$, $\frac{1}{b}$, $\frac{1}{c}$이 이 순서대로 등차수열을 이루므로

$$\frac{2}{b}=\frac{1}{a}+\frac{1}{c} \ \cdots ㉡$$

㉠을 ㉡에 대입하면

$$\frac{2}{ar^2}=\frac{1}{a}+\frac{1}{ar}$$
$$r^2+r-2=(r+2)(r-1)=0$$
이때 $r \neq 1$이므로 $r=-2$
$$\therefore b=4a, \ c=-2a$$
따라서
$$f(x)=ax^2+bx+c=ax^2+4ax-2a=a(x+2)^2-6a$$
이므로 조건 ㈐에서 $f(x)$의 최솟값은 $x=-2$일 때
$$-6a=-24, \ a=4$$  답 ④

| 본문 59~65p |

**STEP 2**    200 ①    201 ②    202 $4n^2+2n$
203 ③    204 ④    205 ⑤    206 ③    207 41
208 35    209 ⑤    210 19    211 ⑤    212 ③
213 ③    214 ①    215 1534    216 ①    217 ④
218 ②    219 ⑤    220 $8n-28$    221 54
222 3069    223 (1) 풀이 참조   (2) 20

**200** 수열 $\{a_n\}$은 등차수열이므로
$$a_{n+2}-2a_{n+1}+a_n=0 \ (등차중항)이 성립한다.$$
따라서 주어진 이차방정식의 한 근이 $x=-1$임을 알 수 있다. 근과 계수의 관계에 의하여 나머지 한 근은
$$b_n=-\frac{a_n}{a_{n+2}}이다.$$

수열 $\{a_n\}$의 공차를 $d$라 하면

$$\frac{b_n}{b_n+1}=\frac{-\dfrac{a_n}{a_{n+2}}}{-\dfrac{a_n}{a_{n+2}}+1}=\frac{-a_n}{-a_n+a_{n+2}}=-\frac{a_n}{2d}$$

따라서 수열 $\left\{\dfrac{b_n}{b_n+1}\right\}$의 공차는

$$\frac{b_{n+1}}{b_{n+1}+1}-\frac{b_n}{b_n+1}=\left(-\frac{a_{n+1}}{2d}\right)-\left(-\frac{a_n}{2d}\right)$$
$$=-\frac{d}{2d}=-\frac{1}{2}$$　　　답 ①

**201** $n$에 1, 2, 3, …을 차례대로 대입하면
$A=\{4,\ 7,\ 10,\ 13,\ 16,\ \cdots\}$,
$B=\{3,\ 5,\ 7,\ 9,\ 11,\ 13,\ \cdots\}$이므로
공통인 작은 수부터 차례대로 나열하면
$c_1=7$, $c_2=13$, …이다.
즉, 수열 $\{c_n\}$은 첫째항이 7, 공차가 6인 등차수열이므로
$c_n=6n+1$
이때 $c_n$이 세 자리의 자연수이려면 $6n+1\geq100$이어야
하므로
$n=17$일 때 $c_n$은 처음으로 세 자리의 자연수가 된다.

답 ②

**202** $A$의 원소 중 최소인 수는 제일 작은 수들 $n$개를 더하
면 되므로
$x=1+3+5+\cdots+(2n-1)$
$\quad=\dfrac{n}{2}\times\{2\times1+(n-1)\times2\}=n^2$
$A$의 원소 중 최대인 수는 제일 큰 수들 $n$개를 더하면
되므로
$y=(4n+1)+(4n-1)+(4n-3)+\cdots$
$\quad=\dfrac{n}{2}\times\{2\times(4n+1)+(n-1)\times(-2)\}$
$\quad=3n^2+2n$
$\therefore x+y=4n^2+2n$　　　답 $4n^2+2n$

**203** 삼각형의 세 변의 길이를 각각 $a-d$, $a$, $a+d$ $(d>0)$라
하면 삼각형의 결정 조건에 의하여
$(a-d)+a>a+d$이므로 $a>2d$　　　… ㉠
조건 (내)와 ㉠에 의하여
$3d<a+d\leq15$이므로 $d<5$
$d=1$일 때, $a=3,\ 4,\ 5,\ \cdots,\ 14$ $(\because a-d>0)$
$d=2$일 때, $a=5,\ 6,\ 7,\ \cdots,\ 13$
$d=3$일 때, $a=7,\ 8,\ 9,\ \cdots,\ 12$

$d=4$일 때, $a=9,\ 10,\ 11$
따라서 조건을 만족하는 삼각형의 개수는
$12+9+6+3=30$(개)　　　답 ③

**204** 이차방정식의 근과 계수의 관계를 이용하면
$\alpha_1+\alpha_2=-b$　　　… ㉠
$\alpha_1\alpha_2=2a+3$　　　… ㉡
$\beta_1+\beta_2=a$　　　… ㉢
$\beta_1\beta_2=-b$　　　… ㉣
또, $\beta_1$, $\alpha_1$, $\beta_2$, $\alpha_2$가 이 순서대로 등차수열을 이루므로
$\beta_1+\beta_2=2\alpha_1=a$　　　… ㉤
$\alpha_1+\alpha_2=2\beta_2=-b$　　　… ㉥
㉣, ㉥에서 $\beta_1=2$이므로
㉢에서 $\beta_2=a-2$
㉡, ㉤에서 $\alpha_2=\dfrac{4a+6}{a}$
즉, $\alpha_1+\alpha_2=\beta_1\beta_2$에서 $\dfrac{a}{2}+\dfrac{4a+6}{a}=2(a-2)$
이를 정리하면 $3a^2-16a-12=(3a+2)(a-6)=0$이
므로
$a=6$, $b=-8$ ($a$, $b$는 정수)
$\therefore \alpha_1+\beta_1+\alpha_2+\beta_2=(-b)+a=14$

답 ④

**205** $a_1$, $a_2$, $a_3$, $\cdots$, $a_n$이 등차수열이므로
$a_1+a_n=a_2+a_{n-1}=a_3+a_{n-2}=\cdots$ 이 성립한다.
조건 (가), (나)에서
$(a_1+a_n)\times5=120+680=800$이므로
$a_1+a_n=160$
조건 (다)에서
$a_1+a_2+a_3+\cdots+a_n$
$=\dfrac{n}{2}\times(a_1+a_n)$
$=80n=2400$
이므로 $n=30$　　　답 ⑤

**206** 등차수열 $\{a_n\}$의 첫째항을 $a$, 공차를 $d$라 하면
$a_3+a_9=2a+10d$, $a+5d=0$
즉, $a_6=0$이므로 $n=6$일 때, $S_n$은 최솟값을 갖는다.
$S_6=\dfrac{6}{2}\times(a_1+a_6)=3a=-45$에서
$a=-15$, $d=3$
$\therefore a_{51}=-15+50\times3=135$　　　답 ③

**207** $S_p=S_q$ $(p<q)$를 만족하는 순서쌍 $(p, q)$의 개수가 10인 경우를 나누어 보면

(i) $S_1=S_{20}$, $S_2=S_{19}$, $S_3=S_{18}$, $\cdots$, $S_{10}=S_{11}$인 경우

$S_{10}=S_{11}$이므로 $a_{11}=a+10d=0$

$\therefore a=20$

(ii) $S_1=S_{21}$, $S_2=S_{20}$, $S_3=S_{19}$, $\cdots$, $S_{10}=S_{12}$인 경우

$S_{10}=S_{12}$이므로 $a_{11}+a_{12}=2a+21d=0$

$\therefore a=21$

(i), (ii)에서 $20+21=41$ 　　　　**답** 41

**208** (i) $a$, $3b$, $5c$가 이 순서대로 등차수열을 이루므로

$6b=a+5c$

즉, $b=\dfrac{a+5c}{6}$이므로 점 B는 선분 AC를 $5:1$로 내분하는 점이다.

$\therefore p=5$

(ii) $3b$, $5c$, $7d$가 이 순서대로 등차수열을 이루므로

$10c=3b+7d$

즉, $c=\dfrac{3b+7d}{10}$이므로 점 C는 선분 BD를

$7:3=\dfrac{7}{3}:1$로 내분하는 점이다.

$\therefore q=\dfrac{7}{3}$

(iii) (ii)의 $c$를 $b=\dfrac{a+5c}{6}$에 대입하여 정리하면

$d=\dfrac{9b-2a}{7}$이므로 점 D는 선분 AB를 $9:2=\dfrac{9}{2}:1$

로 외분하는 점이다.

$\therefore r=\dfrac{9}{2}$

(i), (ii), (iii)에서

$2p+3q+4r=10+7+18=35$ 　　　　**답** 35

**209** 수열 $\left\{\dfrac{1}{a_n}\right\}$이 공차가 $d$인 등차수열을 이룬다고 하면

$\dfrac{1}{a_{n+1}}-\dfrac{1}{a_n}=\dfrac{a_n-a_{n+1}}{a_n\times a_{n+1}}=d$이므로

$a_n\times a_{n+1}=\dfrac{a_n-a_{n+1}}{d}=\dfrac{a_n-a_{n+1}}{2}$이 성립한다.

$\left(\because \dfrac{1}{a_{21}}-\dfrac{1}{a_1}=20d=40\right)$

$\therefore a_1a_2+a_2a_3+a_3a_4+\cdots+a_{20}a_{21}$

$=\dfrac{1}{2}\times\{(a_1-a_2)+(a_2-a_3)+(a_3-a_4)+\cdots$

$+(a_{20}-a_{21})\}$

$=\dfrac{1}{2}\times(a_1-a_{21})$

$=\dfrac{1}{2}\times\left(1-\dfrac{1}{41}\right)=\dfrac{20}{41}$ 　　　　**답** ⑤

**210** $A$, $B$, $C$가 서로 다른 세 자연수이므로 $\log A$, $\log B$, $\log C$는 모두 음수가 아니다.

조건 (가)에서 $[\log A]=[\log B]=[\log C]=0$이므로 $A$, $B$, $C$는 서로 다른 한 자리의 자연수이다.

$A+B+C$가 최댓값을 가지는 경우, $C=9$이어야 하므로

$B=8$일 때, $A=\dfrac{64}{9}$ ($A$가 자연수가 아니다.)

$B=7$일 때, $A=\dfrac{49}{9}$ ($A$가 자연수가 아니다.)

같은 방법으로 $B=6$일 때, $A=4$이므로 조건을 만족한다.

따라서 $A+B+C$의 최댓값은

$4+6+9=19$ 　　　　**답** 19

**211** 수열 $\{b_n\}$의 공비는

$r_2=\dfrac{b_2}{b_1}=\dfrac{a_3a_4}{a_1a_2}=\dfrac{a_1r_1^{2}\times a_1r_1^{3}}{a_1\times a_1r_1}=r_1^{4}$

수열 $\{c_n\}$의 공비는

$r_3=\dfrac{c_2}{c_1}=\dfrac{a_4a_5a_6}{a_1a_2a_3}=\dfrac{a_1r_1^{3}\times a_1r_1^{4}\times a_1r_1^{5}}{a_1\times a_1r_1\times a_1r_1^{2}}=r_1^{9}$

$\therefore r_2^{9}=r_3^{4}=r_1^{36}$ 　　　　**답** ⑤

**212** 등비수열의 공비를 $r$라 하면

$r=\dfrac{10b}{a}=\dfrac{10c}{b}=\dfrac{10d}{c}$

$\dfrac{b}{a}=\dfrac{r}{10}$ 　　　　　$\cdots$ ㉠

$\dfrac{b}{a}\times\dfrac{c}{b}=\dfrac{c}{a}=\left(\dfrac{r}{10}\right)^{2}$ 　　$\cdots$ ㉡

$\dfrac{c}{a}\times\dfrac{d}{c}=\dfrac{d}{a}=\left(\dfrac{r}{10}\right)^{3}$ 　　$\cdots$ ㉢

㉠, ㉡, ㉢과 조건 (가)에 의하여

$\dfrac{b}{a}\times\dfrac{c}{a}\times\dfrac{d}{a}=\left(\dfrac{r}{10}\right)^{6}=\left(\dfrac{1}{5}\right)^{6}$이므로 $r=2$

$\therefore 10^{3}\left(\dfrac{b}{a}+\dfrac{c}{a}+\dfrac{d}{a}\right)=10^{3}\left(\dfrac{2}{10}+\dfrac{4}{10^{2}}+\dfrac{8}{10^{3}}\right)$

$=200+40+8=248$ 　　　　**답** ③

**213** 수열 $\{a_n\}$의 공비를 $r$라 하면

세 수 $a_1$, $a_2$, $a_3$가 이 순서대로 등비수열을 이루므로

$a_1=1$, $a_2=r$, $a_3=r^{2}$ $(r>0)$

교점의 $x$좌표를 대입하여 $m$의 값을 구하면

$-r^2+7r-6=m(r-1)$에서 $m=-r+6$

$r^4-7r^2+6=m(r^2-1)$에서 $m=r^2-6$

이때 $m=r^2-6=-r+6$이므로

$r^2+r-12=(r-3)(r+4)=0$

$r>0$이므로 $r=3$

$\therefore m=3$　　　　　　　　　　　답 ③

**214** $a_{n+1}=S_{n+1}-S_n=r^n$이므로

$\begin{aligned}
F(n)&=a_2\times a_4\times a_6\times\cdots\times a_{2n}\\
&=r\times r^3\times r^5\times\cdots\times r^{2n-1}\\
&=r^{\frac{n}{2}(1+2n-1)}=(r)^{n^2}
\end{aligned}$

따라서

$\begin{aligned}
F(9n)\times F(12n)&=r^{(9n)^2}\times r^{(12n)^2}\\
&=r^{(9n)^2+(12n)^2}=r^{(15n)^2}
\end{aligned}$

$\therefore k=15$　　　　　　　　　　　답 ①

**215** $S_n-S_{n-1}$

$\begin{aligned}
&=\left\{\frac{4}{3}(4^n-1)-2p(2^n-1)\right\}\\
&\quad-\left\{\frac{4}{3}(4^{n-1}-1)-2p(2^{n-1}-1)\right\}\\
&=4^n-p\times2^n=a_n
\end{aligned}$

이때 $a_9>a_{10}$이므로 $2^{18}-p\times2^9>2^{20}-p\times2^{10}$

$\therefore p>2^{11}-2^9=3\times2^9$　　　　$\cdots$ ㉠

또, $a_{10}<a_{11}$이므로 $2^{20}-p\times2^{10}>2^{22}-p\times2^{11}$

$\therefore p<2^{12}-2^{10}=3\times2^{10}$　　　$\cdots$ ㉡

㉠, ㉡에서 $1536<p<3072$이므로

$M=3071,\ m=1537$

$\therefore M-m=3071-1537=1534$　　답 1534

**216**

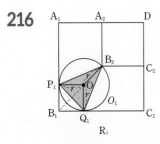

그림 $R_1$에서 생기는 원 $O_1$의 중심을 O, 반지름의 길이를 $r$라 하면

$\overline{B_1B_2}=\sqrt2 r+r=\sqrt2$이므로 $r=2-\sqrt2$

또, $\triangle OP_1B_2\equiv\triangle OQ_1B_2$ (SSS 합동)이므로

$R_1$에서 색칠한 부분의 넓이는

$\begin{aligned}
\triangle OP_1Q_1+2\times\triangle OP_1B_2&=\frac{1}{2}r^2+2\times\frac{1}{2}r^2\sin135°\\
&=\frac{1}{2}r^2\left(1+2\times\frac{\sqrt2}{2}\right)\\
&=\frac{1}{2}(2-\sqrt2)^2(1+\sqrt2)\\
&=\frac{(\sqrt2+1)(2-\sqrt2)^2}{2}\\
&=\sqrt2-1
\end{aligned}$

사각형 $A_1B_1C_1D$와 사각형 $A_2B_2C_2D$의 길이의 비는

$2:1=1:\dfrac{1}{2}$이므로 넓이의 비는 $1:\dfrac{1}{4}$이다.

따라서 $R_5$에서 색칠되어 있는 부분의 넓이는

첫째항이 $\sqrt2-1$이고, 공비가 $\dfrac{1}{4}$인 등비수열의 제1항부터 제6항까지의 합과 같으므로

$\dfrac{(\sqrt2-1)\left\{1-\left(\dfrac{1}{4}\right)^6\right\}}{1-\dfrac{1}{4}}=\dfrac{1365(\sqrt2-1)}{1024}$　　답 ①

**217** 꿈틀이가 만 60세가 되는 해까지 납입한 보험료의 원리합계 $S$는 첫째항이 $10\times1.002$이고 공비가 $1.002$인 등비수열의 360항까지의 합과 같다.

$\begin{aligned}
\therefore S&=10\times1.002+10\times(1.002)^2+\cdots+10\times(1.002)^{360}\\
&=10\times1.002\times\frac{(1.002)^{360}-1}{1.002-1}
\end{aligned}$

만 60세부터 만 70세까지 보험계약을 유지할 경우의 원리합계 $S'$은

$\begin{aligned}
S'&=10\times1.002\times\frac{(1.002)^{360}-1}{1.002-1}\times(1.002)^{120}\\
&=10\times(1.002)^{121}\times\frac{(1.002)^{360}-1}{1.002-1}\\
&=10\times1.3\times\frac{2.1-1}{1.002-1}=7150(\text{만 원})
\end{aligned}$

따라서 원리합계의 80%를 환급받으므로 환급액은

$7150\times0.8=5720(\text{만 원})$이다.　　답 ④

**218** $a_2=r$라 하면 $a_1=1,\ a_2=r,\ a_3=r^2$

조건 ㈐에서 $a_4=2r^2-r=r(2r-1)$

조건 ㈏에서 $a_5=(2r-1)^2$

같은 방법으로

$a_6=6r^2-7r+2=(2r-1)(3r-2),\ a_7=(3r-2)^2$

$a_8=12r^2-17r+6=(3r-2)(4r-3),\ a_9=(4r-3)^2,\ \cdots$

따라서 $a_{2k-1}=\{(k-1)r-(k-2)\}^2$,

$a_{2k}=\{(k-1)r-(k-2)\}\times\{kr-(k-1)\}$

이때 $a_2=r=2$이므로

$a_{99}=(49 \times 2-48)^2=50^2=2500,$

$a_{100}=(49 \times 2-48)(50 \times 2-49)=2550$

$\therefore a_{99}+a_{100}=5050$ 답 ②

**219** 조건 ㈎에서 수열 $\{S_n+p\}$는 첫째항이 12이고 공비가 3인 등비수열이므로

$S_n+p=a \times \dfrac{3^n-1}{3-1}+p=12 \times 3^{n-1}=4 \times 3^n$

$\therefore a=8, p=4$

조건 ㈏에서 수열 $\{T_n+q\}$가 등차수열을 이루기 위해서는 수열 $\{b_n\}$의 첫째항이 $b$이고 공비가 1인 수열이어야 한다. 즉, $T_n=b \times n$

따라서 수열 $\{T_n+q\}$는 공차가 7인 등차수열이므로

$b=7$

$\therefore T_a=T_8=7 \times 8=56$ 답 ⑤

**220** 등차수열 $\{a_n\}$의 첫째항을 $a$, 공차를 $d$라 하면

조건 ㈎에서 $a$와 $d$는 모두 정수이다. 조건 ㈏에서

$a_2+a_4+a_6+a_8+a_{10}$

$=(a+d)+(a+3d)+(a+5d)+(a+7d)+(a+9d)$

$=5a+25d=100$

이므로 $a+5d=20$

조건 ㈐에서 120보다 작은 항의 개수는 18이므로

$a_{18}<120, a_{19} \geq 120$이어야 한다.

$a_{18}=a+17d=(20-5d)+17d<120, d<\dfrac{25}{3}$ ⋯ ㉠

$a_{19}=a+18d=(20-5d)+18d \geq 120, d \geq \dfrac{100}{13}$ ⋯ ㉡

㉠, ㉡에서 $7. \times \times \leq d<8. \times \times$이므로

$d=8, a=-20$

따라서 등차수열 $\{a_n\}$의 일반항은

$a_n=a+(n-1)d=-20+(n-1) \times 8=8n-28$ 답 $8n-28$

**221** 자연수 $n$으로 나누었을 때 나머지는 $1, 2, 3, \cdots, n-1$이므로

$a_n=(n \times 1+1)+(n \times 2+2)+(n \times 3+3)+\cdots$
$\qquad +\{n \times (n-1)+n-1\}$

$\quad =(n+1) \times \{1+2+3+\cdots+(n-1)\}$

$\quad =(n+1) \times \left(\dfrac{n-1}{2}\right) \times \{1+(n-1)\}$

$\quad =\dfrac{(n-1) \times n \times (n+1)}{2}$

따라서 $(n-1) \times n \times (n+1)<1000$을 만족하는 $n$은 2부터 10까지이므로 모든 자연수 $n$의 합은

$\dfrac{9}{2} \times (2+10)=54$ 답 54

**222** 수열 $\{a_n\}$의 첫째항부터 제$n$항까지의 합을 $S_n$이라 할 때

$S_4=\dfrac{a}{r-1} \times (r^4-1)=3$ ⋯ ㉠

$S_{12}=\dfrac{a}{r-1} \times (r^4-1)(r^8+r^4+1)=21$ ⋯ ㉡

㉡÷㉠을 하면 $r^8+r^4+1=7$이므로

$r^8+r^4-6=(r^4+3)(r^4-2)=0$

이때 모든 항이 실수이므로 $r^4=2$

㉠에 $r^4=2$를 대입하면 $\dfrac{a}{r-1}=3$

$\therefore S_{40}=\dfrac{a}{r-1} \times (r^{40}-1)$

$\qquad =3 \times (2^{10}-1)=3069$ 답 3069

**223** (1)

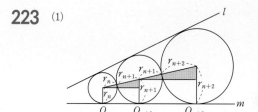

그림과 같이 원 $O_n$의 반지름의 길이를 $r_n$이라 하면 색칠된 두 삼각형은 닮음이므로

$(r_n+r_{n+1}):(r_{n+1}+r_{n+2})=(r_{n+1}-r_n):(r_{n+2}-r_{n+1})$

위의 비례식을 풀면 $(r_{n+1})^2=r_n \times r_{n+2}$이므로 수열 $\{r_n\}$은 등비수열을 이룬다.

또, 수열 $\{r_n\}$의 공비를 $t$라 하면 원 $O_n$과 $O_{n+1}$의 넓이의 비는

$\dfrac{a_{n+1}}{a_n}=\dfrac{\pi(r_{n+1})^2}{\pi(r_n)^2}=\left(\dfrac{r_{n+1}}{r_n}\right)^2=t^2$

따라서 수열 $\{a_n\}$은 공비가 $t^2$인 등비수열이다.

(2) 수열 $\{a_n\}$이 등비수열을 이루므로 등비중항을 이용하면

$a_1 \times a_{10}=a_2 \times a_9=\cdots=a_5 \times a_6$

즉, $a_1 \times a_{10}=2^4$이므로

$a_1 \times a_2 \times a_3 \times \cdots \times a_{10}=(2^4)^5=2^{20}$

$\therefore \log_2 (a_1 \times a_2 \times a_3 \times \cdots \times a_{10})=\log_2 2^{20}=20$

답 (1) 풀이 참조 (2) 20

**224** 이차함수의 그래프에서 $f(x) = a(x-3)(x-13)$이고,
$f(1) > 0$이므로 $a_1 > 0$
이때 $f(x)$의 그래프는 $x=8$에 대하여 대칭이므로
$a_2, a_3, a_4, \cdots, a_8$은 음수이고, $a_9, a_{10}, a_{11}, \cdots$은 양수이다.
$f(3) = a_1 + a_2 + a_3 = 0$ ··· ㉠
$f(13) = a_1 + a_2 + a_3 + a_4 + \cdots + a_{13} = 0$ ··· ㉡
㉡-㉠을 하면 $a_4 + a_5 + a_6 + \cdots + a_{13} = 0$
이때 $a_4 < 0$이므로 $a_5 + a_6 + \cdots + a_{13} > 0$
따라서 $a_m + a_{m+1} + a_{m+2} + \cdots + a_{13} > 0$을 만족시키는
$m$의 최솟값은 $p=5$
$a_m + a_{m+1} + a_{m+2} + \cdots + a_{13}$의 값이 최대가 되게 하는
$m$의 값은 $q=9$, 즉
$a_p - a_q = a_5 - a_9$
$\quad = \{f(5) - f(4)\} - \{f(9) - f(8)\}$
$\quad = (-16a + 9a) - (-24a + 25a)$
$\quad = -8a = -16$
에서 $a=2$
따라서 $f(x) = 2(x-3)(x-13)$이므로
$f(15) = 2 \times 12 \times 2 = 48$ **답 48**

**225** 조건을 만족시키는 함수 $f(x)$는
$$f(x) = \begin{cases} 0 & \left(0 \le x < \dfrac{\pi}{2}\right) \\ -2\sin 2x & \left(-\dfrac{\pi}{2} \le x < 0\right) \end{cases}$$
이므로 $0 \le f(x) \le 2 \left(-\dfrac{\pi}{2} \le x < \dfrac{\pi}{2}\right)$ ··· ㉠
이때 $a_{n+1} = a_n + \pi$이므로
$f(a_{n+1}) = f(a_n + \pi) = f(a_n) + 2$, 즉 $\{f(a_n)\}$은 공차가
2인 등차수열이다.
따라서 $\{f(a_n)\}$의 첫째항부터 제16항까지의 합은
$\dfrac{16 \times \{2f(a_1) + 15 \times 2\}}{2} = 352$에서
$16 \times f(a_1) = 112$, $f(a_1) = 7$
㉠에서 $a_1$은 $-\dfrac{\pi}{2} \le x < \dfrac{\pi}{2}$를 만족하지 않으므로
$f(a_1 - \pi) = f(a_1) - 2 = 5$,
$f(a_1 - 2\pi) = 3$, $f(a_1 - 3\pi) = 1$에서
$f(a_1 - 3\pi) = -2\sin \{2(a_1 - 3\pi)\} = 1$,

$2(a_1 - 3\pi) = -\dfrac{\pi}{6}$ 또는 $2(a_1 - 3\pi) = -\dfrac{5\pi}{6}$

즉, $a_1 = \dfrac{35}{12}\pi$, $\dfrac{31}{12}\pi$

따라서 $a_1$의 값 중 최솟값은 $\dfrac{31}{12}\pi$이므로
$p=31$, $q=12$이고, $p+q = 31+12 = 43$ **답 43**

**226** 등차수열 $\{a_n\}$의 첫째항부터 네번째 항을 순서대로
$a-3d$, $a-d$, $a+d$, $a+3d$ ($d<0$인 정수)라 하고,
등비수열 $\{b_n\}$의 첫째항부터 네번째 항을 순서대로
$b$, $br$, $br^2$, $br^3$ ($r<0$인 정수)이라 하자.
조건 (나)의 식에서 조건 (가)의 식을 빼서 정리하면
$-2(b_2 + b_4) = -2(b_1 r + b_1 r^3) = 60$
$\qquad\qquad$ ($b_1$, $b_3$는 양수, $b_2$, $b_4$는 음수)
$b_1 r(1+r^2) = -30$
이때 $r<0$인 정수이므로 $(1+r^2)$의 값은 10 또는 5 또
는 2이고, 가능한 $r$의 값은 $-3$ 또는 $-2$ 또는 $-1$이다.
(i) $r=-3$인 경우
$\quad -30b_1 = -30$이므로 $b_1 = 1$
$\quad$ 즉, $b_1 + b_2 + b_3 + b_4 = \dfrac{1 \times \{1 - (-3)^4\}}{1 - (-3)} = -20$
$\quad$ 조건 (가)에서 $a_1 + a_2 + a_3 + a_4 = -15 - (-20) = 5$
$\quad$ 이므로
$\quad (a-3d) + (a-d) + (a+d) + (a+3d) = 4a = 5$
$\quad$ 이때 $a$는 정수가 아니므로 조건을 만족시키지 않는다.
(ii) $r=-2$인 경우
$\quad -10b_1 = -30$이므로 $b_1 = 3$
$\quad$ 즉, $b_1 + b_2 + b_3 + b_4 = \dfrac{3 \times \{1 - (-2)^4\}}{1 - (-2)} = -15$
$\quad$ 조건 (가)에서 $a_1 + a_2 + a_3 + a_4 = -15 - (-15) = 0$
$\quad$ 이므로 $4a = 0$, $a=0$
$\quad$ 이때 조건 (나)에서 $|b_1| + |b_2| + |b_3| + |b_4| = 45$
$\quad$ 이고, 조건 (다)에서
$\quad (|a_1| + |a_2| + |a_3| + |a_4|) + 45 = 69$이므로
$\quad |a_1| + |a_2| + |a_3| + |a_4| = 24$
$\quad$ 즉, $-3d - d - d - 3d = -8d = 24$이므로 $d=-3$
(iii) $r=-1$인 경우
$\quad -2b = -30$이므로 $b_1 = 15$
$\quad$ 이때 $b_1 + b_2 + b_3 + b_4 = 0$이고,
$\quad$ 조건 (가)에서 $a_1 + a_2 + a_3 + a_4 = -15$이므로 $4a = -15$
$\quad a$는 정수가 아니다.
따라서 수열 $\{a_n\}$은 첫째항이 9이고 공차가 $-6$인 등
차수열이고, 수열 $\{b_n\}$은 첫째항이 3이고 공비가 $-2$인
등비수열이다.

(1) 수열 $\{a_n\}$의 일반항은
$$a_n=9+(n-1)\times(-6)=-6n+15$$
(2) 수열 $\{b_n\}$의 일반항은 $b_n=3\times(-2)^{n-1}$
(3) $a_5+b_5=\{9+4\times(-6)\}+\{3\times(-2)^4\}$
$$=-15+48=33$$

답 (1) $a_n=-6n+15$ (2) $b_n=3\times(-2)^{n-1}$ (3) 33

**227**

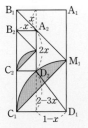

$\overline{A_2B_2}=x$라 하면
$(1-x)^2+(2-3x)^2=1$에서 $10x^2-14x+4=0$
$5x^2-7x+2=(5x-2)(x-1)=0$
$$x=\frac{2}{5} \ (x<1)$$
이때 $\overline{A_1B_1}:\overline{A_2B_2}=1:\dfrac{2}{5}$이므로
그림 $P_n$에서 어둡게 색칠한 부분의 넓이를 $a_n$이라 하면
$$a_1=\frac{\pi}{4}-\frac{1}{2}$$
$$a_2=\left(\frac{\pi}{4}-\frac{1}{2}\right)\times\left(\frac{2}{5}\right)^2$$
$\vdots$
즉, 수열 $\{a_n\}$은 첫째항이 $\dfrac{\pi}{4}-\dfrac{1}{2}$이고, 공비가 $\left(\dfrac{2}{5}\right)^2$
인 등비수열이다. 따라서
$$S_{10}=\left(\frac{\pi}{4}-\frac{1}{2}\right)\times\frac{1-\left(\frac{2}{5}\right)^{20}}{1-\left(\frac{2}{5}\right)^2}$$
$$=\frac{25}{21}\times\left(\frac{\pi}{4}-\frac{1}{2}\right)\times\left\{1-\left(\frac{2}{5}\right)^{20}\right\}$$
이므로 $a=\dfrac{25}{21}$, $b=\dfrac{2}{5}$이고,
$$ab=\frac{25}{21}\times\frac{2}{5}=\frac{10}{21}$$

답 $\dfrac{10}{21}$

# 06 수열의 합

| 본문 70~71p |

STEP 1

| | | | |
|---|---|---|---|
| 228 ① | 229 350 | 230 ⑤ | 231 ② |
| 232 715 | 233 ① | 234 ④ | 235 ⑤ | 236 ② |
| 237 49 | 238 ⑤ | 239 ① | 240 ③ | 241 ⑤ |
| 242 385 | | | |

**228** ㄱ. $\displaystyle\sum_{k=1}^{n}a_{2k+1}+\sum_{k=1}^{n}a_{2k}$
$$=(a_3+a_5+a_7+\cdots+a_{2n+1})$$
$$\qquad+(a_2+a_4+a_6+\cdots+a_{2n})$$
$$=a_2+a_3+a_4+a_5+\cdots+a_{2n}+a_{2n+1}$$
$$=\sum_{k=2}^{2n+1}a_k \ (참)$$
ㄴ. $\displaystyle\sum_{k=1}^{n}a_n=n\times a_n \ (거짓)$
ㄷ. $(2a_1+1)+(2a_2+2)+(2a_3+3)+\cdots+(2a_n+n)$
$$=\sum_{k=1}^{n}(2a_k+k) \ (거짓)$$
ㄹ. $\displaystyle\sum_{k=1}^{n}a_kb_k=a_1b_1+a_2b_2+a_3b_3+\cdots+a_nb_n$이고,
$$S\times T=(a_1+a_2+a_3+\cdots+a_n)$$
$$\qquad\times(b_1+b_2+b_3+\cdots+b_n)$$
이므로 $\displaystyle\sum_{k=1}^{n}a_kb_k\neq S\times T \ (거짓)$
따라서 옳은 것은 ㄱ이다.

답 ①

**229** $\displaystyle\sum_{k=1}^{20}(3a_k-5)$
$$=3\sum_{k=1}^{20}a_k-5\times20$$
$$=3\sum_{k=1}^{10}a_{2k-1}+3\sum_{k=1}^{10}a_{2k}-100$$
$$=3\times(2\times10^2)+3\times\left(-\frac{10^3}{20}\right)-100$$
$$=600-150-100=350$$

답 350

**230** $\displaystyle\sum_{k=1}^{2020}k(a_k-a_{k+1})$
$$=1\times(a_1-a_2)+2\times(a_2-a_3)+3\times(a_3-a_4)+\cdots$$
$$\qquad\qquad\qquad\qquad+2020\times(a_{2020}-a_{2021})$$
$$=(a_1+a_2+a_3+\cdots+a_{2020})-2020\times a_{2021}$$
$$=200-\frac{2020}{20}=99$$

답 ⑤

**231** $t^3-6t^2+12t-8=(t-2)^3$이므로

$$\sum_{t=3}^{12}(t-2)^3=1^3+2^3+\cdots+10^3=\sum_{k=1}^{10}k^3$$

$$\therefore \sum_{k=1}^{10}k^3=\left(\frac{10\times11}{2}\right)^2=3025 \qquad \boxed{답} ②$$

**232**

$$\sum_{k=1}^{10}(2k-1)+\sum_{k=2}^{10}(2k-1)+\sum_{k=3}^{10}(2k-1)+\cdots$$
$$+\sum_{k=10}^{10}(2k-1)$$
$$=(1+3+5+\cdots+19)$$
$$\quad+(3+5+\cdots+19)$$
$$\qquad+(5+\cdots+19)$$
$$\qquad\qquad\vdots$$
$$\qquad\qquad\qquad+19$$
$$=\sum_{k=1}^{10}k(2k-1)$$
$$=\sum_{k=1}^{10}2k^2-\sum_{k=1}^{10}k$$
$$=2\times\frac{10\times11\times21}{6}-\frac{10\times11}{2}=715 \qquad \boxed{답} 715$$

**233**

$$\sum_{m=1}^{n}\left\{\sum_{k=1}^{m}(k+m)\right\}$$
$$=\sum_{m=1}^{n}\left(\sum_{k=1}^{m}k+m\times m\right)$$
$$=\sum_{m=1}^{n}\left\{\frac{m(m+1)}{2}+m^2\right\}$$
$$=\frac{3}{2}\sum_{m=1}^{n}m^2+\frac{1}{2}\sum_{m=1}^{n}m$$
$$=\frac{3}{2}\times\frac{n(n+1)(2n+1)}{6}+\frac{1}{2}\times\frac{n(n+1)}{2}$$
$$=\frac{n(n+1)^2}{2}=50$$

이므로 $n=4$ $\qquad \boxed{답} ①$

**234** 수열 $\{a_n\}$의 첫째항부터 제 $n$항까지의 합을 $S_n$이라 하면

$S_n=\sum_{k=1}^{n}a_k=n^2+n$이므로

$n=1$일 때, $a_1=S_1=2$ $\quad\cdots$ ㉠

$n\geq2$일 때,
$$a_n=S_n-S_{n-1}$$
$$=(n^2+n)-\{(n-1)^2+(n-1)\}$$
$$=2n \qquad\qquad \cdots ㉡$$

㉠, ㉡에서 수열 $\{a_n\}$의 일반항은 $a_n=2n$ $(n\geq1)$이다.

이때 $a_{2k-1}=2(2k-1)=4k-2$이므로

$$\sum_{k=1}^{10}(k+1)a_{2k-1}=\sum_{k=1}^{10}(k+1)(4k-2)$$

$$=\sum_{k=1}^{10}(4k^2+2k-2)$$
$$=4\sum_{k=1}^{10}k^2+2\sum_{k=1}^{10}k-\sum_{k=1}^{10}2$$
$$=4\times\frac{10\times11\times21}{6}+2\times\frac{10\times11}{2}$$
$$\quad-2\times10$$
$$=1540+110-20=1630 \qquad \boxed{답} ④$$

**235**

$$1\times2\times3+2\times3\times4+3\times4\times5+\cdots+10\times11\times12$$
$$=\sum_{n=1}^{10}n(n+1)(n+2)$$
$$=\sum_{n=1}^{10}(n^3+3n^2+2n)$$
$$=\sum_{n=1}^{10}n^3+3\sum_{n=1}^{10}n^2+2\sum_{n=1}^{10}n$$
$$=\left(\frac{10\times11}{2}\right)^2+3\times\frac{10\times11\times21}{6}+2\times\frac{10\times11}{2}$$
$$=3025+1155+110=4290 \qquad \boxed{답} ⑤$$

**다른 풀이**

$\sum_{k=1}^{n}k(k+1)(k+2)=\dfrac{n(n+1)(n+2)(n+3)}{4}$이므로

$$1\times2\times3+2\times3\times4+3\times4\times5+\cdots+10\times11\times12$$
$$=\sum_{n=1}^{10}n(n+1)(n+2)$$
$$=\frac{10\times11\times12\times13}{4}=4290$$

**236** $\sum_{k=1}^{15}(2k+1)\times5^k=S$라 하면

$$S=3\times5+5\times5^2+7\times5^3+\cdots+31\times5^{15} \qquad\cdots ㉠$$

㉠의 양변에 5를 곱하면

$$5S=3\times5^2+5\times5^3+7\times5^4+\cdots+29\times5^{15}+31\times5^{16}\cdots ㉡$$

㉠－㉡을 하면

$$S-5S=3\times5+2\times(5^2+5^3+\cdots+5^{15})-31\times5^{16}$$
$$=5+2\times(5^1+5^2+5^3+\cdots+5^{15})-31\times5^{16}$$
$$=5+2\times5\times\frac{5^{15}-1}{5-1}-31\times5^{16}$$
$$=\frac{5}{2}-\frac{61}{2}\times5^{16}$$

이므로 $S=-\dfrac{5}{8}+\dfrac{61}{8}\times5^{16}$

따라서 $a=-\dfrac{5}{8},\ b=\dfrac{61}{8}$이므로

$$a+b=-\frac{5}{8}+\frac{61}{8}=7 \qquad \boxed{답} ②$$

**237** 이차방정식 $(n+1)x^2-x+(n+1)(n+2)=0$의 두 근이 $\alpha_n,\ \beta_n$이므로 근과 계수의 관계에 의하여

$$\alpha_n+\beta_n=\frac{1}{n+1},\ \alpha_n\times\beta_n=n+2$$

$$\sum_{n=1}^{15}\left(\frac{1}{\alpha_n}+\frac{1}{\beta_n}\right)=\sum_{n=1}^{15}\frac{\alpha_n+\beta_n}{\alpha_n\beta_n}$$

$$=\sum_{n=1}^{15}\frac{1}{(n+1)(n+2)}$$

$$=\sum_{n=1}^{15}\left(\frac{1}{n+1}-\frac{1}{n+2}\right)$$

$$=\left(\frac{1}{2}-\frac{1}{3}\right)+\left(\frac{1}{3}-\frac{1}{4}\right)+\cdots$$

$$+\left(\frac{1}{16}-\frac{1}{17}\right)$$

$$=\frac{1}{2}-\frac{1}{17}=\frac{15}{34}$$

따라서 $a=34$, $b=15$이므로

$a+b=34+15=49$      답 49

**238** $a_1=S_1=1$이고, $n\geq2$에서

$a_n=S_n-S_{n-1}$

$\quad=2n^2-n-\{2(n-1)^2-(n-1)\}$

$\quad=4n-3$

이므로 $a_n=4n-3$ $(n\geq1)$이다.

$$\therefore \sum_{k=1}^{30}\frac{1}{\sqrt{a_k}+\sqrt{a_{k+1}}}$$

$$=\sum_{k=1}^{30}\frac{1}{\sqrt{4k-3}+\sqrt{4k+1}}$$

$$=\sum_{k=1}^{30}\frac{1}{-4}(\sqrt{4k-3}-\sqrt{4k+1})$$

$$=-\frac{1}{4}\{(\sqrt{1}-\sqrt{5})+(\sqrt{5}-\sqrt{9})+\cdots$$

$$+(\sqrt{117}-\sqrt{121})\}$$

$$=-\frac{1}{4}(1-11)=\frac{5}{2}$$      답 ⑤

**239** $x^3-1=(x-1)(x^2+x+1)=0$의 한 허근이 $\omega$이므로

$\omega^3=1$이고, $\omega^2+\omega+1=0$에서 $\omega=\dfrac{-1\pm\sqrt{3}i}{2}$

이때 $\omega^{2n}$의 실수 부분이 $f(n)$이므로

$f(1)=\dfrac{1}{2}-1=-\dfrac{1}{2}$, $f(2)=-\dfrac{1}{2}$, $f(3)=1$이고

$f(1)=f(4)=\cdots=f(3k-2)$,

$f(2)=f(5)=\cdots=f(3k-1)$,

$f(3)=f(6)=\cdots=f(3k)$

$$\therefore \sum_{k=1}^{999}\left\{f(k)+\frac{1}{9}\right\}$$

$$=\sum_{k=1}^{999}f(k)+999\times\frac{1}{9}$$

$$=\left(-\frac{1}{2}-\frac{1}{2}+1\right)\times333+111=111$$      답 ①

**240** $x=k$일 때, 조건을 만족하는 점의 개수는

$3k-k+1=2k+1$이므로

$$\sum_{k=1}^{10}(2k+1)=2\sum_{k=1}^{10}k+10\times1$$

$$=2\times\frac{10\times11}{2}+10=120$$      답 ③

참고   조건을 만족하는 점의 좌표는 다음과 같다.

$\quad x=1$일 때, $(1, 1)$, $(1, 2)$, $(1, 3)$

$\quad x=2$일 때, $(2, 2)$, $(2, 3)$, $(2, 4)$, $(2, 5)$, $(2, 6)$

$\quad x=3$일 때,

$\quad (3, 3)$, $(3, 4)$, $(3, 5)$, $(3, 6)$, $(3, 7)$, $(3, 8)$, $(3, 9)$

$\quad\vdots$

$\quad x=10$일 때, $(10, 10)$, $(10, 11)$, $\cdots$, $(10, 30)$

**241** 주어진 수열을

$$\left(\frac{1}{1}\right), \left(\frac{1}{3}, \frac{2}{3}, \frac{3}{3}\right), \left(\frac{1}{5}, \frac{2}{5}, \frac{3}{5}, \frac{4}{5}, \frac{5}{5}\right), \cdots$$

와 같이 묶어서 정리하면

각 묶음에서 항의 수는 $1, 3, 5, \cdots, (2n-1), \cdots$ 이다.

이때 $1+3+5+\cdots+19=\dfrac{10}{2}\times(1+19)=100$이므로

$$\sum_{k=1}^{100}a_k=\left(\frac{1}{1}\right)+\left(\frac{1}{3}+\frac{2}{3}+\frac{3}{3}\right)+\cdots$$

$$+\left(\frac{1}{19}+\frac{2}{19}+\frac{3}{19}+\cdots+\frac{19}{19}\right)$$

$$=1+2+3+\cdots+10=55$$      답 ⑤

**242** 표 안에 적혀 있는 모든 수의 합은

$1\times(10^2-9^2)+2\times(9^2-8^2)+3\times(8^2-7^2)+\cdots$

$+10\times(1^2-0^2)$

$$=\sum_{k=1}^{10}k\times\{(11-k)^2-(10-k)^2\}$$

$$=\sum_{k=1}^{10}k\times(21-2k)$$

$$=21\sum_{k=1}^{10}k-2\sum_{k=1}^{10}k^2$$

$$=21\times\frac{10\times11}{2}-2\times\frac{10\times11\times21}{6}$$

$$=1155-770=385$$      답 385

**STEP 2**　243 ③　244 15　245 ④　246 ④
247 330　248 ②　249 ④　250 ②　251 155
252 ①　253 100　254 ③　255 ④　256 1
257 ③　258 ②　259 ⑤　260 ①　261 1399
262 ⑤　263 풀이 참조　264 $-\dfrac{2}{195}$
265 35　266 1245

**243** $k=n+1$이라 하면

$$\sum_{k=1}^{20}(k^2+1)a_k$$

$$=\sum_{n=0}^{19}\{(n+1)^2+1\}\times a_{n+1}$$

$$=\sum_{n=0}^{19}(n^2+2n+2)\times a_{n+1}$$

$$=\sum_{n=0}^{19}n^2 a_{n+1}+2\times\sum_{n=0}^{19}(n+1)a_{n+1}$$

$$=\Big\{0+\sum_{n=1}^{19}n^2 a_{n+1}\Big\}+2\times\sum_{n=0}^{19}(n+1)a_{n+1}\quad\cdots\text{㉠}$$

㉠의 $\displaystyle\sum_{n=0}^{19}(n+1)a_{n+1}$에서 $n+1=k$로 바꾸면

$$\sum_{k=1}^{20}(k^2+1)a_k=\sum_{n=1}^{19}n^2 a_{n+1}+2\times\sum_{k=1}^{20}ka_k$$

$$\therefore\sum_{n=1}^{19}n^2 a_{n+1}=\sum_{k=1}^{19}k^2 a_{k+1}$$

$$=\sum_{k=1}^{20}(k^2+1)a_k-2\times\sum_{k=1}^{20}ka_k$$

$$=30-16=14\qquad\text{달 ③}$$

**244** $S_k-S_{k-1}=a_k$이므로

$$\sum_{k=2}^{50}\frac{S_{k-1}}{S_k}=\sum_{k=2}^{50}\frac{S_k-a_k}{S_k}$$

$$=\sum_{k=2}^{50}\Big(1-\frac{a_k}{S_k}\Big)$$

$$=\sum_{k=1}^{50}\Big(1-\frac{a_k}{S_k}\Big)-\Big(1-\frac{a_1}{S_1}\Big)$$

$$=1\times 50-\sum_{k=1}^{50}\Big(\frac{a_k}{S_k}\Big)-(1-1)\ (\because S_1=a_1)$$

$$\therefore\sum_{k=1}^{50}\frac{a_k}{S_k}=50-\sum_{k=2}^{50}\frac{S_{k-1}}{S_k}$$

$$=50-35=15\qquad\text{달 15}$$

**245** $a_{30}=10$이므로

조건 (가)에서 $a_{10}=a_{30}-1=9$,

조건 (나)에서 $a_3=\dfrac{9-3}{2}=3$,

조건 (가)에서 $a_1=3-1=2$

또, 조건 (가), (나), (다)의 양변을 각각 더하면
$a_{3n}+a_{3n+1}+a_{3n+2}=a_n+3$이 성립한다.

$$\sum_{n=1}^{53}a_n$$

$$=a_1+a_2+\{(a_3+a_4+a_5)+(a_6+a_7+a_8)+\cdots$$
$$+(a_{51}+a_{52}+a_{53})\}$$

$$=a_1+a_2+\{(a_1)+(a_2)+\cdots+(a_{17})+3\times 17\}$$

$$=2(a_1+a_2)+\{(a_3+a_4+a_5)+(a_6+a_7+a_8)+\cdots$$
$$+(a_{15}+a_{16}+a_{17})\}+3\times 17$$

$$=2(a_1+a_2)+\{(a_1)+(a_2)+\cdots+(a_5)+3\times 5\}$$
$$+3\times 17$$

$$=3(a_1+a_2)+(a_3+a_4+a_5)+3\times 22$$

$$=3(a_1+a_2)+(a_1+3)+3\times 22$$

$$=4a_1+3a_2+69$$

따라서 $4a_1+3a_2+69=89$이므로

$8+3a_2=20$에서 $a_2=4$　　　　　달 ④

**246** $\displaystyle\sum_{k=1}^{10}\frac{1}{12-k}=\frac{1}{11}+\frac{1}{10}+\frac{1}{9}+\cdots+\frac{1}{2}$이므로

$$\sum_{k=1}^{10}\frac{1}{12-k}=\sum_{k=1}^{10}\frac{1}{k+1}$$로 바꾸어 쓸 수 있다.

$$\therefore\sum_{k=1}^{10}\frac{k^3}{k+1}+\sum_{k=1}^{10}\frac{1}{12-k}$$

$$=\sum_{k=1}^{10}\frac{k^3}{k+1}+\sum_{k=1}^{10}\frac{1}{k+1}$$

$$=\sum_{k=1}^{10}\frac{k^3+1}{k+1}$$

$$=\sum_{k=1}^{10}(k^2-k+1)$$

$$=\sum_{k=1}^{10}k^2-\sum_{k=1}^{10}k+\sum_{k=1}^{10}1$$

$$=\frac{10\times 11\times 21}{6}-\frac{10\times 11}{2}+1\times 10=340\qquad\text{달 ④}$$

**247** $\displaystyle\sum_{k=1}^{10}(a_k-k)^2+\sum_{k=1}^{10}(a_k+k-11)^2$

$$=\{(a_1-1)^2+(a_2-2)^2+\cdots+(a_{10}-10)^2\}$$
$$+\{(a_1-10)^2+(a_2-9)^2+\cdots+(a_{10}-1)^2\}$$

$$=(a_1^2-2a_1+1^2+a_2^2-4a_2+2^2+\cdots+a_{10}^2-20a_{10}+10^2)$$
$$+(a_1^2-20a_1+10^2+a_2^2-18a_2+9^2+\cdots$$
$$+a_{10}^2-2a_{10}+1^2)$$

$$=2(a_1^2+\cdots+a_{10}^2)-22(a_1+\cdots+a_{10})$$
$$+2(1^2+\cdots+10^2)$$

$$=2(1^2+\cdots+10^2)-22(1+\cdots+10)+2(1^2+\cdots+10^2)$$

$$=4\times\frac{10\times 11\times 21}{6}-22\times\frac{10\times 11}{2}=330\qquad\text{달 330}$$

**248** $n$과 $k$를 서로 바꾸어 써도 결과는 변하지 않으므로

$$\sum_{k=1}^{15}\left\{\sum_{n=1}^{5}(k\times 3^{n-1})\right\}=\sum_{n=1}^{15}\left\{\sum_{k=1}^{5}(n\times 3^{k-1})\right\}$$

$$\sum_{n=1}^{15}\left\{\sum_{k=5}^{10}(n\times 3^{k-1})\right\}+\sum_{k=1}^{15}\left\{\sum_{n=1}^{5}(k\times 3^{n-1})\right\}$$

$$=\sum_{n=1}^{15}\left\{\sum_{k=5}^{10}(n\times 3^{k-1})\right\}+\sum_{n=1}^{15}\left\{\sum_{k=1}^{5}(n\times 3^{k-1})\right\}$$

$$=\sum_{n=1}^{15}\left\{\sum_{k=1}^{10}(n\times 3^{k-1})+n\times 3^4\right\}$$

$$=\sum_{n=1}^{15}\left(n\sum_{k=1}^{10}3^{k-1}\right)+\sum_{n=1}^{15}81n$$

$$=\sum_{k=1}^{10}3^{k-1}\sum_{n=1}^{15}n+81\sum_{n=1}^{15}n$$

$$=\left(81+\sum_{k=1}^{10}3^{k-1}\right)\times\sum_{n=1}^{15}n$$

$$=\left(81+\frac{3^{10}-1}{3-1}\right)\times\frac{15\times 16}{2}$$

$$=60\times(3^{10}+161)$$   답 ②

**249**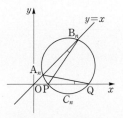

원과 $x$축이 만나는 두 점을 각각 P, Q라 하면
$\triangle OPB_n$과 $\triangle OQA_n$에서
$\angle O$가 공통이고, $\angle OB_nP=\angle OQA_n$(원주각)이므로
$\triangle OPB_n\backsim\triangle OQA_n$ (AA 닮음)
즉, $\overline{OP}:\overline{OA_n}=\overline{OB_n}:\overline{OQ}$이므로
$\overline{OA_n}\times\overline{OB_n}=\overline{OP}\times\overline{OQ}$
원 $C_n$과 $x$축이 만나는 두 점의 $x$좌표를 각각 $\alpha_n$, $\beta_n$이
라 하면 원 $C_n$의 방정식에서 $y=0$일 때,
$(x-3n)^2=3n^2+7n$이므로
$\alpha_n=3n-\sqrt{3n^2+7n}$, $\beta_n=3n+\sqrt{3n^2+7n}$
즉, $\overline{OA_n}\times\overline{OB_n}=\alpha_n\beta_n=9n^2-3n^2-7n=6n^2-7n$

$$\therefore \sum_{k=1}^{10}(\overline{OA_k}\times\overline{OB_k})=\sum_{k=1}^{10}(6k^2-7k)$$

$$=6\sum_{k=1}^{10}k^2-7\sum_{k=1}^{10}k$$

$$=6\times\frac{10\times 11\times 21}{6}-7\times\frac{10\times 11}{2}$$

$$=1925$$   답 ④

참고 할선의 비례 관계

$\overline{PA}\times\overline{PB}=\overline{PC}\times\overline{PD}$

**250** $a_n=S_n-S_{n-1}$이므로

$$\sum_{k=1}^{n}a_k-\sum_{k=1}^{n-1}a_k=(n^2+n+1)-\{(n-1)^2+(n-1)+1\}=2n$$

즉, $a_n=2n$

이때 $a_1=S_1=3$이므로 $a_n=\begin{cases}2n & (n\geq 2)\\ 3 & (n=1)\end{cases}$

$a_{2k-1}=2(2k-1)=4k-2$ $(k\geq 2)$이므로

$$\sum_{k=1}^{10}(k+1)a_{2k-1}=2\times a_1+\sum_{k=2}^{10}(k+1)(4k-2)$$

$$=6+\sum_{k=1}^{10}(4k^2+2k-2)-4$$

$$=4\sum_{k=1}^{10}k^2+2\sum_{k=1}^{10}k-\sum_{k=1}^{10}2+2$$

$$=4\times\frac{10\times 11\times 21}{6}+2\times\frac{10\times 11}{2}$$

$$-2\times 10+2$$

$$=1632$$   답 ②

**251** $n\geq 2$일 때

$$a_nb_n=\{2n^2(n+1)+4\}-\{2n(n-1)^2+4\}$$

$$=2n\times(n^2+n-n^2+2n-1)$$

$$=2n(3n-1)$$

이고, $a_1b_1=2\times 2+4=8$이다.

또, $n\geq 2$일 때
$a_n=(n^2+n+2)-\{(n-1)^2+(n-1)+2\}=2n$이고,
$a_1=1+1+2=4$이므로

$$b_1=\frac{a_1b_1}{a_1}=\frac{8}{4}=2$$이고,

$$b_n=\frac{a_nb_n}{a_n}=\frac{2n(3n-1)}{2n}=3n-1\ (n\geq 1)$$이다.

$$\therefore \sum_{k=1}^{10}b_k=\sum_{k=1}^{10}(3k-1)$$

$$=3\sum_{k=1}^{10}k-\sum_{k=1}^{10}1$$

$$=3\times\frac{10\times 11}{2}-10=155$$   답 155

**252** 조건 (나)에서 $f(x)=\dfrac{3}{(x-2)(x-1)x(x+1)}$이므로

$$\sum_{k=1}^{9}f(k)$$

$$=f(1)+f(2)+\sum_{k=3}^{9}\frac{3}{(x-2)(x-1)x(x+1)}$$

$$=2+\sum_{k=3}^{9}\left\{\frac{3}{(x-2)(x+1)}\times\frac{1}{(x-1)x}\right\}$$

$$=2+\sum_{k=3}^{9}\left\{\left(\frac{1}{x-2}-\frac{1}{x+1}\right)\times\frac{1}{(x-1)x}\right\}$$

$$=2+\sum_{k=3}^{9}\left\{\frac{1}{(x-2)(x-1)x}-\frac{1}{(x-1)x(x+1)}\right\}$$

$$=2+\left\{\left(\frac{1}{1\times2\times3}-\frac{1}{2\times3\times4}\right)\right.$$
$$+\left(\frac{1}{2\times3\times4}-\frac{1}{3\times4\times5}\right)+\cdots$$
$$\left.+\left(\frac{1}{7\times8\times9}-\frac{1}{8\times9\times10}\right)\right\}$$
$$=2+\left(\frac{1}{1\times2\times3}-\frac{1}{8\times9\times10}\right)$$
$$=\frac{1559}{720}$$

따라서 $p=720$, $q=1559$이므로

$q-p=839$       답 ①

**253**   $1-\log_{\frac{1}{3}}f(x)-\log_3\{3g(x)\}$

$$=1+\log_3 f(x)-\{1+\log_3 g(x)\}$$
$$=\log_3 f(x)-\log_3 g(x)<0$$

이므로 $0<f(x)<g(x)$

이것을 만족시키는 $x$의 값의 범위는

$0<x<n$, $n<x<2n$

조건을 만족시키는 정수 $x$의 개수는 $a_n=2n-2$이므로

$$\sum_{n=2}^{8}\frac{64}{a_n a_{n+2}}=\sum_{n=2}^{8}\frac{64}{(2n-2)(2n+2)}$$
$$=8\sum_{n=2}^{8}\left(\frac{1}{n-1}-\frac{1}{n+1}\right)$$
$$=8\times\left\{\left(\frac{1}{1}-\frac{1}{3}\right)+\left(\frac{1}{2}-\frac{1}{4}\right)+\left(\frac{1}{3}-\frac{1}{5}\right)+\cdots\right.$$
$$\left.+\left(\frac{1}{7}-\frac{1}{9}\right)\right\}$$
$$=8\times\left(1+\frac{1}{2}-\frac{1}{8}-\frac{1}{9}\right)=\frac{91}{9}$$

따라서 $p=9$, $q=91$이므로

$p+q=100$       답 100

**254**   $a_n=\dfrac{1}{(n+1)\sqrt{n}+n\sqrt{n+1}}$

$$=\frac{1}{\sqrt{n}\sqrt{n+1}}\times\frac{1}{\sqrt{n+1}+\sqrt{n}}$$
$$=\frac{1}{\sqrt{n}\sqrt{n+1}}\times\frac{1}{\sqrt{n+1}+\sqrt{n}}\times\frac{\sqrt{n+1}-\sqrt{n}}{\sqrt{n+1}-\sqrt{n}}$$
$$=\frac{\sqrt{n+1}-\sqrt{n}}{\sqrt{n}\sqrt{n+1}}$$
$$=\frac{1}{\sqrt{n}}-\frac{1}{\sqrt{n+1}}$$

이므로

$$\sum_{k=1}^{n}a_k=\sum_{k=1}^{n}\left(\frac{1}{\sqrt{k}}-\frac{1}{\sqrt{k+1}}\right)$$

$$=\left(\frac{1}{\sqrt{1}}-\frac{1}{\sqrt{2}}\right)+\left(\frac{1}{\sqrt{2}}-\frac{1}{\sqrt{3}}\right)+\cdots$$
$$+\left(\frac{1}{\sqrt{n}}-\frac{1}{\sqrt{n+1}}\right)$$
$$=1-\frac{1}{\sqrt{n+1}}=\frac{10}{11}$$

$\dfrac{1}{\sqrt{n+1}}=\dfrac{1}{11}$에서 $n+1=11^2$, $n=120$   답 ③

**255**   $a_1^2+3a_2^2+5a_3^2+\cdots+(2n-1)a_n^2$
$$=\frac{(2n-1)(2n+1)(2n+3)}{6} \quad\cdots\ \text{㉠}$$
$a_1^2+3a_2^2+5a_3^2+\cdots+(2n-3)a_{n-1}^2$
$$=\frac{(2n-3)(2n-1)(2n+1)}{6} \quad\cdots\ \text{㉡}$$

㉠, ㉡을 변끼리 빼서 정리하면

$$(2n-1)a_n^2=\frac{(2n-1)(2n+1)(2n+3)}{6}$$
$$-\frac{(2n-3)(2n-1)(2n+1)}{6}$$
$$=(2n-1)(2n+1)$$

이므로 $a_n=\sqrt{2n+1}$

$$\therefore \sum_{k=4}^{59}\frac{1}{a_k+a_{k+1}}$$
$$=\sum_{k=4}^{59}\frac{1}{\sqrt{2k+1}+\sqrt{2k+3}}$$
$$=\sum_{k=4}^{59}\left\{\left(-\frac{1}{2}\right)\times(\sqrt{2k+1}-\sqrt{2k+3})\right\}$$
$$=\left(-\frac{1}{2}\right)\times\{(\sqrt{9}-\sqrt{11})+(\sqrt{11}-\sqrt{13})+\cdots$$
$$+(\sqrt{119}-\sqrt{121})\}$$
$$=\left(-\frac{1}{2}\right)\times(\sqrt{9}-\sqrt{121})=4 \quad\quad \text{답 ④}$$

**256**   조건 ㈏, ㈐에서 $f(n+1)=f(n)+2a$이고,

조건 ㈎에서 $f(0)=5$이므로

$f(1)=5+2a$

즉, $f(n)$은 첫째항이 $5+2a$이고 공차가 $2a$인 등차수열

과 같으므로 $f(n)=5+2a+(n-1)\times2a$

$$\therefore \sum_{n=2}^{20}f(n)=\sum_{n=2}^{20}(2an+5)$$
$$=\sum_{n=1}^{20}(2an+5)-(2a+5)$$
$$=2a\sum_{n=1}^{20}n+\sum_{n=1}^{20}5-(2a+5)$$
$$=2a\times\frac{20\times21}{2}+5\times20-2a-5$$
$$=418a+95=513$$

따라서 $a=1$이다.       답 1

**257** ㄱ. 6의 약수는 1, 2, 3, 6이므로

6의 약수를 원소로 갖는 집합의 개수는

$$f(6)=2^4-1=15 \text{ (참)}$$

ㄴ. 8의 약수는 1, 2, 4, 8이므로

8의 약수를 원소로 갖는 집합의 개수는

$$f(8)=2^4-1=15$$

이때 ㄱ과 같이 $f(6)=f(8)$인 경우도 있으므로

$a<b$일 때 $f(a)<f(b)$가 반드시 성립하는 것은 아니다. (거짓)

ㄷ. $2^k$의 약수는 1, 2, $2^2$, ⋯, $2^k$이므로

$$f(2^k)=2^{k+1}-1$$

$$\sum_{k=1}^{9} f(2^k)=4\times\frac{2^9-1}{2-1}-1\times9=2035 \text{ (참)}$$

따라서 옳은 것은 ㄱ, ㄷ이다.　　　　🗒 ③

**258** $1\le k<4$에서 $1\le\sqrt{k}<2$이므로 $[\sqrt{k}]^2=1$

$4\le k<9$에서 $2\le\sqrt{k}<3$이므로 $[\sqrt{k}]^2=4$

$9\le k<16$에서 $3\le\sqrt{k}<4$이므로 $[\sqrt{k}]^2=9$

$16\le k<25$에서 $4\le\sqrt{k}<5$이므로 $[\sqrt{k}]^2=16$

$25\le k<36$에서 $5\le\sqrt{k}<6$이므로 $[\sqrt{k}]^2=25$

$36\le k<49$에서 $6\le\sqrt{k}<7$이므로 $[\sqrt{k}]^2=36$

$49\le k\le50$에서 $7\le\sqrt{k}<8$이므로 $[\sqrt{k}]^2=49$

즉,

$$\sum_{k=1}^{50}[\sqrt{k}]^2$$

$$=1\times3+4\times5+9\times7+16\times9+25\times11+36\times13$$

$$+49\times2$$

$$=1071$$

$$\sum_{k=1}^{50}\left[\frac{k}{3}\right]$$

$$=(0+0)+(1+1+1)+(2+2+2)+\cdots$$

$$+(16+16+16)$$

$$=3\times(1+2+3+\cdots+16)$$

$$=3\times\frac{16\times17}{2}=408$$

$$\therefore \sum_{k=1}^{50}[\sqrt{k}]^2-\sum_{k=1}^{50}\left[\frac{k}{3}\right]=1071-408=663 \quad 🗒 ②$$

**259** $x=0.01001100011100001111\cdots$ 에서 소수점 아래의

숫자를 $(01)(0011)(000111)(00001111)\cdots$ 와 같이

묶어서 생각하면 각 묶음에서의 연속한 두 항의 곱들의

합은 0, 1, 2, 3, 4, ⋯ 이므로

$\sum_{k=1}^{m}a_k a_{k+1}=55$를 만족하는 $m$은 11번째 묶음에서 처음

나타난다. 한편, 각 묶음에서 항의 개수는

2, 4, 6, 8, ⋯ 이므로

$m=131$일 때 처음으로 $\sum_{k=1}^{m}a_k a_{k+1}=55$를 만족하고

$a_{132}a_{133}$부터 $a_{144}a_{145}$까지는 0의 값을 가지므로

주어진 식을 만족시키는 자연수 $m$의 값은

$131\le m\le144$ (단, $m$은 자연수)

따라서 $m$의 최댓값과 최솟값의 합은

$$144+131=275 \quad 🗒 ⑤$$

**260** (i) $n\le10$일 때

$a_1=1$

$a_2=2$

$a_3=1+3=4$

$a_4=2+4=6$

$a_5=1+3+5=9$

$a_6=2+4+6=12$

$a_7=1+3+5+7=16$

$a_8=2+4+6+8=20$

$a_9=1+3+5+7+9=25$

$a_{10}=2+4+6+8+10=30$

(ii) $n>10$일 때

$n=2k-1$이면 $a_{2k-1}=1+3+5+7+9=25$

$n=2k$이면 $a_{2k}=2+4+6+8+10=30$

$$\therefore \sum_{n=1}^{31}a_n=125+(25\times11)+(30\times10)=700 \quad 🗒 ①$$

**261** 주어진 수열을

$(1), (3, 2), (4, 5, 6), (10, 9, 8, 7),$

$(11, 12, 13, 14, 15), \cdots$ 와 같이 묶으면

$a_{52}$는 10번째 묶음의 7번째 수임을 알 수 있다.

$$\sum_{k=1}^{52}a_k=(1+2+3+\cdots+45)$$

$$+(55+54+53+52+51+50+49)$$

$$=\frac{45\times46}{2}+\frac{7}{2}\times(55+49)=1399 \quad 🗒 1399$$

**262** 주어진 수열에 $x=-1$을 대입하여 나열하면

1, 1, 0, 1, 0, 1, 1, 0, 1, 0, 1, ⋯ 이다.

이것을 $(1), (1, 0), (1, 0, 1), (1, 0, 1, 0),$

$(1, 0, 1, 0, 1), \cdots$ 와 같이 묶으면 $n$번째 묶음의 항의

개수는 $n$이므로 13번째 묶음까지 항의 총 개수는 91이고

100번째 항은 14번째 묶음의 9번째 나오는 수임을 알

수 있다.

각 묶음의 항들의 합을 구하면 1, 1, 2, 2, 3, 3, ⋯ 이고

14번째 묶음은 $(1, 0, 1, 0, 1, 0, 1, 0, 1, 0, 1, 0, 1, 0)$
이므로

$$\sum_{n=1}^{100} f_n(-1) = 2 \times (1+2+\cdots+7)-2=54 \qquad \text{답 ⑤}$$

**263** $(n+1)^4 = n^4 + 4n^3 + 6n^2 + 4n + 1$

$(n-1+1)^4 = n^4 = (n-1)^4 + 4(n-1)^3 + 6(n-1)^2$
$\qquad\qquad\qquad\qquad +4(n-1)+1$

$(n-2+1)^4 = (n-1)^4 = (n-2)^4 + 4(n-2)^3$
$\qquad\qquad\qquad\qquad\qquad +6(n-2)^2 + 4(n-2)+1$

$\qquad\qquad\qquad \vdots$

$2^4 = 1^4 + 4 \times 1^3 + 6 \times 1^2 + 4 \times 1 + 1$

위의 식을 모두 더하면

$$(n+1)^4 = 1^4 + 4\sum_{k=1}^{n} k^3 + 6\sum_{k=1}^{n} k^2 + 4\sum_{k=1}^{n} k + n$$

$$(n+1)^4 = 1^4 + 4\sum_{k=1}^{n} k^3 + 6 \times \frac{n(n+1)(2n+1)}{6}$$
$$\qquad\qquad\qquad +4 \times \frac{n(n+1)}{2} + n$$

$$\therefore 4\sum_{k=1}^{n} k^3$$
$$= (n^4 + 4n^3 + 6n^2 + 4n + 1) - 1$$
$$\quad -(2n^3 + 3n^2 + n) - (2n^2 + 2n) - n$$
$$= n^4 + 2n^3 + n^2$$
$$= n^2(n+1)^2$$

따라서 $\sum_{k=1}^{n} k^3 = \left\{ \dfrac{n(n+1)}{2} \right\}^2$이 성립한다.

**264** $a_n = S_n - S_{n-1}$ $(n \geq 2)$이므로

$a_n \times (2S_n - 1) = (S_n - S_{n-1})(2S_n - 1) = 2S_n^2 \cdots \bigcirc$

$\bigcirc$을 정리하면

$S_{n-1} - S_n = 2S_n S_{n-1}$

양변을 $S_n S_{n-1}$로 나누면

$$\frac{1}{S_n} - \frac{1}{S_{n-1}} = 2$$

따라서 수열 $\left\{ \dfrac{1}{S_n} \right\}$은 공차가 2인 등차수열이다. 즉,

$$\frac{1}{S_n} = \frac{1}{S_1} + (n-1) \times 2$$
$$= \frac{1}{a_1} + (n-1) \times 2$$
$$= 2n - 1$$

이므로 $S_n = \dfrac{1}{2n-1}$

$$\therefore a_8 = S_8 - S_7 = \frac{1}{15} - \frac{1}{13} = -\frac{2}{195} \qquad \text{답 } -\frac{2}{195}$$

**265** 조건 ㈎에서

$$\sum_{k=1}^{10} \{(a_k b_k)^2 + a_k^2 + b_k^2 + 1\} = 4\sum_{k=1}^{10} a_k b_k$$

$$\sum_{k=1}^{10} \{(a_k b_k)^2 - 2a_k b_k + 1 + a_k^2 - 2a_k b_k + b_k^2\}$$

$$\sum_{k=1}^{10} \{(a_k b_k - 1)^2 + (a_k - b_k)^2\} = 0$$

$\therefore a_k b_k = 1,\ a_k = b_k$

즉, $a_k = b_k = 1$ 또는 $a_k = b_k = -1$이다.

조건 ㈏에서 $\sum_{k=1}^{10} a_k = 2$이므로

$a_1 + a_2 + a_3 + a_4 + a_5 + a_6 + a_7 + a_8 + a_9 + a_{10} = 2$

따라서 $a_1$부터 $a_{10}$까지에서 6개의 항은 1이고, 나머지 4개의 항은 $-1$이어야 한다.

이때 $a_k = b_k$이므로

$b_1, b_2, b_3, b_4$가 $-1$이고, $b_5, b_6, b_7, b_8, b_9, b_{10}$이 1일 때

$\sum_{k=1}^{10} k b_k$는 최댓값을 갖는다.

$$\therefore (1+2+3+4) \times (-1) + (5+6+7+8+9+10) \times 1$$
$$= 35 \qquad \text{답 35}$$

**266** $2k-1$행에 나열되는 수들의 합은 첫째항이 $2k-1$이고 공차가 1인 등차수열의 제$2k-1$항까지의 합이므로

$$a_{2k-1} = \frac{(2k-1)\{2 \times (2k-1) + (2k-2) \times 1\}}{2}$$
$$= (2k-1)(3k-2)$$
$$= 6k^2 - 7k + 2$$

$2k$행에 나열되는 수들의 합은 첫째항이 $2k$이고 공차가 $2k$인 등차수열의 제$2k$항까지의 합이므로

$$a_{2k} = \frac{(2k)\{2 \times (2k) + (2k-1) \times (2k)\}}{2} = 4k^3 + 2k^2$$

$$\therefore \sum_{k=1}^{10} a_k = \sum_{k=1}^{5} a_{2k-1} + \sum_{k=1}^{5} a_{2k}$$
$$= \sum_{k=1}^{5} (6k^2 - 7k + 2) + \sum_{k=1}^{5} (4k^3 + 2k^2)$$
$$= \sum_{k=1}^{5} (4k^3 + 8k^2 - 7k + 2)$$
$$= 4\sum_{k=1}^{5} k^3 + 8\sum_{k=1}^{5} k^2 - 7\sum_{k=1}^{5} k + \sum_{k=1}^{5} 2$$
$$= 4 \times \left( \frac{5 \times 6}{2} \right)^2 + 8 \times \left( \frac{5 \times 6 \times 11}{6} \right)$$
$$\qquad -7 \times \left( \frac{5 \times 6}{2} \right) + 2 \times 5$$
$$= 1245 \qquad\qquad \text{답 1245}$$

| 본문 77p |

**267** 조건 ㈎에서 $a_n+a_{n+1}\leq|a_n|+a_{n+1}=n-3$
$n=2k-1$일 때, $a_{2k-1}+a_{2k}\leq 2k-4$
조건 ㈏에서 $\sum\limits_{n=1}^{50}a_n=550$이고
$\sum\limits_{n=1}^{50}a_n=\sum\limits_{k=1}^{25}(a_{2k-1}+a_{2k})\leq\sum\limits_{k=1}^{25}(2k-4)=550$
이때 $a_{2k-1}=|a_{2k-1}|$ $(k=1,\ 2,\ 3,\ \cdots,\ 25)$이고
$a_{2k-1}\geq 0$이므로 $a_{2k-1}+a_{2k}=2k-4$
따라서
$\sum\limits_{n=1}^{30}a_n=\sum\limits_{k=1}^{15}(a_{2k-1}+a_{2k})$
$\qquad=\sum\limits_{k=1}^{15}(2k-4)$
$\qquad=2\times\dfrac{15\times16}{2}-15\times4=180$　　　**웹** 180

**268** $f(ab)=f(a)f(b)-2ab$에 $a=b=1$을 대입하면
$f(1)=\{f(1)\}^2-2$, 즉 $\{f(1)-2\}\{f(1)+1\}=0$에서
$f(x)>0$이므로 $f(1)=2$
$f(ab)=f(a)f(b)-2ab$에
$a=1,\ b=n$ (단, $n$은 자연수)을 대입하면
$f(n)=2f(n)-2n$이므로 $f(n)=2n$
즉, $S(n)=\sum\limits_{k=1}^{n}2k=2\times\dfrac{n(n+1)}{2}=n^2+n$
따라서
$\sum\limits_{n=1}^{48}\dfrac{1}{S(n)+2n+2}$
$=\sum\limits_{n=1}^{48}\dfrac{1}{(n+1)(n+2)}$
$=\sum\limits_{n=1}^{48}\left(\dfrac{1}{n+1}-\dfrac{1}{n+2}\right)$
$=\left(\dfrac{1}{2}-\dfrac{1}{3}\right)+\left(\dfrac{1}{3}-\dfrac{1}{4}\right)+\ \cdots\ +\left(\dfrac{1}{49}-\dfrac{1}{50}\right)$
$=\dfrac{1}{2}-\dfrac{1}{50}=\dfrac{12}{25}$　　　**웹** ②

**269** $a_{n+2}S_n=a_{n+1}S_{n+2}$은
$(S_{n+2}-S_{n+1})\times S_n=(S_{n+1}-S_n)\times S_{n+2}$이므로
$2S_n\times S_{n+2}=S_n\times S_{n+1}+S_{n+1}\times S_{n+2}$
위의 식의 양변을 $S_n\times S_{n+1}\times S_{n+2}$로 각각 나누면
$\dfrac{2}{S_{n+1}}=\dfrac{1}{S_n}+\dfrac{1}{S_{n+2}}$이므로
수열 $\left\{\dfrac{1}{S_n}\right\}$은 등차수열이다.

즉, $\dfrac{1}{S_n}=\dfrac{1}{4}+(n-1)\times\left(1-\dfrac{1}{4}\right)=\dfrac{3}{4}n-\dfrac{2}{4}$에서
$S_n=\dfrac{4}{3n-2}$
따라서 $\sum\limits_{k=1}^{50}a_k=S_{50}=\dfrac{4}{150-2}=\dfrac{1}{37}$이므로
$p=37,\ q=1$이고, $p+q=38$　　　**웹** 38

**270** 최초 블록의 개수는 다음과 같다.
$\{1+3+5+\ \cdots\ +(2^n-1)\}$
$+2\times(1+2+3+\ \cdots\ +2^{n-1})$
1회 시행 후 남아 있는 블록의 개수는
$\{1+3+5+\ \cdots\ +(2^n-1)\}+(1+2+3+\ \cdots\ +2^{n-1})$
$=\{1+3+5+\ \cdots\ +(2^n-1)\}+\{1+3+5+\ \cdots$
$\quad+(2^{n-1}-1)\}+2\times(1+2+3+\ \cdots\ +2^{n-2})$
2회 시행 후 남아 있는 블록의 개수는
$\{1+3+5+\ \cdots\ +(2^n-1)\}+\{1+3+5+\ \cdots$
$\quad+(2^{n-1}-1)\}+\{1+3+5+\ \cdots\ +(2^{n-2}-1)\}$
$\quad+2\times\{1+2+3+\ \cdots\ +2^{n-3})\}$
같은 방법으로 $n$회 시행 후 남아 있는 블록의 개수는
$\{1+3+5+\ \cdots\ +(2^n-1)\}+\{1+3+5+\ \cdots$
$\quad+(2^{n-1}-1)\}+\{1+3+5+\ \cdots\ +(2^{n-2}-1)\}$
$\quad+\{1+3+5+\ \cdots\ +(2^{n-3}-1)\}+\ \cdots\ +(1+3)+1+1$
$=1+1+2^2+4^2+8^2+\ \cdots\ +(2^{n-1})^2=1366$
즉, $1\times\dfrac{4^n-1}{4-1}=1366-1$에서
$4^n=2^{2n}=4096=2^{12}$이므로 $n=6$　　　**웹** 6

# 07 수학적 귀납법

| 본문 80~81p |

**STEP 1**     271 ②     272 ⑤     273 ②     274 ④
    275 ③     276 674     277 ②     278 ①     279 ⑤
    280 27

**271** $2a_{n+1}=a_n+a_{n+2}$, 즉 $a_{n+2}-a_{n+1}=a_{n+1}-a_n$이므로
수열 $\{a_n\}$은 등차수열이다.
이때 공차를 $d$라 하면
$a_{10}=5+9d=32$이므로 $d=3$
$\therefore a_5=5+4d=17$     답 ②

**272** $a_{n+1}^2=a_n a_{n+2}$이므로 수열 $\{a_n\}$은 등비수열이다.
이때 $a_2=2$, $a_3=-4$이므로 공비를 $r$라 하면
$$r=-2, \ a_1=\frac{a_2}{r}=\frac{2}{-2}=-1$$
$a_8=a_1\times r^7=(-1)\times(-2)^7=128$
$\therefore a_8-a_1=128-(-1)=129$     답 ⑤

**273** 조건 ㈎에서 수열 $\{a_{3n-2}\}$는 첫째항이 1이고 공비가
$-2$인 등비수열,
조건 ㈏에서 수열 $\{a_{3n-1}\}$은 모든 항이 2로 일정한 수열,
조건 ㈐에서 수열 $\{a_{3n}\}$은 첫째항이 3이고 공차가 1인
등차수열이다.
$$\therefore \sum_{k=1}^{30}a_k=\sum_{k=1}^{10}a_{3k-2}+\sum_{k=1}^{10}a_{3k-1}+\sum_{k=1}^{10}a_{3k}$$
$$=\frac{1-(-2)^{10}}{1-(-2)}+2\times10+\frac{10}{2}\times(2\times3+9\times1)$$
$$=-341+20+75=-246$$     답 ②

**274** $a_{n+1}=\dfrac{10Aa_n}{10A+a_n}$의 양변에 각각 역수를 취하면
$$\frac{1}{a_{n+1}}=\frac{10A+a_n}{10Aa_n}=\frac{1}{a_n}+\frac{1}{10A}$$ 이고
$\dfrac{1}{a_n}=b_n$이라 하면 $b_{n+1}=b_n+\dfrac{1}{10A}$이므로
수열 $\{b_n\}$은 첫째항이 $\dfrac{1}{10A}$이고 공차가 $\dfrac{1}{10A}$인
등차수열이다.
따라서 $b_n=\dfrac{1}{a_n}=\dfrac{1}{10A}+(n-1)\times\dfrac{1}{10A}=\dfrac{n}{10A}$이고,
$a_7=\dfrac{10A}{7}$이므로 $m=\dfrac{10}{7}$     답 ④

**275** $a_{n+1}-a_n=2^{n-2}-n$의 $n$에 3, 4, 5, … 을 차례대로 대입
하여 변끼리 더하면
$$a_4-a_3=2-3$$
$$a_5-a_4=2^2-4$$
$$a_6-a_5=2^3-5$$
$$\vdots$$
$$+)\ a_{11}-a_{10}=2^8-10$$
$$\overline{a_{11}-a_3=(2+2^2+2^3+\cdots+2^8)}$$
$$-(3+4+5+\cdots+10)$$
$$=2\times\frac{2^8-1}{2-1}-\frac{8}{2}\times(3+10)$$
$$=510-52=458$$     답 ③

**276** $a_{n+1}=\dfrac{3n+2}{3n-1}a_n$의 $n$에 1, 2, 3, … 을 차례대로 대입하
여 변끼리 곱하면
$$a_2=\frac{5}{2}a_1$$
$$a_3=\frac{8}{5}a_2$$
$$a_4=\frac{11}{8}a_3$$
$$\vdots$$
$$\times)\ a_n=\frac{3n-1}{3n-4}a_{n-1}$$
$$\overline{a_n=\frac{5}{2}\times\frac{8}{5}\times\frac{11}{8}\times\cdots\times\frac{3n-1}{3n-4}\times a_1=3n-1}$$
따라서 $a_m=3m-1=2021$이므로 $m=674$     답 674

**277** $a_{n+1}=2a_n+1$의 $n$에 1, 2, 3, … 을 차례대로 대입하면
$a_2=2a_1+1=2+1$
$a_3=2a_2+1=2(2+1)+1=2^2+2+1$
$a_4=2a_3+1=2(2^2+2+1)+1=2^3+2^2+2+1$
$$\vdots$$
$a_7=2a_6+1=2^6+2^5+\cdots+2+1$
$$=\frac{2^7-1}{2-1}=127$$     답 ②

**다른 풀이**

$a_{n+1}+k=2(a_n+k)$에서 $k=1$이고,
$(a_n+1)=(a_1+1)\times2^{n-1}=2^n$이므로 $a_n=2^n-1$
$\therefore a_7=2^7-1=127$

**278** 주어진 식의 $n$에 1, 2, 3, … 을 차례대로 대입하면
$a_1=3$

$a_2=\dfrac{3}{2\times3-3}=1$

$a_3=1+1=2$

$a_4=\dfrac{2}{2\times2-3}=2$

$a_5=2+1=3$, 즉 $a_5=a_1$

$a_6=\dfrac{3}{2\times3-3}=1$, 즉 $a_6=a_2$

$a_7=1+1=2$, 즉 $a_7=a_3$

$a_8=\dfrac{2}{2\times2-3}=2$, 즉 $a_8=a_4$

$\vdots$

따라서 수열 $\{a_n\}$은 3, 1, 2, 2가 반복되는 수열임을 알 수 있다.

$\therefore \displaystyle\sum_{n=1}^{20} a_n=(3+1+2+2)\times5=40$    탑 ①

**279** 세포를 $n$회 배양한 후 총 세포의 개수를 $a_n$이라 하면
$a_1=5$이고, $a_{n+1}=3a_n+2$를 만족시킨다.
위의 식의 $n$에 1, 2, 3, $\cdots$ 을 차례대로 대입하면

$a_2=3a_1+2=17$

$a_3=3a_2+2=53$

$a_4=3a_3+2=161$

$a_5=3a_4+2=485$    탑 ⑤

**다른 풀이**

$a_{n+1}+k=3(a_n+k)$에서 $k=1$이고,
$(a_n+1)=(a_1+1)\times3^{n-1}=2\times3^n$이므로 $a_n=2\times3^n-1$
$\therefore a_5=2\times3^5-1=485$

**280** (i) $n=2$일 때,

(좌변)$=\dfrac{5}{4}<\dfrac{3}{2}=$(우변)이므로 부등식 ㉠이 성립
한다.

(ii) $n=k\ (k\geq2)$일 때, 부등식 ㉠이 성립한다고
가정하면

$1+\dfrac{1}{2^2}+\dfrac{1}{3^2}+\cdots+\dfrac{1}{k^2}<2-\dfrac{1}{k}$

양변에 $\boxed{\dfrac{1}{(k+1)^2}}$ 을 더하면

$1+\dfrac{1}{2^2}+\dfrac{1}{3^2}+\cdots+\dfrac{1}{k^2}+\boxed{\dfrac{1}{(k+1)^2}}$

$<2-\dfrac{1}{k}+\boxed{\dfrac{1}{(k+1)^2}}$

그런데 $k\geq2$이므로

$\left\{2-\dfrac{1}{k}+\boxed{\dfrac{1}{(k+1)^2}}\right\}-\left(2-\dfrac{1}{k+1}\right)$

$=\boxed{\dfrac{-1}{k(k+1)^2}}<0$

즉, $1+\dfrac{1}{2^2}+\dfrac{1}{3^2}+\cdots+\dfrac{1}{k^2}+\boxed{\dfrac{1}{(k+1)^2}}$

$<2-\dfrac{1}{k+1}$

따라서 $n=k+1$일 때에도 부등식 ㉠이 성립한다.
(i), (ii)에서 부등식 ㉠은 $n\geq2$인 모든 자연수 $n$에 대하
여 성립한다.

이때 $f(k)=\dfrac{1}{(k+1)^2}$, $g(k)=k(k+1)^2$이므로

$\dfrac{1}{f(2)}+g(2)=9+18=27$    탑 27

| 본문 82~88p |

**STEP 2**

| | | | | |
|---|---|---|---|---|
| **281** 61 | **282** 90 | **283** ③ | **284** ④ | |
| **285** ③ | **286** ⑤ | **287** ② | **288** ③ | **289** ① |
| **290** 228 | **291** ② | **292** ⑤ | **293** ⑤ | **294** ⑤ |
| **295** ④ | **296** ③ | **297** ⑤ | | |

**298** (1) $a_3=p+6$, $a_4=p+4$, $a_5=\dfrac{3p+8}{p+6}$   (2) 4   (3) 480

**299** (1) 2   (2) 622

**300** (1) 11   (2) $a_{n+1}=a_n+n+1$   (3) 풀이 참조

**281** $a_{23}$이 될 수 있는 값 중 최솟값은 조건 (나)에서

$a_1=1$,

$d_1=d_2=d_3=d_4=d_5=1$이면

$a_6=a_1+(1\times5)=1+5=6$

$d_6=d_7=d_8=d_9=d_{10}=2$이면

$a_{11}=a_6+(2\times5)=6+10=16$

$d_{11}=d_{12}=d_{13}=d_{14}=d_{15}=3$이면

$a_{16}=a_{11}+(3\times5)=16+15=31$

$d_{16}=d_{17}=d_{18}=d_{19}=d_{20}=4$이면

$a_{21}=a_{16}+(4\times5)=31+20=51$

$d_{21}=d_{22}=5$이면

$a_{23}=51+(5\times2)=61$    탑 61

**282** $S_n+S_{n+1}=\dfrac{1}{3}(a_{n+1})^2$    $\cdots$ ㉠

㉠의 $n$에 $n+1$을 대입하면

$S_{n+1}+S_{n+2}=\dfrac{1}{3}(a_{n+2})^2$    $\cdots$ ㉡

㉡$-$㉠을 하면

$$(S_{n+1}-S_n)+(S_{n+2}-S_{n+1})=\frac{1}{3}\{(a_{n+2})^2-(a_{n+1})^2\}$$

즉, $a_{n+2}+a_{n+1}=\frac{1}{3}(a_{n+2}+a_{n+1})(a_{n+2}-a_{n+1})$

수열 $\{a_n\}$은 각 항이 양수이므로 $a_{n+2}+a_{n+1}\neq0$

$\therefore a_{n+2}-a_{n+1}=3$ ··· ㉢

이때 $a_2=x$라 하면

㉠에서 $3+(3+x)=\frac{1}{3}x^2$이므로

$x^2-3x-18=(x-6)(x+3)=0$

$x=6\ (\because x>0)$

따라서 $a_2=6$이므로 ㉢은 첫째항부터 성립하고, 수열 $\{a_n\}$은 첫째항이 3이고 공차가 3인 등차수열이다.

$\therefore a_{30}=3+29\times3=90$ 　　　답 90

**283** 수열 $\{a_n\}$은 첫째항이 1이고 공비가 2인 등비수열이므로
$a_n=2^{n-1}$

$b_{n+1}=nb_n$의 $n$에 $n-1$, $n-2$, $\cdots$, 2, 1을 차례대로 대입하여 변끼리 곱하면

$\qquad b_n=(n-1)\times b_{n-1}$
$\qquad b_{n-1}=(n-2)\times b_{n-2}$
$\qquad b_{n-2}=(n-3)\times b_{n-3}$
$\qquad\qquad \vdots$
$\underline{\times)\ b_2=1\times b_1\qquad\qquad}$
$\qquad b_n=(n-1)!$

수열 $\{c_n\}$은 $a_n$과 $b_n$ 중 작거나 같은 값이므로

$c_1=b_1=1$
$c_2=b_2=1$
$c_3=b_3=2$
$c_4=b_4=6$
$c_5=a_5=16$
$c_6=a_6=32$
$\qquad \vdots$
$c_n=a_n=2^{n-1}\ (n\geq5)$

$\therefore \sum\limits_{n=1}^{30}c_n=1\times\dfrac{2^{30}-1}{2-1}-(1+2+4+8)$
$\qquad\qquad\quad +(1+1+2+6)$
$\qquad\qquad =2^{30}-6$

　　　답 ③

**284** $\boxed{1}\ \boxed{2}\ \boxed{3}\ \boxed{4}$ 와 같이 네 자리의 수를 모두 다른 수로 배열하는 경우의 수는 $a_4=7\times6\times5\times4=840$

$\boxed{1}\ \boxed{2}\ \boxed{3}\ \boxed{4}\ \boxed{\ }$ 와 같이 다섯 자리의 수를 모두 다른 수로 배열하는 경우의 수는

---

앞의 네 자리의 수를 배열하는 경우의 수가 $a_4$이고 연속하는 네 숫자가 모두 다른 자연수이어야 하므로 마지막 자리에 쓸 수 있는 숫자는 2, 3, 4를 제외한 4가지이다.

즉, $a_5=a_4\times4$

같은 방법으로 $n+1$자리 자연수 중에서 연속하는 네 숫자가 모두 다른 자연수의 개수 $a_{n+1}$은 $a_{n+1}=a_n\times4$이다.

따라서 $r=4$, $a_6=a_4\times4^2=13440$이므로

$r+\dfrac{a_6}{r}=3364$ 　　　답 ④

**285** $a_na_{n+1}=p^n$ ··· ㉠

㉠의 $n$에 $n+1$을 대입하면

$a_{n+1}a_{n+2}=p^{n+1}$ ··· ㉡

㉡ ÷ ㉠을 하면

$\dfrac{a_{n+2}}{a_n}=p$ ··· ㉢

ㄱ. $a_1=1$, $p=4$이면 ㉠에서 $a_2=p=4$이고
　ㄷ에서 $a_4=4a_2=16$, $a_6=4a_4=64$ (참)

ㄴ. ㉠에서 $a_1=3$이면 $a_2=\dfrac{p}{3}$에서 $a_3=3p$이고,

　$a_4=\dfrac{p^3}{3p}=\dfrac{p^2}{3}$, $a_5=3p^2$, $a_6=\dfrac{p^3}{3}$, $\cdots$ 이므로

　$a_4=\dfrac{p^2}{3}=12$에서 $p=6$

　즉, $a_5=3p^2=108$, $a_6=\dfrac{p^3}{3}=72$이므로

　$a_6<a_5$ (거짓)

ㄷ. $a_1=p$이면 $a_2=1$
　㉢에서 $a_4=p$, $a_6=p^2$, $a_8=p^3$, $a_{10}=p^4$이므로
　$p^4<4^{10}=2^{20}$
　즉, $p<2^5=32$이므로 부등식 $a_{10}<4^{10}$을 만족시키는 자연수 $p$는 1, 2, 3, $\cdots$, 31로 그 개수는 31이다. (참)

따라서 옳은 것은 ㄱ, ㄷ이다. 　　　답 ③

**286** $a_{n+1}=a_n+(-1)^n\times\dfrac{2n+1}{n(n+1)}$에서

$a_{n+1}-a_n=(-1)^n\times\left(\dfrac{1}{n}+\dfrac{1}{n+1}\right)$이므로

위 식의 $n$에 19, 18, $\cdots$, 2, 1을 차례대로 대입하여 변끼리 더하면

$\qquad a_{20}-a_{19}=(-1)\times\left(\dfrac{1}{19}+\dfrac{1}{20}\right)$

$\qquad a_{19}-a_{18}=\dfrac{1}{18}+\dfrac{1}{19}$

$\qquad a_{18}-a_{17}=(-1)\times\left(\dfrac{1}{17}+\dfrac{1}{18}\right)$

$\qquad\qquad\qquad \vdots$

$$+)\, a_2-a_1=(-1)\times\left(1+\dfrac{1}{2}\right)$$

$$a_{20}-a_1=-\dfrac{1}{20}-1$$

$$\therefore a_{20}=\dfrac{19}{20}$$

따라서 $p=20$, $q=19$이므로

$p+q=20+19=39$  **답 ⑤**

**287** 조건 (가)에서 $nu_{n+2}-(n+2)u_n$의 양변을 $n(n+2)$로 나누면

$$\dfrac{a_{n+2}}{n+2}=\dfrac{a_n}{n}$$

이때 $\dfrac{a_1}{1}=\dfrac{a_3}{3}=\dfrac{a_5}{5}=2$이고, 조건 (나)에서

$$a_1=a_7=\cdots=a_{6k+1}=2$$

$$a_3=a_9=\cdots=a_{6k+3}=6$$

$$a_5=a_{11}=\cdots=a_{6k+5}=10$$

같은 방법으로 $a_2=m$이라 하면

$$\dfrac{a_2}{2}=\dfrac{a_4}{4}=\dfrac{a_6}{6}=\dfrac{m}{2}$$이고

$$a_2=a_8=\cdots=a_{6k+2}=m$$

$$a_4=a_{10}=\cdots=a_{6k+4}=2m$$

$$a_6=a_{12}=\cdots=a_{6k}=3m$$

$$\therefore \sum_{k=1}^{63}a_k=(2+m+6+2m+10+3m)\times10$$

$$+(2+m+6)$$

$$=61m+188=554$$

따라서 $m=6$이므로 $a_{14}=a_2=6$  **답 ②**

**288** 조건 (가)에서 $k$에 2, 3, 4, 5를 차례대로 대입하면

$$f(1,3)=f(1,2)+2^2=9$$

$$f(1,4)=f(1,3)+2^3=17$$

$$f(1,5)=f(1,4)+2^4=33$$

$$f(1,6)=f(1,5)+2^5=65$$

조건 (나)에서 $k=5$일 때, $n$에 1, 2, 3, 4를 차례대로 대입하면

$$f(2,5)=3\times33+10$$

$$f(3,5)=3\times(3\times33+10)+10$$

$$=3^2\times33+10\times(3+1)$$

$$f(4,5)=3\times\{3^2\times33+10\times(3+1)\}+10$$

$$=3^3\times33+10\times(3^2+3+1)$$

$$f(5,5)=3\times\{3^3\times33+10\times(3^2+3+1)\}+10$$

$$=3^4\times33+10\times(3^3+3^2+3+1)$$

같은 방법으로

$$f(2,6)=3\times65+12$$

$$f(3,6)=3^2\times65+12\times(3+1)$$

$$f(4,6)=3^3\times65+12\times(3^2+3+1)$$

$$f(5,6)=3^4\times65+12\times(3^3+3^2+3+1)$$

$$\therefore f(5,6)-f(5,5)$$

$$=\{3^4\times65+12\times(3^3+3^2+3+1)\}$$

$$-\{3^4\times33+10\times(3^3+3^2+3+1)\}$$

$$=3^4\times(65-33)+(12-10)\times(3^3+3^2+3+1)$$

$$=2672$$  **답 ③**

**다른 풀이**

(나) $f(n+1,k)=3f(n,k)+2k$를
$f(n+1,k)+k=3\{f(n,k)+k\}$로 변형하면
$f(n,k)+k=3^{n-1}\{f(1,k)+k\}$에서
$f(n,k)=\{f(1,k)+k\}\times3^{n-1}-k$

**289** $a_1=1$, $a_2=1$이고 $a_3=1+4\times1=5$

$a_n$을 5로 나눈 나머지를 수열로 나타낸 것을 $\{b_n\}$이라 하면

$b_1=1$, $b_2=1$, $b_3=0$이므로

$b_{n+1}+4b_n$을 5로 나눈 나머지는 $b_{n+2}$이다.

즉, $b_n=1, 1, 0, 4, 4, 0, 1, 1, 0, 4, 4, 0, \cdots$ 이므로 수열 $\{b_n\}$은 1, 1, 0, 4, 4, 0이 이 순서대로 반복된다.

따라서 $\sum_{k=1}^{m}a_k$를 5로 나누었을 때 나머지가 2가 되도록 하는 자연수 $m$의 값은

$m=2, 3, 8, 9, 14, 15, \cdots, 6k+2, 6k+3, \cdots$

이때 $m$은 두 자리의 자연수이므로

$10\le6k+2\le99$에서 $\dfrac{8}{6}\le k\le\dfrac{97}{6}$

부등식을 만족하는 자연수 $k$의 개수는 15

또, $10\le6k+3\le99$에서 $\dfrac{7}{6}\le k\le\dfrac{96}{6}$

부등식을 만족하는 자연수 $k$의 개수는 15

따라서 두 자리 자연수 $m$의 개수는 30이다.  **답 ①**

**290** $\sum\limits_{k=1}^{n+3}a_k=6+\sum\limits_{k=1}^{n}a_k$에서

$a_{n+1}+a_{n+2}+a_{n+3}=6$  $\cdots$ ㉠

㉠을 만족시키는 가장 작은 자연수는 $n=3$이므로

$a_2+a_3+a_4\ne6$

$a_3+a_4+a_5=6$  $\cdots$ ㉡

$a_4+a_5+a_6=6$  $\cdots$ ㉢

㉢을 만족하는 $a_4$의 값은 1, 2, 3인 경우에만 존재한다.

(i) $a_4=1$인 경우

$a_5=2$, $a_6=3$이므로 ㉢은 만족하지만

$a_3=3$이므로 ㉡을 만족하지 않는다.

(ii) $a_4=2$인 경우

$a_5=3$, $a_6=1$이므로 ㉢은 만족하지만

$a_3=1$일 때에는 ㉡을 만족하지 않는다.

따라서 $a_3=6$이고, $a_2=6-1=5$인 경우

$a_1=5-1=4$ 또는 $a_1=5\times3=15$

$a_2=6\times3=18$인 경우

$a_1=18-1=17$ 또는 $a_1=18\times3=54$

(iii) $a_4=3$인 경우

$a_5=1$, $a_6=2$이므로 ㉢은 만족하지만

$a_3=2$일 때에는 ㉡을 만족하지 않는다.

따라서 $a_3=9$이고, (ii)와 같은 방법으로

$a_1=7$ 또는 $a_1=24$ 또는 $a_1=26$ 또는 $a_1=81$이다.

따라서 가능한 $a_1$의 값은 4, 7, 15, 17, 24, 26, 54, 81

이고, 그 합은 228이다.　　　　　답 228

**291** $a_{n+1}=3^n+2(a_1+a_2+a_3+\cdots+a_n)$　$\cdots$ ㉠

$a_n=3^{n-1}+2(a_1+a_2+a_3+\cdots+a_{n-1})$　$\cdots$ ㉡

㉠－㉡을 하면

$a_{n+1}-a_n=3^n-3^{n-1}+2a_n$ $(n\geq2)$

$a_{n+1}-3a_n=2\times3^{n-1}$　　　　$\cdots$ ㉢

㉢의 양변에 $3^n$을 곱하면

$3^n a_{n+1}-3^{n+1}a_n=2\times3^{2n-1}$이므로

$$\sum_{n=1}^{10}(3^n a_{n+1}-3^{n+1}a_n)=\sum_{n=1}^{10}2\times3^{2n-1}$$

$$=6\times\frac{(9^{10}-1)}{9-1}$$

$$=\frac{3}{4}\times(3^{20}-1)$$

따라서 $p=\dfrac{3}{4}$, $q=3$이므로

$p+q=\dfrac{3}{4}+3=\dfrac{15}{4}$　　　　답 ②

**292** $\left[\dfrac{1}{10}a_n\right]$은 $a_n$을 10으로 나누었을 때의 몫을 의미하므로

$a_n-10\left[\dfrac{1}{10}a_n\right]$은 $a_n$을 10으로 나누었을 때의 나머지를

의미한다.

즉, $a_n-10\left[\dfrac{1}{10}a_n\right]$은 $a_n$의 일의 자리의 수를 나타낸다.

$a_1$부터 일의 자리의 수는

1, 2, 2, 4, 8, 2, 6, 2, 2, 4, 8, 2, 6, $\cdots$ 이므로

$n=2$부터 2, 2, 4, 8, 2, 6이 이 순서대로 반복된다.

따라서 조건을 만족시키는 자연수 $n$의 최솟값은 35이다.

답 ⑤

**293** 1회 시행 후 소금의 양은

$\dfrac{10}{100}\times150+\dfrac{20}{100}\times50=\dfrac{a_1}{100}\times200$이므로 $a_1=\dfrac{25}{2}$

$n+1$회 시행 후 소금의 양은

$\dfrac{a_n}{100}\times150+\dfrac{20}{100}\times50=\dfrac{a_{n+1}}{100}\times200$

즉, $a_{n+1}=\dfrac{3}{4}a_n+5$이므로 $p=\dfrac{3}{4}$, $q=5$

$\therefore a_1+p+q=\dfrac{25}{2}+\dfrac{3}{4}+5=\dfrac{73}{4}$　　　답 ⑤

**294** 첫째항 3을 보고 '3이 1개'라 말한다. $\Rightarrow$ 31

둘째항 31을 보고 '3이 1개, 1이 1개'라 말한다. $\Rightarrow$ 3111

셋째항 3111을 보고 '3이 1개, 1이 3개'라 말한다. $\Rightarrow$ 3113

넷째항 3113을 보고 '3이 1개, 1이 2개, 3이 1개'라 말

한다. $\Rightarrow$ 311231

다섯째항 311231을 보고 '3이 1개, 1이 2개, 2가 1개, 3

이 1개, 1이 1개'라 말한다. $\Rightarrow$ 3112213111

여섯째항 3112213111을 보고 '3이 1개, 1이 2개, 2가 2

개, 1이 1개, 3이 1개, 1이 3개'라 말한다.

$\Rightarrow$ 311222113113

따라서 첫째항이 3인 말하기 수열에서 제7항의 각 자릿

수의 합은

$3+1+1+2+2+2+1+1+3+1+1+3=21$　답 ⑤

**295** $a_2=a_1+(2+3+2)$

$a_3=a_2+(3+4+3)$

$a_4=a_3+(4+5+4)$

　　　$\vdots$

$a_{n+1}=a_n+\{(n+1)+(n+2)+(n+1)\}$

$\qquad=a_n+(3n+4)$

따라서 $f(n)=3n+4$이므로 $f(20)=64$　　답 ④

**296** (i) $n=1$일 때

(좌변)$=\displaystyle\sum_{k=1}^{1}\dfrac{2k+3}{k(k+1)}\times\dfrac{1}{3^k}=\boxed{\dfrac{5}{6}}=$(우변)

이므로 ( ㉠ )이 성립한다.

(ii) $n=p$일 때, ( ㉠ )이 성립한다고 가정하면

$\displaystyle\sum_{k=1}^{p}\dfrac{2k+3}{k(k+1)}\times\dfrac{1}{3^k}=1-\dfrac{1}{(p+1)3^p}$이다.

$n=p+1$일 때, ( ㉠ )이 성립함을 보이자.

$\displaystyle\sum_{k=1}^{p+1}\dfrac{2k+3}{k(k+1)}\times\dfrac{1}{3^k}$

$=\displaystyle\sum_{k=1}^{p}\dfrac{2k+3}{k(k+1)}\times\dfrac{1}{3^k}$

$$+\frac{1}{(p+1)(p+2)}\times\boxed{\frac{2p+5}{3^{p+1}}}$$

$$=1-\frac{1}{(p+1)(p+2)}\times\boxed{\frac{p+2}{3^p}}$$
$$+\frac{2p+5}{(p+1)(p+2)3^{p+1}}$$

$$=1-\frac{1}{(p+2)3^{p+1}}$$

그러므로 $n=p+1$일 때에도 ( ㉠ )가 성립한다.

따라서 모든 자연수 $n$에 대하여

$\displaystyle\sum_{k=1}^{n}\frac{2k+3}{k(k+1)}\times\frac{1}{3^k}=1-\frac{1}{(n+1)3^n}$은 성립한다.

위에서 ㈎: $\frac{5}{6}=\alpha$, ㈏: $\frac{2p+5}{3^{p+1}}=f(p)$,

㈐: $\frac{p+2}{3^p}=g(p)$이므로

$$27\alpha\times f(1)\times g(2)=27\times\frac{5}{6}\times\frac{7}{9}\times\frac{4}{9}=\frac{70}{9}$$  🄳 ③

**297** 자연수 $n$에 대하여

$$a_n=\frac{1}{n+1}+\frac{1}{n+2}+\cdots+\frac{1}{3n+1}$$

이라 할 때, $a_n>1$임을 보이면 된다.

( i ) $n=1$일 때 $a_1=\frac{1}{2}+\frac{1}{3}+\frac{1}{4}>1$이다.

(ii) $n=k$일 때 $a_k>1$이라고 가정하면

$n=k+1$일 때,

$$a_{k+1}=\frac{1}{k+2}+\frac{1}{k+3}+\cdots+\frac{1}{3k+4}$$

$$=a_k+\boxed{\left(\frac{1}{3k+2}+\frac{1}{3k+3}+\frac{1}{3k+4}\right)-\frac{1}{k+1}}$$

한편, $(3k+2)(3k+4)\boxed{<}(3k+3)^2$이므로

$$\frac{1}{3k+2}+\frac{1}{3k+4}>\boxed{\frac{2}{3k+3}}$$

그런데 $a_k>1$이므로 $a_{k+1}>a_k>1$

( i ), (ii)에 의하여 모든 자연수 $n$에 대하여 $a_n>1$이다.

🄳 ⑤

**298** (1) $n=1$일 때 $1\times a_3=2\times 3+p$이므로

$$a_3=p+6$$

$n=2$일 때 $3\times a_4=2\times(p+6)+p$이므로

$$a_4=p+4$$

$n=3$일 때 $(p+6)\times a_5=2\times(p+4)+p$이므로

$$a_5=\frac{3p+8}{p+6}$$

(2) 수열 $\{a_n\}$의 모든 항이 자연수이므로

$$a_5=\frac{3p+8}{p+6}=\frac{3(p+6)-10}{p+6}=3-\frac{10}{p+6}$$

도 자연수이다.

즉, $\frac{10}{p+6}$이 자연수이어야 하므로 $p=4$

(3) 조건 ㈏에 $p=4$를 대입하여 수열 $\{a_n\}$의 각 항을 구하면

$a_1=1$, $a_2=3$, $a_3=10$, $a_4=8$, $a_5=2$,

$a_6=1$, $a_7=3$, $a_8=10$, $a_9=8$, $a_{10}=2$, $\cdots$ 이므로

수열 $\{a_n\}$은 1, 3, 10, 8, 2가 이 순서대로 반복된다.

$\therefore \displaystyle\sum_{k=1}^{100}a_k=(1+3+10+8+2)\times20=480$

🄳 (1) $a_3=p+6$, $a_4=p+4$, $a_5=\frac{3p+8}{p+6}$

(2) 4  (3) 480

**299** (1)( i ) '123'이 포함되어 있지 않은 4자리 자연수의 개수는

'123'이 포함되어 있지 않은 3자리 자연수가 뒤의 3자리에 쓰이고, 맨 앞쪽에 1이 쓰인 $a_3$가지,

'123'이 포함되어 있지 않은 3자리 자연수가 뒤의 3자리에 쓰이고, 맨 앞쪽에 2가 쓰인 $a_3$가지와 '123'이 포함되어 있지 않은 3자리 자연수가 뒤의 3자리에 쓰이고, 맨 앞쪽에 3이 쓰인 $a_3$가지의 합이 된다.

그런데 '123'이 포함되어 있지 않은 3자리 자연수의 첫 2자리가 '23'으로 시작하고, 맨 앞쪽에 1이 쓰이는 경우는 '123'으로 시작되는 수가 되므로 이에 해당하는 $a_1$가지를 전체의 개수에서 빼주어야 한다.

$\therefore a_4=3a_3-a_1$

(ii) '123'이 포함되어 있지 않은 $n$자리 자연수의 개수는 같은 방법으로

'123'이 포함되어 있지 않은 $n-1$자리 자연수가 뒤의 $n-1$자리에 쓰이고 맨 앞쪽에 1이 쓰인 $a_{n-1}$가지,

'123'이 포함되어 있지 않은 $n-1$자리 자연수가 뒤의 $n-1$자리에 쓰이고 맨 앞쪽에 2가 쓰인 $a_{n-1}$가지와 '123'이 포함되어 있지 않은 $n-1$자리 자연수가 뒤의 $n-1$자리에 쓰이고 맨 앞쪽에 3이 쓰인 $a_{n-1}$가지의 합이 된다.

그런데 '123'이 포함되어 있지 않은 3자리 자연수의 첫 2자리가 '23'으로 시작하고 맨 앞쪽에 1이 쓰이는 경우는 '123'으로 시작되는 수가 되므로 이에 해당하는 $a_{n-3}$가지를 전체의 개수에서 빼주어야 한다.

$$\therefore a_n = 3a_{n-1} - a_{n-3} \ (n \geq 4)$$
따라서 $p=3$, $q=0$, $r=-1$이고
$$p+q+r=3+0+(-1)=2$$
(2) $a_4 = 3a_3 - a_1 = 3 \times 26 - 3 = 75$
$a_5 = 3a_4 - a_2 = 3 \times 75 - 9 = 216$
$a_6 = 3a_5 - a_3 = 3 \times 216 - 26 = 622$
$$\therefore a_6 = 622$$
📋 (1) 2 (2) 622

**300** (1)

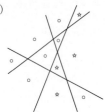

그림과 같이 3개의 직선에서 한 개의 직선을 더 그었을 때 각 직선과 만나는 3개의 교점이 더 생기고 4개의 새로운 영역이 만들어진다.
$a_1 = 2$
$a_2 = a_1 + 2 = 2 + 2 = 4$
$a_3 = a_2 + 3 = 4 + 3 = 7$
$$\therefore a_4 = a_3 + 4 = 7 + 4 = 11$$
(2) $(n+1)$개의 직선을 그었을 때에는 $n$개의 직선을 그었을 때보다 $n$개의 교점이 더 생기고, $(n+1)$개의 새로운 영역이 만들어진다.
$$\therefore a_{n+1} = a_n + n + 1$$
(3) (i) $n=1$일 때
　　(좌변)$=a_1=2$, (우변)$=2$
　　따라서 $n=1$일 때, 주어진 등식이 성립한다.
(ii) $n=k$일 때, 주어진 등식이 성립한다고 가정하면
$$a_k = \frac{1}{2}(k^2 + k + 2) \quad \cdots \ \ominus$$
$\ominus$의 양변에 $k+1$을 더하면
$$a_k + k + 1 = \frac{1}{2}(k^2 + k + 2) + k + 1$$
$$= \frac{1}{2}(k^2 + 3k + 4)$$
$$= \frac{1}{2}\{(k^2 + 2k + 1) + (k+1) + 2\}$$
$$= \frac{1}{2}\{(k+1)^2 + (k+1) + 2\}$$
(2)에서 $a_{k+1} = a_k + k + 1$이므로
$n=k+1$일 때에도 주어진 등식이 성립한다.
(i), (ii)에 의하여 주어진 등식은 모든 자연수 $n$에 대하여 성립한다.
📋 (1) 11 (2) $a_{n+1} = a_n + n + 1$ (3) 풀이 참조

| 본문 89p |

**STEP 3** ▶ 　　301 5　　302 236　　303 336

**301** (i) $a_1 = 1$일 때
$a_1 \geq 0$이므로 $a_2 = a_1 - 3 = -2$
$a_2 < 0$이므로 $a_3 = a_2 + 4 = 2$
$a_3 \geq 0$이므로 $a_4 = a_3 - 3 = -1$
$a_4 < 0$이므로 $a_5 = a_4 + 4 = 3$
$a_5 \geq 0$이므로 $a_6 = a_5 - 3 = 0$
$a_6 \geq 0$이므로 $a_7 = a_6 - 3 = -3$
$a_7 < 0$이므로 $a_8 = a_7 + 4 = 1 = a_1$
$a_8 \geq 0$이므로 $a_9 = a_8 - 3 = -2 = a_2$
　　　　　　　$\vdots$
즉, 수열 $\{a_n\}$은 모든 자연수 $n$에 대하여 $a_{n+7} = a_n$을 만족시키고 $a_{20} = a_{13} = a_6 = 0$
(ii) $a_1 = 2$일 때 (i)과 같은 방법을 이용하면
$a_1 \geq 0$이므로 $a_2 = a_1 - 3 = -1$
$a_2 < 0$이므로 $a_3 = a_2 + 4 = 3$
$a_3 \geq 0$이므로 $a_4 = a_3 - 3 = 0$
$a_4 \geq 0$이므로 $a_5 = a_4 - 3 = -3$
$a_5 < 0$이므로 $a_6 = a_5 + 4 = 1$
$a_6 \geq 0$이므로 $a_7 = a_6 - 3 = -2$
$a_7 < 0$이므로 $a_8 = a_7 + 4 = 2 = a_1$
$a_8 \geq 0$이므로 $a_9 = a_8 - 3 = -1 = a_2$
　　　　　　　$\vdots$
즉, 수열 $\{a_n\}$이 모든 자연수 $n$에 대하여 $a_{n+7} = a_n$을 만족시키고 $a_{20} = a_{13} = a_6 = 1$
(iii) $a_1 = 3$일 때 마찬가지 방법을 이용하면
수열 $\{a_n\}$은 모든 자연수 $n$에 대하여 $a_{n+7} = a_n$을 만족시키고 $a_{20} = a_{13} = a_6 = 2$
(iv) $a_1 = 4$일 때 마찬가지 방법을 이용하면
수열 $\{a_n\}$은 모든 자연수 $n$에 대하여 $a_{n+7} = a_n$을 만족시키고 $a_{20} = a_{13} = a_6 = 3$
(v) $a_1 = 5$일 때 마찬가지 방법을 이용하면
$a_1 \geq 0$이므로 $a_2 = a_1 - 3 = 2$
$a_2 \geq 0$이므로 $a_3 = a_2 - 3 = -1$
$a_3 < 0$이므로 $a_4 = a_3 + 4 = 3$
$a_4 \geq 0$이므로 $a_5 = a_4 - 3 = 0$
$a_5 \geq 0$이므로 $a_6 = a_5 - 3 = -3$
$a_6 < 0$이므로 $a_7 = a_6 + 4 = 1$
$a_7 \geq 0$이므로 $a_8 = a_7 - 3 = -2$
$a_8 < 0$이므로 $a_9 = a_8 + 4 = 2 = a_2$
$a_9 \geq 0$이므로 $a_{10} = a_9 - 3 = -1 = a_3$

즉, 수열 $\{a_n\}$은 모든 자연수 $n$에 대하여 $a_{n+7}=a_n$

을 만족시키고 $a_{20}=a_{13}=a_6=-3$

따라서 $a_{20}<0$이 되도록 하는 $a_1$의 최솟값은 5이다.

답 5

**302** $a_2=1$이고 $a_{n+1}=2a_n+1$이므로

$a_3=3$, $a_4=7$, $a_5=15$, $a_6=31$, $a_7=63$이다.

학생 $n+1$명을 세 조로 나누는 방법의 수는 $n$명을 세 조로 나눈 후 추가된 1명을 세 조 중 어느 한 조에 넣거나 $n$명으로 두 조를 만든 다음, 추가된 1명을 한 조로 나누는 방법이므로 $b_{n+1}=3b_n+a_n$

따라서 $p=3$, $q=1$, $b_3=1$이고,

$b_4=6$, $b_5=25$, $b_6=90$, $b_7=301$이므로

$q-p+b_7-a_7=1-3+301-63=236$

답 236

**303** 층이 늘어날 때마다 제일 윗층과 아래층에 각각 8개씩의 철재가 증가하고, 중간층에는 각 층마다 5개씩의 철재가 증가하므로

$a_{n+1}=a_n+8\times2+5\times(n-1)$

$\qquad=a_n+5n+11$

즉, $a_{n+1}-a_n=5n+11$

$a_2-a_1=5\times1+11$

$a_3-a_2=5\times2+11$

$a_4-a_3=5\times3+11$

$a_5-a_4=5\times4+11$

$a_6-a_5=5\times5+11$

$a_7-a_6=5\times6+11$

$a_8-a_7=5\times7+11$

$a_9-a_8=5\times8+11$

$a_{10}-a_9=5\times9+11$

이므로 양변을 변끼리 각각 더하여 정리하면

$a_{10}-a_1=5\times(1+2+\cdots+9)+9\times11$

$a_{10}=12+5\times\dfrac{9\times10}{2}+99=336$

답 336

## 부록

### 중간고사 대비 (1회)

| 본문 90~94p |

**선택형**

| 01 ② | 02 ⑤ | 03 ① | 04 ① |
|---|---|---|---|
| 05 ② | 06 ③ | 07 ② | 08 ⑤ | 09 ① |
| 10 ② | 11 ② | 12 ① | 13 ② | 14 ③ |
| 15 ① | 16 ⑤ | 17 ③ | 18 ③ |

**서술형**

19 3     20 1

21 $\sin\theta=\dfrac{\pi}{\sqrt{\pi^2+1}}$, $\cos\theta=\dfrac{1}{\sqrt{\pi^2+1}}$, $\tan\theta=\pi$

22 (1) $a=\dfrac{\pi}{3}$, $b=\dfrac{2}{3}\pi$, $c=\pi$, $d=\dfrac{4}{3}\pi$, $e=\dfrac{5}{3}\pi$

   (2) 풀이 참조

23 7

**01** $\sqrt{\dfrac{\sqrt[3]{3^4}}{\sqrt[4]{3}}}\times\sqrt[4]{\dfrac{\sqrt[3]{3^4}}{\sqrt{3}}}=\dfrac{\sqrt[6]{3^4}}{\sqrt[8]{3}}\times\dfrac{\sqrt[12]{3^4}}{\sqrt[8]{3}}=\dfrac{\sqrt[3]{3^2}\times\sqrt[3]{3}}{\sqrt[8]{3^2}}$

$\qquad=\dfrac{\sqrt[3]{3^3}}{\sqrt[4]{3}}=\dfrac{3}{\sqrt[4]{3}}=3\div3^{\frac{1}{4}}=3^{\frac{3}{4}}$

$3^{\frac{3}{4}}$이 어떤 자연수 $x$의 $n$제곱근이면

$x=\left(3^{\frac{3}{4}}\right)^n=3^{\frac{3}{4}n}$이므로

$\dfrac{3}{4}n$이 자연수이어야 한다.

따라서 $2\leq n\leq50$에서 자연수 $n$은 4의 배수이므로 4, 8, $\cdots$, 48로 12개이다.

답 ②

**02** $\log_x y=a$, $\log_y z=b$, $\log_z x=c$라 하면

$\log_x y+\log_y z+\log_z x=a+b+c=\dfrac{1}{2}$

$\log_y x+\log_z y+\log_x z=\dfrac{1}{\log_x y}+\dfrac{1}{\log_y z}+\dfrac{1}{\log_z x}$

$\qquad=\dfrac{1}{a}+\dfrac{1}{b}+\dfrac{1}{c}$

$\qquad=\dfrac{ab+bc+ca}{abc}=-3$    $\cdots$ ㉠

$\therefore (\log_x y)^2+(\log_y z)^2+(\log_z x)^2$

$=a^2+b^2+c^2$

$=(a+b+c)^2-2(ab+bc+ca)$

$=\left(\dfrac{1}{2}\right)^2-2(ab+bc+ca)$

$=\dfrac{1}{4}-2\times(-3abc)$ $(\because$ ㉠$)$    $\cdots$ ㉡

이때

$abc=\log_x y\times\log_y z\times\log_z x$

$\qquad=\dfrac{\log y}{\log x}\times\dfrac{\log z}{\log y}\times\dfrac{\log x}{\log z}=1$

이므로 ⓒ에서

$$(\log_x y)^2 + (\log_y z)^2 + (\log_z x)^2 = \frac{1}{4} - 2 \times (-3) = \frac{25}{4}$$

답 ⑤

**03** $x^2 + y^2 > 0$이므로 $x^2 > 0,\ x^2 \neq 1,\ y^2 > 0$ … ㉠

$2 = \log_{\sqrt{2}}(x^2 + y^2)$에서 $2 = x^2 + y^2$

또, $\log_{x^2} y^2 = 1$에서 $x^2 = y^2$

즉, $2x^2 = 2$이므로 $x^2 = 1$

그런데 $x^2 = 1$이면 ㉠에 모순이므로 연립방정식을 만족하는 순서쌍 $(x, y)$는 없다.

답 ①

**04** $y = |\log_2 x|$에서

$x \geq 1$일 때, $y = \log_2 x$

$x < 1$일 때, $y = -\log_2 x$

$A(3, \log_2 3)$이고 점 C의 $x$좌표를 $a$라 하면

$C(a, -\log_2 a)$

두 점 A, C의 $y$좌표의 값은 같으므로

$-\log_2 a = \log_2 3,\ \log_2 a = \log_2 \frac{1}{3}$

$\therefore a = \frac{1}{3}$

또, $B(12, \log_2 12)$이고 점 D의 $x$좌표를 $b$라 하면

$D(b, -\log_2 b)$이므로 두 점 B와 D의 $y$좌표도 같다.

$-\log_2 b = \log_2 12,\ \log_2 b = \log_2 \frac{1}{12}$

$\therefore b = \frac{1}{12}$

따라서 사각형 ABDC의 넓이 $S$는

$$S = \frac{1}{2}\left\{\left(3 - \frac{1}{3}\right) + \left(12 - \frac{1}{12}\right)\right\} \times (\log_2 12 - \log_2 3)$$

$$= \frac{1}{2}\left(\frac{8}{3} + \frac{143}{12}\right) \times \log_2 4 = \frac{175}{12}$$

$$\therefore 12S = 12 \times \frac{175}{12} = 175$$

답 ①

**05** 각 $\theta$를 나타내는 동경과 각 $5\theta$를 나타내는 동경이 $y$축에 대하여 대칭이므로

$5\theta + \theta = 2n\pi + \pi$ ($n$은 정수)

$$\therefore \theta = \frac{2n+1}{6}\pi$$

$n = 0, 1, 2, 3, \cdots$ 을 대입하면

$$\theta = \frac{\pi}{6},\ \frac{\pi}{2},\ \frac{5}{6}\pi,\ \frac{7}{6}\pi,\ \frac{3}{2}\pi,\ \frac{11}{6}\pi,\ \frac{13}{6}\pi,\ \cdots$$

이때 $\theta = \frac{\pi}{2},\ \frac{3}{2}\pi$에서 $\tan\theta$의 값은 존재하지 않으므로 제외한다.

각 $\theta$의 값에 대하여 $\sin\theta + \cos\theta + \tan\theta$의 값을 구하면

$$\sin\frac{\pi}{6} + \cos\frac{\pi}{6} + \tan\frac{\pi}{6} = \frac{1}{2} + \frac{\sqrt{3}}{2} + \frac{\sqrt{3}}{3} = \frac{1}{2} + \frac{5}{6}\sqrt{3}$$

$$\sin\frac{5}{6}\pi + \cos\frac{5}{6}\pi + \tan\frac{5}{6}\pi = \frac{1}{2} - \frac{\sqrt{3}}{2} - \frac{\sqrt{3}}{3}$$

$$= \frac{1}{2} - \frac{5}{6}\sqrt{3}$$

$$\sin\frac{7}{6}\pi + \cos\frac{7}{6}\pi + \tan\frac{7}{6}\pi = -\frac{1}{2} - \frac{\sqrt{3}}{2} + \frac{\sqrt{3}}{3}$$

$$= -\frac{1}{2} - \frac{1}{6}\sqrt{3}$$

$$\sin\frac{11}{6}\pi + \cos\frac{11}{6}\pi + \tan\frac{11}{6}\pi$$

$$= -\frac{1}{2} + \frac{\sqrt{3}}{2} - \frac{\sqrt{3}}{3} = -\frac{1}{2} + \frac{1}{6}\sqrt{3}$$

$$\vdots$$

따라서 $\sin\theta + \cos\theta + \tan\theta$의 최솟값은

$\frac{1}{2} - \frac{5}{6}\sqrt{3}$이다.

답 ②

**06** 점 B의 좌표는 $(-\cos\theta, -\sin\theta)$이고 두 점 A, B가 포물선 $y = x^2 + ax + b$ 위에 있으므로 각각 대입하면

$\sin\theta = \cos^2\theta + a\cos\theta + b$ … ㉠

$-\sin\theta = \cos^2\theta - a\cos\theta + b$ … ㉡

㉠-㉡을 하면

$2\sin\theta = 2a\cos\theta$ $\therefore a = \tan\theta$

㉠+㉡을 하면

$0 = 2\cos^2\theta + 2b$ $\therefore b = -\cos^2\theta$

포물선에 $a, b$의 값을 대입하면

$y = x^2 + \tan\theta\, x - \cos^2\theta$

$$= \left(x + \frac{1}{2}\tan\theta\right)^2 - \frac{1}{4}\tan^2\theta - \cos^2\theta$$

따라서 포물선의 꼭짓점의 $y$좌표는 $-\frac{1}{4}\tan^2\theta - \cos^2\theta$

이므로 $g(\theta) = -\frac{1}{4}\tan^2\theta - \cos^2\theta$로 놓으면

$$g(\theta) = -\frac{1}{4}(\tan^2\theta + 4\cos^2\theta)$$

$$= -\frac{1}{4}\left(\frac{1}{\cos^2\theta} - 1 + 4\cos^2\theta\right)$$

$$\left(\because \tan^2\theta + 1 = \frac{1}{\cos^2\theta}\right)$$

$$=\frac{1}{4}-\frac{1}{4}\left(\frac{1}{\cos^2\theta}+4\cos^2\theta\right)$$

이때 제1사분면에서 $\frac{1}{\cos^2\theta}>0$, $4\cos^2\theta>0$이므로

산술평균과 기하평균의 관계에 의하여

$$g(\theta)\leq\frac{1}{4}-\frac{1}{4}\times 2\sqrt{\frac{1}{\cos^2\theta}\times 4\cos^2\theta}=\frac{1}{4}-1=-\frac{3}{4}$$이고,

등호는 $\frac{1}{\cos^2\theta}=4\cos^2\theta$일 때 성립하므로

$\frac{1}{\cos^2\theta}=4\cos^2\theta$에서 $\cos^4\theta=\frac{1}{4}$, $\cos\theta=\frac{\sqrt{2}}{2}$

$\therefore \theta=\frac{\pi}{4}$

따라서 포물선의 꼭짓점의 $y$좌표는 $\theta=\frac{\pi}{4}$일 때

최댓값 $-\frac{3}{4}$을 가지므로

$p=\frac{\pi}{4}$, $q=-\frac{3}{4}$이고, $pq=-\frac{3}{16}\pi$    답 ③

**07**

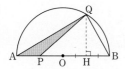

$\overline{AB}$의 중점을 O라 하면 $\overline{AP}:\overline{BP}=1:3$, $\overline{OA}:\overline{OB}=1:1$

∠QOB가 60°이므로 삼각형 QOB는 정삼각형이다.

$\overline{OB}$의 중점을 H라 하면 $S=\frac{1}{2}\times\overline{AP}\times\overline{QH}$

$\overline{QB}=\sqrt[4]{128}$이므로 $\overline{QB}=\overline{OB}=\overline{OA}=\sqrt[4]{128}$

즉, $\overline{AP}=\frac{\sqrt[4]{128}}{2}$, $\overline{QH}=\frac{\sqrt{3}}{2}\overline{QB}=\frac{\sqrt{3}}{2}\times\sqrt[4]{128}$이므로

$S=\frac{1}{2}\times\frac{\sqrt[4]{128}}{2}\times\frac{\sqrt{3}}{2}\times\sqrt[4]{128}=\sqrt{6}$

$\therefore S^2=6$    답 ②

**다른 풀이**

∠AQB=90°, $\overset{\frown}{AQ}:\overset{\frown}{QB}=2:1$이므로

∠QBA : ∠QAB=2 : 1

∠QAB=30°, ∠QBA=60°

$\overline{QB}:\overline{QA}:\overline{AB}=1:\sqrt{3}:2$

$\overline{QB}=\sqrt[4]{128}$이므로 $\overline{QA}=\sqrt{3}\times\sqrt[4]{128}$

$S=\frac{1}{4}\triangle QAB=\frac{1}{4}\times\left(\frac{1}{2}\times\overline{QA}\times\overline{QB}\right)$

$\phantom{S}=\frac{1}{8}\times\sqrt{3}\times\sqrt[4]{128}\times\sqrt[4]{128}=\sqrt{6}$

$\therefore S^2=6$

**08** 시계의 긴 바늘은 한 시간에 한 바퀴 회전하므로 1분당

$2\pi\times\frac{1}{60}=\frac{\pi}{30}$만큼 움직이고,

시계의 짧은 바늘은 한 시간에 $2\pi\times\frac{1}{12}=\frac{\pi}{6}$씩

회전하므로 1분당 $\frac{\pi}{6}\times\frac{1}{60}=\frac{\pi}{360}$만큼 움직인다.

따라서 6시일 때의 짧은 바늘과 6시 15분일 때의 짧은 바늘이 이루는 각의 크기는 $\frac{\pi}{360}\times 15$이고, 6시 15분일 때의 긴 바늘과 6시 30분일 때의 긴 바늘이 이루는 각의 크기가 $\frac{\pi}{30}\times 15$이므로

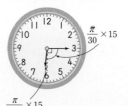

6시 15분을 나타내는 시계 A의 긴 바늘과 짧은 바늘이 이루는 각 중에서 작은 각 $\alpha$는

$$\alpha=\frac{\pi}{30}\times 15+\frac{\pi}{360}\times 15=\frac{\pi}{2}+\frac{\pi}{24}=\frac{13}{24}\pi$$

마찬가지 방법으로 10시 30분을 나타내는 시계 B의 긴 바늘과 짧은 바늘이 이루는 각 중에서 작은 각 $\beta$는

$$\beta=\frac{\pi}{30}\times 20+\frac{\pi}{360}\times 30=\frac{2}{3}\pi+\frac{\pi}{12}=\frac{3}{4}\pi$$

$$\therefore 48(\beta-\alpha)=48\left(\frac{3}{4}\pi-\frac{13}{24}\pi\right)$$

$$\phantom{\therefore 48(\beta-\alpha)}=48\times\frac{5}{24}\pi=10\pi$$    답 ⑤

**09** $\sqrt[3]{a}=A$, $\sqrt[3]{b}=B$라 하면 $A^2+B^2=\frac{1}{2}$

$x+y=a+3\times\sqrt[3]{a^2}\sqrt[3]{b}+3\times\sqrt[3]{a}\sqrt[3]{b^2}+b=(A+B)^3$

$x-y=a-3\times\sqrt[3]{a^2}\sqrt[3]{b}+3\times\sqrt[3]{a}\sqrt[3]{b^2}-b=(A-B)^3$

이므로

$\sqrt[3]{(x+y)^2}+\sqrt[3]{(x-y)^2}=\{\sqrt[3]{(x+y)}\}^2+\{\sqrt[3]{(x-y)}\}^2$

$\phantom{\sqrt[3]{(x+y)^2}+\sqrt[3]{(x-y)^2}}=(A+B)^2+(A-B)^2$

$\phantom{\sqrt[3]{(x+y)^2}+\sqrt[3]{(x-y)^2}}=2(A^2+B^2)$

$\phantom{\sqrt[3]{(x+y)^2}+\sqrt[3]{(x-y)^2}}=2\times\frac{1}{2}=1$    답 ①

**10** (i) $n$이 홀수일 때, $y=n\log_3 x$, $y=-3^x$의 그래프는 다음과 같다.

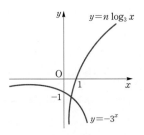

즉, $f(n)=1$

(ii) $n$이 짝수일 때, $y=\log_{\frac{1}{3}}|x|^n$, $y=3^x$의 그래프는 다음과 같다.

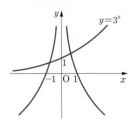

즉, $f(n)=2$

$\therefore f(1)+f(2)+f(3)+\cdots+f(10)=(1+2)\times 5=15$

답 ②

**11** 함수 $f^{-1}(x)$는 함수 $f(x)$의 역함수이므로

두 곡선 $y=f(x)$, $y=f^{-1}(x)$의 교점은 곡선 $y=f(x)$와 직선 $y=x$의 교점과 일치한다.

점 A의 $x$좌표를 $t$라 하면 $\overline{AB}=n\sqrt{2}$이고 두 점 A, B는 직선 $y=x$ 위의 점이므로 점 B의 $x$좌표는 $t+n$이다.

즉, $x=t$, $x=n+t$는 방정식 $\log_2(x+k)=x$의 실근이다.

$\log_2(t+k)=t$에서 $2^t=t+k$ $\cdots$ ㉠

$2^{t+n}=t+n+k$ $\cdots$ ㉡

㉡－㉠을 하면

$2^{t+n}-2^t=n$에서 $2^t(2^n-1)=n$

$2^t=\dfrac{n}{2^n-1}$, $t=\log_2\left(\dfrac{n}{2^n-1}\right)$

$\therefore g(n)=\log_2\left(\dfrac{n}{2^n-1}\right)$

또, $g(n)-g(3n)>8$,

즉 $\log_2\left(\dfrac{n}{2^n-1}\right)-\log_2\left(\dfrac{3n}{2^{3n}-1}\right)>8$에서

$\log_2\dfrac{\dfrac{n}{2^n-1}}{\dfrac{3n}{2^{3n}-1}}>8$, $\log_2\dfrac{\dfrac{n}{2^n-1}}{\dfrac{3n}{(2^n-1)(2^{2n}+2^n+1)}}>8$

$\log_2\dfrac{2^{2n}+2^n+1}{3}>8$, $\dfrac{2^{2n}+2^n+1}{3}>2^8$

$2^{2n}+2^n+1>3\times 2^8$

따라서 자연수 $n$의 최솟값은 5이다.

답 ②

**12**

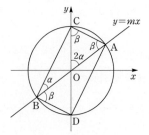

$\angle ABC=\angle BCO$이므로 $\alpha+\beta=\dfrac{\pi}{2}$

$\angle AOC=2\alpha$ $\left(0<2\alpha<\dfrac{\pi}{2}\right)$이고, $\angle CAO=\beta$이므로

$2\alpha+2\beta=\pi$, $2\beta=\pi-2\alpha$

이때 $\cos 2\alpha-\cos 2\beta=\dfrac{10}{13}$이므로

$\cos 2\alpha-\cos(\pi-2\alpha)=\dfrac{10}{13}$

$\cos 2\alpha-(-\cos 2\alpha)=\dfrac{10}{13}$, $2\cos 2\alpha=\dfrac{10}{13}$

$\therefore \cos 2\alpha=\dfrac{5}{13}$

따라서 $\sin 2\alpha=\sqrt{1-\cos^2(2\alpha)}=\dfrac{12}{13}$

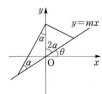

또, 그림과 같이 직선 $y=mx$가 $x$축의 양의 방향과 이루는 각의 크기를 $\theta$라 하면 $\theta=\dfrac{\pi}{2}-2\alpha$이므로

$m=\tan\theta=\tan\left(\dfrac{\pi}{2}-2\alpha\right)=\dfrac{1}{\tan 2\alpha}$

$=\dfrac{\cos 2\alpha}{\sin 2\alpha}=\dfrac{\dfrac{5}{13}}{\dfrac{12}{13}}=\dfrac{5}{12}$

답 ①

**13**

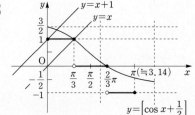

(i) $x=0$인 경우

$y=\left[\cos x+\dfrac{1}{2}\right]$의 그래프는 점 $(0, 1)$을 지나므로

$\left[\cos x+\dfrac{1}{2}\right]=x-k$에서 $1=0-k$이므로 $k=-1$

(ii) $0<x\leq\dfrac{\pi}{3}$ ($\fallingdotseq 1.05$)인 경우

함수 $y=\left[\cos x+\dfrac{1}{2}\right]$의 그래프가 점 $(1,\ 1)$을

지나므로

$\left[\cos x+\dfrac{1}{2}\right]=x-k$에서 $1=1-k$이므로 $k=0$

(iii) $\dfrac{\pi}{3}<x\le\dfrac{2}{3}\pi\ (≒2.11)$인 경우

함수 $y=\left[\cos x+\dfrac{1}{2}\right]$의 그래프가 점 $(2,\ 0)$을

지나므로

$\left[\cos x+\dfrac{1}{2}\right]=x-k$에서 $0=2-k$이므로 $k=2$

(iv) $\dfrac{2}{3}\pi<x\le\pi\ (≒3.14)$인 경우

함수 $y=\left[\cos x+\dfrac{1}{2}\right]$의 그래프가 점 $(3,\ -1)$을

지나므로

$\left[\cos x+\dfrac{1}{2}\right]=x-k$에서 $-1=3-k$이므로 $k=4$

따라서 주어진 방정식의 정수해가 존재하도록 하는 $k$의

값의 개수는 $-1,\ 0,\ 2,\ 4$의 4개이다.  답 ②

**14**

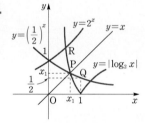

ㄱ. $y=2^x$의 그래프와 $y=\log_2 x$의 그래프는 서로 역함수

관계이고, $y=\left(\dfrac{1}{2}\right)^x$의 그래프와 $y=-\log_2 x$의 그래프

도 서로 역함수 관계이므로

각각의 그래프들은 직선 $y=x$에 대하여 대칭이다.

즉, 점 P도 직선 $y=x$ 위에 있으므로 $y_1=x_1$

따라서 $\dfrac{1}{2}<x_1<1$이다. (참)

ㄴ. 점 Q와 점 R는 직선 $y=x$에 대하여 대칭이므로

$x_2=y_3$이고, $y_2=x_3$이다.

따라서 $x_2y_2=y_3x_3$이다. (참)

ㄷ. 점 $P(x_1,\ y_1)$과 점 $(1,\ 0)$을 이은 직선의 기울기는 점

$R(x_3,\ y_3)$과 점 $(1,\ 0)$을 이은 직선의 기울기보다 크

므로 $\dfrac{y_1}{x_1-1}>\dfrac{y_3}{x_3-1}$

이때 $x_3=y_2,\ y_3=x_2$이므로 $\dfrac{y_1}{x_1-1}>\dfrac{x_2}{y_2-1}$

즉, $(x_1-1)(y_2-1)>0$이므로

$y_1(y_2-1)>x_2(x_1-1)$ (거짓)

따라서 옳은 것은 ㄱ, ㄴ이다.  답 ③

**15** 함수 $y=f(x)$의 그래프는 그림과 같다.

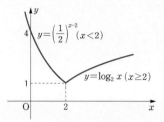

$a-1\le x\le a+1$에서 함수 $f(x)$의 최댓값을 $M$, 최솟값을

$m$이라 하자.

(i) $a<1$일 때, $a-1<a+1<2$이므로

$M=f(a-1)=\left(\dfrac{1}{2}\right)^{a-3}$

$m=f(a+1)=\left(\dfrac{1}{2}\right)^{a-1}$

이때 $M+m=\left(\dfrac{1}{2}\right)^{a-3}+\left(\dfrac{1}{2}\right)^{a-1}=3$이어야 하므로

$8\left(\dfrac{1}{2}\right)^a+2\left(\dfrac{1}{2}\right)^a=3$

$\left(\dfrac{1}{2}\right)^a=\dfrac{3}{10}$    … ㉠

$a<1$에서 $\left(\dfrac{1}{2}\right)^a>\dfrac{1}{2}$이므로 ㉠을 만족시키는 실수 $a$는

존재하지 않는다.

(ii) $1\le a<3$일 때, $a-1<2\le a+1$이므로

$m=f(2)=\log_2 2=1$

이때 최댓값 $M$은 2이어야 하므로

$M=f(a-1)=\left(\dfrac{1}{2}\right)^{a-3}=2$   … ㉡

또는

$M=f(a+1)=\log_2(a+1)=2$ … ㉢

㉡에서 $a=2$, ㉢에서 $a=3$

$1\le a<3$이므로 $a=2$이다.

이때 $f(a+1)=f(3)=\log_2 3<2$이므로 함수 $f(x)$는

최댓값 2를 갖는다.

(iii) $a\ge3$일 때, $a+1>a-1\ge2$이므로

$M=f(a+1)=\log_2(a+1)$,

$m=f(a-1)=\log_2(a-1)$

이때 $M+m=\log_2(a+1)+\log_2(a-1)=3$이어야

하므로 $\log_2(a^2-1)=3$

$a^2-1=2^3$이므로 $a=-3$ 또는 $a=3$

$a\ge3$이므로 $a=3$

(i), (ii), (iii)에 의하여 모든 실수 $a$의 값의 합은 $2+3=5$

 답 ①

**16**

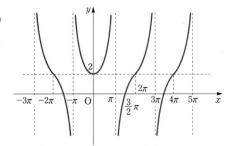

ㄱ. 점근선은 $x=|2n-1|\pi$ (참)

ㄴ. $x\geq0$일 때, $f(x)=2\tan\dfrac{x}{2}+2$

　　주기는 $\dfrac{\pi}{\frac{1}{2}}=2\pi$이므로 $f(x+2\pi)=f(x)$ (참)

ㄷ. $g(2\pi+x)=2\pi[(2\pi+x)^2]+\dfrac{\pi}{4}\sin(2\pi+x)+\dfrac{\pi}{2}$

　　　　　　　$=2\pi n+\dfrac{\pi}{4}\sin x+\dfrac{\pi}{2}$ ($n$은 정수) $\cdots$ ㉠

　　　　　　　$(\because[(2\pi+x)^2]=n,\ \sin(2\pi+x)=\sin x)$

　　$g(x)=2\pi[x^2]+\dfrac{\pi}{4}\sin x+\dfrac{\pi}{2}$에서 $\cdots$ ㉡

　　$\dfrac{\pi}{4}\sin x+\dfrac{\pi}{2}=g(x)-2\pi[x^2]$을 ㉠에 대입하면

　　$g(2\pi+x)=g(x)+2\pi n-2\pi[x^2]$

　　　　　　　$=g(x)+2\pi(n-[x^2])$

　　　　　　　$=g(x)+2\pi m$ ($m$은 정수)

　　이때 $n-[x^2]=m$ ($m$은 정수)이므로

　　㉡에서 $[x^2]\geq0$, $\dfrac{\pi}{4}(\sin x+2)>0$이므로 $g(x)>0$

　　$x\geq0$일 때, $f(x+2\pi)=f(x)$이므로

　　$(f\circ g)(2\pi+x)=f(g(2\pi+x))=f(g(x)+2\pi m)$

　　　　　　　　　　　　$=f(g(x))=(f\circ g)(x)$ (참)

따라서 옳은 것은 ㄱ, ㄴ, ㄷ이다. 　답 ⑤

**17** $1\leq n\leq1000$이므로 $0\leq\log_7 n\leq\log_7 1000$

이때 $7^3=343<1000<7^4$이므로 $0\leq[\log_7 n]<4$

(i) $[\log_7 n]=0$, $[\log_7 3n]=1$일 때

　　$0\leq\log_7 n<1$에서 $1\leq n<7$

　　$1\leq\log_7 3n<2$에서 $7\leq3n<49$, $\dfrac{7}{3}\leq n<\dfrac{49}{3}$

　　$\therefore 3\leq n<7$

　　자연수 $n$의 개수는 4

(ii) $[\log_7 n]=1$, $[\log_7 3n]=2$일 때

　　$1\leq\log_7 n<2$에서 $7\leq n<49$

　　$2\leq\log_7 3n<3$에서 $\dfrac{49}{3}\leq n<\dfrac{343}{3}$

　　$\therefore 17\leq n<49$

자연수 $n$의 개수는 32

(iii) $[\log_7 n]=2$, $[\log_7 3n]=3$일 때

　　$2\leq\log_7 n<3$에서 $49\leq n<343$

　　$3\leq\log_7 3n<4$에서 $\dfrac{343}{3}\leq n<\dfrac{2401}{3}$

　　$\therefore 115\leq n<343$

　　자연수 $n$의 개수는 228

(iv) $[\log_7 n]=3$, $[\log_7 3n]=4$일 때

　　$3\leq\log_7 n<4$에서 $343\leq n\leq1000$

　　$4\leq\log_7 3n<5$에서 $\dfrac{2401}{3}\leq n\leq1000$

　　$\therefore 801\leq n\leq1000$

　　자연수 $n$의 개수는 200

(i)~(iv)에서 자연수 $n$의 개수는

$4+32+228+200=464$ 　답 ③

**18** ㄱ. $y=\cos x$ $(0<x<\pi)$의 그래프에서 $y$의 값이 감소하면 $x$의 값은 증가한다. (참)

ㄴ. (반례) $a=\dfrac{\pi}{4}$, $b=\dfrac{3}{4}\pi$이면 $\cos a>\cos b$가 성립하지만 $\sin a=\sin b$ (거짓)

ㄷ. $(\tan a)(\tan b)>0$이면 $0<a<\dfrac{\pi}{2}$, $0<b<\dfrac{\pi}{2}$ 또는

　　$\dfrac{\pi}{2}<a<\pi$, $\dfrac{\pi}{2}<b<\pi$이다.

　　이때 $y=\tan x$의 그래프에서 $a<b$이면

　　$\tan a<\tan b$이다. (참)

따라서 옳은 것은 ㄱ, ㄷ이다. 　답 ③

**19** 조건 ㈎에서 $\log_{a^2}b=\log_b c$이므로

$\log_{a^2}b=\log_b c=p$로 놓으면 $b=(a^2)^p=a^{2p}$, $c=b^p$

$c=b^p$에서 $b$ 대신 $a^{2p}$을 대입하면 $c=(a^{2p})^p=a^{2p^2}$

한편, 조건 ㈏에서 $\sqrt{b}\times c=a^3$이므로

$\sqrt{a^{2p}}\times a^{2p^2}=a^3$, $a^{2p^2+p-3}=1$

이때 $a\neq1$이므로 $2p^2+p-3=(2p+3)(p-1)=0$

$p=1$ 또는 $p=-\dfrac{3}{2}$

$p=1$이면 $b=c$가 되어 조건을 만족시키지 못하므로

$p=-\dfrac{3}{2}$

즉, $b=a^{-3}$, $c=a^{\frac{9}{2}}$

$\therefore \dfrac{3}{2}+\log_a bc=\dfrac{3}{2}+\log_a\left(a^{-3}\times a^{\frac{9}{2}}\right)=\dfrac{3}{2}+\log_a a^{\frac{3}{2}}$

　　　　　　　　　　$=\dfrac{3}{2}+\dfrac{3}{2}\log_a a=\dfrac{3}{2}+\dfrac{3}{2}=3$ 　답 3

**20** 반지름의 길이를 $r$, $\overarc{AB}$의 길이를 $l$이라 하면

$l=r$이므로 $\theta=1$

즉, $S_1=\dfrac{1}{2}r^2$, $S_2=\dfrac{1}{2}\times\overline{OH}\times\overline{BH}=\dfrac{1}{2}(r\cos 1)(r\sin 1)$

이므로

$$\dfrac{S_1}{S_2}=\dfrac{\dfrac{1}{2}r^2}{\dfrac{1}{2}r^2\times\cos 1\times\sin 1}=\dfrac{1}{\cos 1\times\sin 1}$$

$\therefore \dfrac{S_1}{S_2}\times\sin 1=\dfrac{1}{\cos 1}$

이때 $\dfrac{\pi}{4}<1<\dfrac{\pi}{3}$이므로 $\cos\dfrac{\pi}{3}<\cos 1<\cos\dfrac{\pi}{4}$, 즉

$\sqrt{2}<\dfrac{1}{\cos 1}<2$

$\therefore \left[\dfrac{S_1}{S_2}\times\sin 1\right]=\left[\dfrac{1}{\cos 1}\right]=1$   📋 $1$

**21** 안쪽 제일 작은 원, 바깥쪽 제일 큰 원의 반지름의 길이를
각각 $r$, $R$라 하자. 만약 출발선이 기울어져 있지 않다면

(가장 짧은 거리)=(직선 트랙)+$\pi r$

(가장 긴 거리)=(직선 트랙)+$\pi R$

가장 긴 거리와 가장 짧은 거리의 차는 $\pi(R-r)$이고,
각 주자들은 같은 거리를 달려야 하므로 다음 그림에서
$\overline{BE}=\pi(R-r)$이어야 한다.

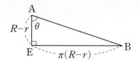

이때 $\overline{AE}=R-r$이므로

$\tan\theta=\dfrac{\overline{EB}}{\overline{AE}}=\dfrac{\pi(R-r)}{R-r}=\pi$

다음 그림과 같이 직각을 낀 두 변의 길이가 각각 $1$, $\pi$인
직각삼각형을 생각하면

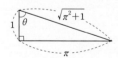

$\sin\theta=\dfrac{\pi}{\sqrt{\pi^2+1}}$, $\cos\theta=\dfrac{1}{\sqrt{\pi^2+1}}$, $\tan\theta=\pi$

📋 $\sin\theta=\dfrac{\pi}{\sqrt{\pi^2+1}}$, $\cos\theta=\dfrac{1}{\sqrt{\pi^2+1}}$, $\tan\theta=\pi$

**22** (1) $\theta$와 $5\theta$의 중간값의 각의 동경이 $x$축에 위치해야 한다.

즉, $\dfrac{\theta+5\theta}{2}=n\pi$ ($n$은 정수)에서 $3\theta=n\pi$, $\theta=\dfrac{n}{3}\pi$

이때 $0<\theta<2\pi$를 만족하는 $\theta$의 값은

$a=\dfrac{\pi}{3}$, $b=\dfrac{2}{3}\pi$, $c=\pi$, $d=\dfrac{4}{3}\pi$, $e=\dfrac{5}{3}\pi$

(2) ① $y=\dfrac{\pi}{3}\cos\left(\dfrac{2}{3}\pi x\right)+\pi$의 그래프를 그리면

주어진 좌표평면의 빈칸은 위에서부터 순서대로

$\dfrac{\pi}{3}+\pi=\dfrac{4}{3}\pi$, $\pi$, $\pi-\dfrac{\pi}{3}=\dfrac{2}{3}\pi$이다.

② 치역 : $\left\{y\,\Big|\,\dfrac{2}{3}\pi\le y\le\dfrac{4}{3}\pi\right\}$, 주기 : $\dfrac{2\pi}{\dfrac{2}{3}\pi}=3$

③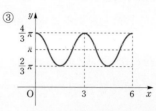

📋 (1) $a=\dfrac{\pi}{3}$, $b=\dfrac{2}{3}\pi$, $c=\pi$, $d=\dfrac{4}{3}\pi$, $e=\dfrac{5}{3}\pi$

   (2) 풀이 참조

**23** 방정식 $2\{h(x)\}^2-9\{h(x)\}+10=0$에서

$\{2h(x)-5\}\{h(x)-2\}=0$

$h(x)=\dfrac{5}{2}$ 또는 $h(x)=2$

(i) $h(x)=\dfrac{5}{2}$인 경우

$h(x)=f(g(x))=\dfrac{5}{2}$이므로 $g(x)=A$라 하면

$f(A)=\dfrac{5}{2}$

즉, $|2^A-2|+1=\dfrac{5}{2}$이므로

$A=\log_2\dfrac{7}{2}$ 또는 $A=-1$

(ii) $h(x)=2$인 경우

$h(x)=f(g(x))=2$이므로

$g(x)=A$라 하면 $f(A)=2$

즉, $|2^A-2|+1=2$이므로

$A=\log_2 3$ 또는 $A=0$

(i), (ii)에서 $A=\log_2\dfrac{7}{2}$ 또는 $A=-1$ 또는 $A=\log_2 3$

또는 $A=0$

또, $A=g(x)=\log_2 3-\left|\log_2\left(x^2+\dfrac{1}{3}\right)\right|$에서

$p(x)=x^2+\dfrac{1}{3}$, $k(x)=\log_2 3-|\log_2 x|$라 하면

$g(x)=k(p(x))$이고, 곡선 $A=k(p(x))$와 네 직선

$A=\log_2\dfrac{7}{2}$, $A=-1$, $A=\log_2 3$, $A=0$은 다음 그림과

같다.

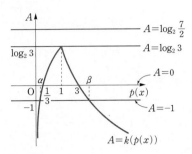

이때 곡선 $A=k(p(x))$의 그래프와 각 직선의 교점 $p(x)$의 좌표는 $\alpha$, $\frac{1}{3}$, 1, 3, $\beta$이고, $0<\alpha<\frac{1}{3}$, $\beta>3$이다.

또, 곡선 $y=p(x)=x^2+\frac{1}{3}$과 네 직선 $y=\alpha$, $y=\frac{1}{3}$, $y=1$, $y=3$, $y=\beta$의 그래프는 다음과 같다.

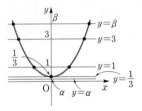

따라서 주어진 방정식의 서로 다른 실근의 개수는 위의 그림에서 곡선 $p(x)=x^2+\frac{1}{3}$과 각 직선의 교점의 개수와 같으므로 7개이다.

답 7

## 중간고사 대비 (2회)

| 본문 95~99p |

**선택형**

| | | | |
|---|---|---|---|
| 01 ③ | 02 ③ | 03 ④ | 04 ④ |
| 05 ② | 06 ③ | 07 ④ | 08 ① | 09 ① |
| 10 ① | 11 ① | 12 ③ | 13 ③ | 14 ② |
| 15 ④ | 16 ⑤ | 17 ① | 18 ③ | |

**서술형**

19 $a<3$  20 89  21 $\frac{3}{4}(\sqrt{3}-1)$

22 $0$, $\pi \le x \le 2\pi$  23 $(1, 12)$, $(2, 6)$, $(3, 4)$, $(4, 3)$, $(6, 2)$, $(12, 1)$

**01** $3^{15}=abc$이고, $a=3^{\frac{5}{p}}$, $b=3^{\frac{5}{q}}$, $c=3^{\frac{5}{r}}$이므로

$3^{15}=3^{\frac{5}{p}+\frac{5}{q}+\frac{5}{r}}=3^{\frac{5(pq+qr+rp)}{pqr}}$

즉, $15=\frac{5(pq+qr+rp)}{pqr}$이므로

$\frac{pq+qr+rp}{pqr}=3$

답 ③

**02** (i) $\log_3 \frac{m}{15}>0$, 즉 $m>15$일 때

$\left|\log_3 \frac{m}{15}\right|+\log_3 \frac{n}{3} \le 0$에서 $15<m \le \frac{45}{n}$

$n=1$일 때, $15<m \le 45$이므로 30개

$n=2$일 때, $15<m \le 22.5$이므로 7개

즉, 37개이다.

(ii) $\log_3 \frac{m}{15}=0$, 즉 $m=15$일 때

$\left|\log_3 \frac{m}{15}\right|+\log_3 \frac{n}{3} \le 0$에서 $\log_3 \frac{n}{3} \le 0$, $n \le 3$

즉, 3개이다.

(iii) $\log_3 \frac{m}{15}<0$, 즉 $0<m<15$일 때

$\left|\log_3 \frac{m}{15}\right|+\log_3 \frac{n}{3} \le 0$에서 $5n \le m<15$

$n=1$일 때, $5 \le m<15$이므로 10개

$n=2$일 때, $10 \le m<15$이므로 5개

즉, 15개이다.

(i), (ii), (iii)에서 순서쌍 $(m, n)$의 개수는 55개이다.

답 ③

**03** 두 점 A, B의 좌표는 각각 $(k, 2^k+1)$, $(k, -2^{-k})$이고 $-2^{-k}<0<2^k+1$이므로

$\overline{AB}=(2^k+1)-(-2^{-k})$
$=2^k+2^{-k}+1$

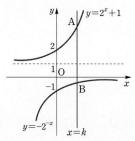

$2^k + 2^{-k} + 1 = \dfrac{13}{3}$에서 $2^k + 2^{-k} = \dfrac{10}{3}$

양변에 $3 \times 2^k$을 곱하여 정리하면

$3 \times (2^k)^2 - 10 \times 2^k + 3 = 0$

$2^k = t \ (t > 0)$로 놓으면 이 방정식은

$3t^2 - 10t + 3 = (3t-1)(t-3) = 0$, $t = \dfrac{1}{3}$ 또는 $t = 3$

즉, $2^k = \dfrac{1}{3}$ 또는 $2^k = 3$이므로

$k = \log_2 \dfrac{1}{3} = -\log_2 3$ 또는 $k = \log_2 3$

따라서 주어진 조건을 만족시키는 모든 실수 $k$의 값의 곱은 $-(\log_2 3)^2$이다. 답 ④

**04** (i) 집합 $A$에서 $\left(\dfrac{1}{4}\right)^{x^2} \le \left(\dfrac{1}{8}\right)^{x+3}$, $\left(\dfrac{1}{2}\right)^{2x^2} \le \left(\dfrac{1}{2}\right)^{3x+9}$

즉, $2x^2 \ge 3x + 9$이므로

$2x^2 - 3x - 9 = (2x+3)(x-3) \ge 0$

$x \le -\dfrac{3}{2}$ 또는 $x \ge 3$

$\therefore A = \left\{ x \,\middle|\, x \le -\dfrac{3}{2} \text{ 또는 } x \ge 3, \ x \text{는 정수} \right\}$

$A^C = \left\{ x \,\middle|\, x < -\dfrac{3}{2} < x < 3, \ x \text{는 정수} \right\}$

$= \{-1, 0, 1, 2\}$

(ii) 집합 $B$에서 $\log_{\frac{1}{3}} (x+1)^2 - 1 > \log_{\frac{1}{3}} (x+15)$

$(x+1)^2 > 0$, $x \ne -1$, $x + 15 > 0$, $x > -15$ ··· ㉠

$\log_{\frac{1}{3}} (x+1)^2 - \log_{\frac{1}{3}} \dfrac{1}{3} > \log_{\frac{1}{3}} (x+15)$에서

$\log_{\frac{1}{3}} \{ (x+1)^2 \times 3 \} > \log_{\frac{1}{3}} (x+15)$

즉, $3(x+1)^2 < x + 15$이므로

$3x^2 + 5x - 12 = (x+3)(3x-4) < 0$

$-3 < x < \dfrac{4}{3}$ ··· ㉡

㉠, ㉡에 의하여

$B = \left\{ x \,\middle|\, -3 < x < \dfrac{4}{3}, \ x \ne -1, \ x \text{는 정수} \right\}$

$= \{-2, 0, 1\}$

(i), (ii)에 의하여 $A^C \cap B = \{0, 1\}$

따라서 모든 원소의 합은 1이다. 답 ④

**05** 점 B의 $y$좌표를 $p$라 하면 점 C의 $x$좌표도 $p$이므로 $\overline{BC}$의 기울기는 $-1$이다.

이때 $\triangle OCB = \dfrac{1}{2} = \dfrac{1}{2} p^2$이므로 $p = 1 \ (\because p > 0)$

$f(x)$에 대입하면

$1 = \log_2 (0-a) + b$ ··· ㉠

$\square OCAB = \dfrac{1}{2} + \dfrac{7}{2} = 4 = \dfrac{1}{2} \times \overline{BC} \times \overline{OA} \ (\because \overline{BC} \perp \overline{OA})$

이때 $\overline{BC} = \sqrt{2}$이고, 점 A의 좌표를 $A(q, q)$라 하면

$\dfrac{1}{2} \times \sqrt{2} \times \sqrt{2} q = 4$에서 $q = 4$

$\therefore 4 = \log_2 (4-a) + b$ ··· ㉡

㉡ - ㉠을 하면

$3 = \log_2 \dfrac{4-a}{-a}$, $2^3 = \dfrac{4-a}{-a}$

$8a = a - 4$이므로 $a = -\dfrac{4}{7}$

㉠에 $a = -\dfrac{4}{7}$를 대입하면

$1 = \log_2 \dfrac{4}{7} + b$이므로 $b = \log_2 \dfrac{7}{2}$

$\therefore 7a + 2^b = -4 + \dfrac{7}{2} = -\dfrac{1}{2}$ 답 ②

**06** $(\sin x - \cos x)^2 = \sin^2 x + \cos^2 x - 2 \sin x \cos x$에서

$1^2 = 1 - 2 \sin x \cos x$, $\sin x \cos x = 0$

$\therefore \sin x (-\cos x) = 0$

$\sin x$, $-\cos x$를 두 근으로 하는 이차방정식은 $t^2 - t = 0$으로 나타낼 수 있고, 이 방정식의 근은 $t = 0$ 또는 $t = 1$이다.

즉, $\sin x = 0$, $\cos x = -1$ 또는 $\sin x = 1$, $\cos x = 0$이므로

$\sin^5 x + \cos^5 x = -1$ 또는 $\sin^5 x + \cos^5 x = 1$

$\therefore -1 + 1 = 0$ 답 ③

**07** $-3 \le y \le 3$이므로 $a = 3$

$\dfrac{2\pi}{b} = \dfrac{5}{6}\pi - \left( -\dfrac{\pi}{6} \right) = \pi$이므로 $b = 2$

그래프가 점 $\left( \dfrac{\pi}{12}, -3 \right)$을 지나므로

$-3 = 3\cos\left( 2 \times \dfrac{\pi}{12} + c\pi \right)$

$\cos\left( \dfrac{1}{6} + c \right)\pi = -1$에서 $\left( \dfrac{1}{6} + c \right)\pi = \cdots, -\pi, \pi, 3\pi, \cdots$

$c = \dfrac{5}{6}, \dfrac{17}{6}, \dfrac{29}{6}, \cdots \ (\because c > 0)$

따라서 $12(a+b+c)$의 최솟값은

$12\left( 3 + 2 + \dfrac{5}{6} \right) = 70$ 답 ④

**08** 점 P의 $y$좌표는 $\sin\left(\dfrac{2}{5}\pi t\right)$,

점 Q의 $x$좌표는 $\cos\left(\dfrac{3}{2}\pi-\dfrac{4}{5}\pi t\right)=-\sin\left(\dfrac{4}{5}\pi t\right)$

두 함수 $y=\sin\left(\dfrac{2}{5}\pi t\right)$와 $y=-\sin\left(\dfrac{4}{5}\pi t\right)$의 그래프를

그려보면

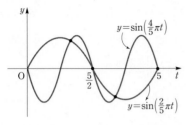

$0<t\leq5$에서 값이 같아지는 횟수는 4회이므로

$0<t\leq60$에서 값이 같아지는 횟수는

$4\times12=48$ (회)

답 ①

**09** (i) $m\leq10$, $n\leq10$, $mn\leq10$을 만족할 때

$\begin{aligned}f(mn)&=3^{\log_2 mn}=3^{\log_2 m+\log_2 n}\\&=3^{\log_2 m}\times3^{\log_2 n}=f(m)f(n)\end{aligned}$

즉, $(1,1)$, $(1,2)$, $(1,3)$, $\cdots$, $(1,10)$, $(2,1)$,

$(2,2)$, $(2,3)$, $(2,4)$, $(2,5)$, $(3,1)$, $(3,2)$,

$(3,3)$, $(4,1)$, $(4,2)$, $(5,1)$, $(5,2)$, $(6,1)$,

$(7,1)$, $(8,1)$, $(9,1)$, $(10,1)$로 27개

(ii) $m>10$, $n>10$, $mn>10$을 만족할 때

$\begin{aligned}f(mn)&=2^{\log_3 mn}=2^{\log_3 m+\log_3 n}\\&=2^{\log_3 m}\times2^{\log_3 n}=f(m)f(n)\end{aligned}$

즉, $(11,11)$, $(11,12)$, $(11,13)$, $\cdots$, $(20,20)$으로

100개

(iii) $m\leq10$, $n>10$, $mn>10$을 만족할 때

$f(mn)=2^{\log_3 mn}$, $f(m)=3^{\log_2 m}$, $f(n)=2^{\log_3 n}$

$\therefore 2^{\log_3 mn}=3^{\log_2 m}\times2^{\log_3 n}$

$\dfrac{2^{\log_3 mn}}{2^{\log_3 n}}=3^{\log_2 m}$, $2^{\log_3 m}=3^{\log_2 m}$

$\log_3 m=\log_2 m=0$이므로 $m=1$

즉, $(1,11)$, $(1,12)$, $(1,13)$, $\cdots$, $(1,20)$으로 10개

(iv) $m>0$, $n\leq10$, $mn>10$을 만족할 때

(iii)의 경우와 마찬가지 방법으로

$(11,1)$, $(12,1)$, $(13,1)$, $\cdots$, $(20,1)$의 10개

(i), (ii), (iii), (iv)에 의하여 순서쌍 $(m,n)$의 개수는

$27+100+10+10=147$

답 ①

**10**

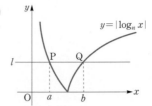

$\log_{\frac{1}{n}}a=\log_n b$ $(a<b)$에서 로그의 밑의 변환 공식을 이

용하면 $\dfrac{1}{a}=b$

이 등식은 $n$의 값에 관계없이 항상 성립하므로

$P(n)=a$, $Q(n)=\dfrac{1}{a}$

$\therefore P(2)\times Q(10)+P(3)\times Q(9)+P(4)\times Q(8)+\cdots$

$\qquad +P(10)\times Q(2)$

$=\left(a\times\dfrac{1}{a}\right)\times9=9$

답 ①

> 참고 $P(n)$, $Q(n)$은 $\overline{PQ}$의 길이에 관계없이 일정하다.
>
> $\overline{PQ}=\dfrac{1}{a}-a=k$ ($k$는 상수, $k>0$)에서
>
> $1-a^2=ka$
>
> 이차방정식 $a^2+ka-1=0$의 판별식을 $D$라 하면
>
> $D=k^2+4>0$이므로
>
> $a=\dfrac{-k\pm\sqrt{k^2+4}}{2}$

**11** $f(|f(x)|)=\cos(2|\cos 2x|)=\dfrac{\sqrt{3}}{2}$ $(0\leq2|\cos 2x|\leq2)$

이므로 $2|\cos 2x|=\dfrac{\pi}{6}$

$\therefore \cos 2x=\pm\dfrac{\pi}{12}$

이때 $y=\cos 2x$의 그래프는 다음과 같다.

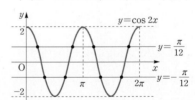

따라서 $a=8$, $b=4\left(\dfrac{\pi}{2}+\dfrac{3\pi}{2}\right)=8\pi$이고,

$a+\dfrac{b}{\pi}=8+8=16$

답 ①

**12** 방정식 $\cos kx=\dfrac{1}{2}$에서

(i) $k=1$일 때

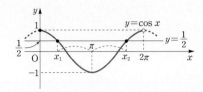

함수 $y=\cos x$의 그래프와 직선 $y=\dfrac{1}{2}$의 교점의 $x$좌표를 $x_1$, $x_2$라 하면

$x_1$, $x_2$는 직선 $x=\pi$에 대하여 대칭이므로 $\dfrac{x_1+x_2}{2}=\pi$

즉, 방정식 $\cos x=\dfrac{1}{2}$의 모든 실근의 합은

$f(1)=x_1+x_2=2\pi$

(ii) $k=2$일 때

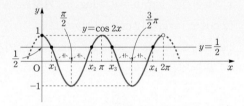

함수 $y=\cos 2x$의 그래프와 직선 $y=\dfrac{1}{2}$의 교점의 $x$좌표를 $x_1$, $x_2$, $x_3$, $x_4$라 하면

$x_1$, $x_2$는 직선 $x=\dfrac{\pi}{2}$에 대하여 대칭이고,

$x_3$, $x_4$는 직선 $x=\dfrac{3}{2}\pi$에 대하여 대칭이므로

$\dfrac{x_1+x_2}{2}=\dfrac{\pi}{2}$, $\dfrac{x_3+x_4}{2}=\dfrac{3}{2}\pi$

즉, 방정식 $\cos 2x=\dfrac{1}{2}$의 모든 실근의 합은

$f(2)=(x_1+x_2)+(x_3+x_4)=\pi+3\pi=4\pi$

(iii) $k=3$일 때

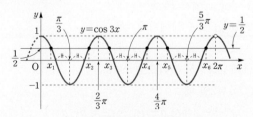

함수 $y=\cos 3x$의 그래프와 직선 $y=\dfrac{1}{2}$의 교점의 $x$좌표를 $x_1$, $x_2$, $x_3$, $x_4$, $x_5$, $x_6$이라 하면

$x_1$, $x_2$는 직선 $x=\dfrac{\pi}{3}$에 대하여 대칭이고,

$x_3$, $x_4$는 직선 $x=\pi$에 대하여 대칭이며,

$x_5$, $x_6$은 직선 $x=\dfrac{5}{3}\pi$에 대하여 대칭이므로

$\dfrac{x_1+x_2}{2}=\dfrac{\pi}{3}$, $\dfrac{x_3+x_4}{2}=\pi$, $\dfrac{x_5+x_6}{2}=\dfrac{5}{3}\pi$

즉, 방정식 $\cos 3x=\dfrac{1}{2}$의 모든 실근의 합은

$f(3)=(x_1+x_2)+(x_3+x_4)+(x_5+x_6)$

$=\dfrac{2}{3}\pi+2\pi+\dfrac{10}{3}\pi=6\pi$

(i), (ii), (iii)에 의하여

$f(1)+f(2)+f(3)=2\pi+4\pi+6\pi=12\pi$  답 ③

**13** $x$는 $f(\theta)$의 $n$제곱근이므로

$g_n(\theta)$의 값은 0, 1, 2 중 하나이다.

이때 $f(\theta_1)\times f(\theta_3)<0$이므로 $n$이 짝수일 때

$\{g_n(\theta_1)\}^2+\{g_n(\theta_3)\}^2=4$에서 $g_n(\theta_2)=1$

$f(\theta_2)=2\sin\theta_2+1=0$이고, $\sin\theta_2=-\dfrac{1}{2}$이므로

$\theta_2=\dfrac{7}{6}\pi$, $\dfrac{11}{6}\pi$

$\therefore \dfrac{7}{6}\pi+\dfrac{11}{6}\pi=3\pi$  답 ③

**14** ㄱ. $ab<1$에서 $\dfrac{1}{a}>b>1$, $\dfrac{1}{b}>0$

$\therefore \left(\dfrac{1}{a}\right)^{\frac{1}{b}}=a^{-\frac{1}{b}}>b^{\frac{1}{b}}$ (참)

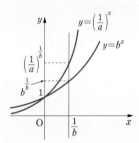

ㄴ. $1<b<\dfrac{1}{a}$이므로 $-1<\log_a b<0$이고

$-\dfrac{1}{2}<\log_{a^2} b<0$

$-1<\log_a b<0$에서 $\log_b a<-1$이므로

$\log_{b^2} a<-\dfrac{1}{2}$

$\therefore \log_{b^2} a<\log_{a^2} b$ (참)

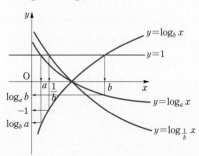

ㄷ. 다음 그림에서 $0<k<1$이면

$$\log_a x=\overline{HQ}, \log_{\frac{1}{b}} x=\overline{HP}$$

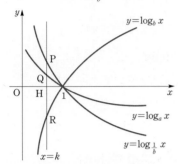

$\overline{HP}=\overline{HR}$, $\overline{HP}>\overline{HQ}$이므로 $\log_a k<-\log_b k$

∴ $\log_a x+\log_b x<0$ (거짓)

따라서 옳은 것은 ㄱ, ㄴ이다.    답 ②

**15** $\triangle ABC=\dfrac{1}{2}\times(5-1)\times(x_1-x_2)=8$이므로

$x_1-x_2=4$    ··· ㉠

이때 $y_1 y_2=a^{x_1}\cdot a^{x_2}=a^{x_1+x_2}=1$이므로

$x_1+x_2=0$    ··· ㉡

㉠, ㉡을 연립하여 풀면

$x_1=2$, $x_2=-2$

즉, $B(2, a^2)$, $C(-2, a^{-2})$이고

$\overline{AB}$와 $\overline{AC}$의 기울기가 같으므로

$$\dfrac{5-y_2}{0-x_2}=\dfrac{y_1-5}{x_1-0}$$

$$\dfrac{5-a^{-2}}{0-(-2)}=\dfrac{a^2-5}{2-0}, \quad 5-\dfrac{1}{a^2}=a^2-5$$

∴ $a^2+\dfrac{1}{a^2}=10$    답 ④

**16** 방정식 $f(x)=\dfrac{2}{3}$의 실근은 두 함수 $y=f(x)$, $y=\dfrac{2}{3}$의

그래프의 교점의 $x$좌표이다.

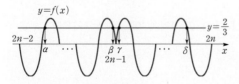

$2n-2=k-1$이라 할 때,

$k-1\leq x\leq k$에서 가장 작은 값을 $\alpha$, 가장 큰 값을 $\beta$,

$k\leq x\leq k+1$에서 가장 작은 값을 $\gamma$, 가장 큰 값을 $\delta$라 하자.

$g(k)=\alpha+\beta$, $g(k+1)=\gamma+\delta$

$g(k)+g(k+1)=(\alpha+\delta)+(\beta+\gamma)$

$$=(2n-1)\times 2+(2n-1)\times 2$$

$$=4(2n-1)$$

즉, $g(k)+g(k+1)=4k$

∴ $g(1)+g(2)+g(3)+g(4)+\cdots+g(9)+g(10)$

$$=4(1+3+5+7+9)=100$$    답 ⑤

**17**

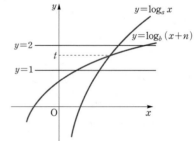

ㄱ. $y_1<y_2$이므로 $x_1$과 $x_2$의 평균 $\dfrac{x_1+x_2}{2}$는 $\dfrac{\pi}{2}$보다

크다. (참)

ㄴ. $x_3>\pi$이므로 $\log_2 x_3=y_3>\log_2 \pi$ (거짓)

ㄷ. $|2\cos x_1|=y_1<|2\cos x_3|=y_3$이므로

$2\cos x_1<-2\cos x_3$, $\cos x_1+\cos x_3<0$ (거짓)

따라서 옳은 것은 ㄱ이다.    답 ①

**18**

$1=\log_a x$에서 $x=a$

$1=\log_b(x+n)$에서 $x=b-n$

∴ $a>b-n$    ··· ㉠

$2=\log_a x$에서 $x=a^2$

$2=\log_b(x+n)$에서 $x=b^2-n$

∴ $a^2<b^2-n$    ··· ㉡

㉠에서 $n>b-a$이므로 $n\geq 2$

(i) $n=2$일 때

$a>b-2$에서 $b-a<2$이므로 $b-a=1$

$a^2<b^2-2$에서 $(b-a)(b+a)>2$이므로 $b+a>2$

그런데 $a>1$, $b>1$이므로 $a+b>2$

즉, $b-a=1$을 만족하는 모든 순서쌍은 $1\leq t\leq 2$를 만

족시킨다.

따라서 $(2, 3)$, $(3, 4)$, $(4, 5)$, $\cdots$, $(8, 9)$로 7개이다.

(ii) $n=3$일 때

$a>b-3$에서 $b-a<3$이므로 $b-a=1$ 또는 $b-a=2$

$a^2<b^2-3$에서 $(b-a)(b+a)>3$

$b-a=1$이면 $a+b=2a+1\geq 5$

$b-a=2$이면 $a+b=3a+1 \geq 7$

즉, $b-a=1$ 또는 $b-a=2$를 만족하는 모든 순서쌍은 $1 \leq t \leq 2$를 만족시킨다. 따라서

$(2, 3), (2, 4), (3, 4), (3, 5), \cdots, (7, 8), (7, 9),$
$(8, 9)$로 13개이다.

(i), (ii)에서 자연수 $n$의 최솟값은 3이다.　　　　　□ ③

**19**　$2^x + 2^{-x} = t$로 놓으면

$2^x + 2^{-x} \geq 2$이므로 $t \geq 2$

이때 $4^x + 4^{-x} = t^2 - 2$이므로

$4^x + 4^{-x} - 2a(2^x + 2^{-x}) + 11 = t^2 - 2at + 9 > 0$이고,

$t^2 - 2at + 9 = (t-a)^2 - a^2 + 9$

(i) $a \geq 2$이면 $-a^2 + 9 > 0$

　　$\therefore 2 \leq a < 3$

(ii) $a < 2$이면 $f(t) = t^2 - 2at + 9$라 할 때,

　　$f(2) = 13 - 4a > 0$

　　$\therefore a < 2$

(i), (ii)에서 $a < 3$　　　　　　　　　□ $a < 3$

**20**　$P(\theta) = 2 \tan \theta°$이고, $\tan(90° - \theta°) = \dfrac{1}{\tan \theta°}$이므로

$P(1) \times P(2) \times P(3) \times \cdots \times P(89)$

$= 2 \tan 1° \times 2 \tan 2° \times 2 \tan 3° \times \cdots \times 2 \tan 89°$

$= \left(2 \tan 1° \times \dfrac{2}{\tan 1°}\right) \times \left(2 \tan 2° \times \dfrac{2}{\tan 2°}\right) \times \cdots$

$\qquad \times \left(2 \tan 44° \times \dfrac{2}{\tan 44°}\right) \times 2 \tan 45°$

$= 2^{89}$

$\therefore \log_2 k = \log_2 2^{89} = 89$　　　　　　　□ 89

**21**　$\overline{BC}$의 중점을 M이라 하면 점 M의 $x$좌표는 $\dfrac{3}{2}$

즉, 점 B의 $x$좌표는 $\dfrac{3}{2} - 1 = \dfrac{1}{2}$

$f\left(\dfrac{1}{2}\right) = \sin \dfrac{\pi}{6} = \dfrac{1}{2}$이므로 사다리꼴의 높이는 $\dfrac{\sqrt{3}}{2} - \dfrac{1}{2}$

이때 $\sin \dfrac{\pi}{3} x = \dfrac{\sqrt{3}}{2}$에서 $x = 1$ 또는 $x = 2$

즉, 점 A의 $x$좌표는 1이므로 $\overline{AD} = \left(\dfrac{3}{2} - 1\right) \times 2 = 1$

따라서 사다리꼴의 넓이는

$\dfrac{1}{2} \times (2+1) \times \dfrac{\sqrt{3}-1}{2} = \dfrac{3}{4}(\sqrt{3}-1)$　　□ $\dfrac{3}{4}(\sqrt{3}-1)$

**22**　$\sin x(\sin^2 x - |\cos x| + 1) \leq 0$에서

$\sin^2 x = 1 - \cos^2 x$이므로

$\sin x(\cos^2 x + |\cos x| - 2) \geq 0$

(i) $\sin x \geq 0$, $\cos^2 x + |\cos x| - 2 \geq 0$일 때

　　① $\cos x \geq 0$이면

　　　$\cos^2 x + \cos x - 2 \geq 0$에서

　　　$(\cos x - 1)(\cos x + 2) \geq 0$

　　　$\cos x \geq 1$ 또는 $\cos x \leq -2$

　　　$\therefore x = 0, 2\pi$

　　② $\cos x < 0$이면

　　　$\cos^2 x - \cos x - 2 \geq 0$

　　　$(\cos x + 1)(\cos x - 2) \geq 0$

　　　$\cos x \leq -1$ 또는 $\cos x \geq 2$

　　　$\therefore x = \pi$

(ii) $\sin x < 0$, $\cos^2 x + |\cos x| - 2 \leq 0$일 때

　　③ $\cos x \geq 0$인 경우

　　　$\cos^2 x + \cos x - 2 \leq 0$

　　　$(\cos x - 1)(\cos x + 2) \leq 0$

　　　$\cos x + 2 > 0$이므로 $0 < \cos x \leq 1$

　　　$\therefore \dfrac{3}{2}\pi \leq x < 2\pi$

　　④ $\cos x < 0$인 경우

　　　$\cos^2 x - \cos x - 2 \leq 0$

　　　$(\cos x + 1)(\cos x - 2) \leq 0$

　　　$\cos x - 2 < 0$이므로 $-1 \leq \cos x < 0$

　　　$\therefore \pi < x < \dfrac{3}{2}\pi$

따라서 $x$의 값의 범위는 $x = 0$, $\pi \leq x \leq 2\pi$이다.

　　　　　　　　　　　　　　　□ $0, \pi \leq x \leq 2\pi$

**23**　(i) $a = 1$, $b = 1$일 때,

　　　$f(x) = \cos 2x$, $g(x) = -\dfrac{1}{\pi} x + 1$이므로 그래프는

　　　다음과 같고, 교점의 개수는 5이다.

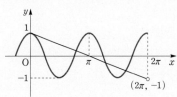

　　(ii) $a = 1$, $b = 2$일 때,

　　　$f(x) = \cos 2x$, $g(x) = -\dfrac{1}{2\pi} x + 1$이므로 그래프는

　　　다음과 같고, 교점의 개수는 9이다.

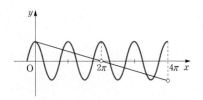

(iii) $a=1$, $b=3$일 때,

$f(x)=\cos 2x$, $g(x)=-\dfrac{1}{3\pi}x+1$이므로 그래프는

다음과 같고, 교점의 개수는 13이다.

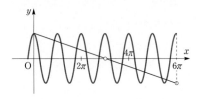

(i), (ii), (iii)에서 $a=1$일 때 교점의 개수는 $4b+1$

$a=2$일 때 마찬가지 방법으로 그래프에서 교점의 개수를
추론하면 $8b+1$

$a=3$일 때 마찬가지 방법으로 그래프에서 교점의 개수를
추론하면 $12b+1$

따라서 교점의 개수는 $4ab+1$이므로

$4ab+1=49$에서 $ab=12$를 만족하는 순서쌍 $(a, b)$는

$(1, 12)$, $(2, 6)$, $(3, 4)$, $(4, 3)$, $(6, 2)$, $(12, 1)$

**답** $(1, 12)$, $(2, 6)$, $(3, 4)$, $(4, 3)$, $(6, 2)$, $(12, 1)$

---

## 기말고사 대비 (1회)

| 본문 100~104p |

**선택형**

| 01 ③ | 02 ① | 03 ① | 04 ④ |
| 05 ④ | 06 ④ | 07 ④ | 08 ④ | 09 ② |
| 10 ③ | 11 ③ | 12 ⑤ | 13 ① | 14 ⑤ |
| 15 ⑤ | 16 ⑤ | 17 ⑤ | 18 ③ |

**서술형**

| 19 $\dfrac{2+\sqrt{3}}{4}$ | 20 42 | 21 356 | 22 $\pi$ |
| 23 60 |

**01** 이차방정식의 근과 계수의 관계에 의하여

$\alpha+\beta=m$, $\alpha\beta=12$이고,

$(\beta-\alpha)^2=(\alpha+\beta)^2-4\alpha\beta=m^2-48$

이때 $\alpha$, $\beta-\alpha$, $\beta$가 이 순서대로 등차수열을 이루기
위해서는

$2(\beta-\alpha)=\alpha+\beta$이어야 하므로

$2\sqrt{m^2-48}=m$에서 $m^2=64$, $m=8$

또, $\alpha$, $\beta-\alpha$, $\beta$가 이 순서대로 등비수열을 이루기
위해서는

$(\beta-\alpha)^2=\alpha\beta$이어야 하므로

$m^2-48=12$에서 $m^2=60$

따라서 $a=8$, $b^2=60$이므로

$a+b^2=8+60=68$

**답** ③

**02** ㄱ. $\triangle ABC$에서 $\overline{AB}=\overline{BC}=1$, $\angle ABC=120°$이므로
코사인법칙에 의하여

$\overline{AC}^2=1^2+1^2-2\times1\times1\times\cos120°=3$

$\overline{AC}=\sqrt{3}$

6개의 꼭짓점 중 세 점을 이어서 만들 수 있는 삼각형
은 모두 $\triangle ABC$, $\triangle ACD$, $\triangle ACE$ 중 어느 하나와
합동이므로 삼각형의 둘레의 길이는 항상 무리수이
다. (참)

ㄴ. (반례) 사각형 ABCD의 둘레의 길이는 5이므로 유리
수이다. (거짓)

ㄷ. $\triangle ABC=\dfrac{1}{2}\times1\times1\times\sin120°=\dfrac{\sqrt{3}}{4}$,

$\triangle ACD=\dfrac{1}{2}\times\sqrt{3}\times1=\dfrac{\sqrt{3}}{2}$,

$\triangle ACE=\dfrac{\sqrt{3}}{4}\times(\sqrt{3})^2=\dfrac{3\sqrt{3}}{4}$

이므로 삼각형의 넓이는 항상 무리수이다. (거짓)

따라서 옳은 것은 ㄱ이다.

**답** ①

**03** 수열 $\{a_n\}$의 첫째항을 $a_1$, 공차를 $d$라 하면
$S_3=3a_1+3d=60$에서 $a_1+d=20$ ··· ㉠
$S_{11}=11a_1+55d=121$에서 $a_1+5d=11$ ··· ㉡
㉠, ㉡을 연립하여 풀면 $a_1=\dfrac{89}{4}$, $d=-\dfrac{9}{4}$
$\therefore a_9+a_{10}+a_{11}=3a_1+27d=6$

**답** ①

---

**다른 풀이**

$a_1+a_{11}=a_2+a_{10}=\cdots=a_5+a_7=2a_6$이므로
$S_{11}=11a_6=121$에서 $a_6=11$
$S_{11}-S_3=a_4+a_5+a_6+a_7+a_8+a_9+a_{10}+a_{11}$
$\qquad\qquad=121-60=61$
이고 $a_4+a_5+a_6+a_7+a_8=5a_6=55$이므로
$a_9+a_{10}+a_{11}=61-55=6$

---

**04** [코스 1]의 거리는 $9\,\mathrm{km}$이므로 걸리는 시간은
$\dfrac{9}{3}=3$ (시간)이다.
$\overline{BC}=x$로 놓으면 $\overline{CD}=6-x$이고
$\triangle ABC$에서 코사인법칙에 의하여
$\overline{AC}^2=3^2+x^2-2\times3\times x\times\cos120°=x^2+3x+9$
$\overline{AC}=\sqrt{x^2+3x+9}$
[코스 2]의 거리는 $\sqrt{x^2+3x+9}+6-x$이므로 걸리는
시간은 $\dfrac{\sqrt{x^2+3x+9}}{3}+\dfrac{6-x}{3}$ (시간)
[코스 2]가 [코스 1]보다 20분 더 빠르므로
$\dfrac{\sqrt{x^2+3x+9}}{3}+\dfrac{6-x}{3}=3-\dfrac{1}{3}$
$\sqrt{x^2+3x+9}+6-x=8$, $\sqrt{x^2+3x+9}=x+2$
양변을 제곱하여 정리하면
$x^2+3x+9=x^2+4x+4$
$x=5$ (km)

**답** ④

---

**05** $a_1=2+(-1)^{\left[\frac{1}{2}\right]}=2+1=3$
$a_2=2+(-1)^{\left[\frac{2}{2}\right]}=2-1=1$
$a_3=2+(-1)^{\left[\frac{3}{2}\right]}=2-1=1$
$a_4=2+(-1)^{\left[\frac{4}{2}\right]}=2+1=3$
$a_5=2+(-1)^{\left[\frac{5}{2}\right]}=2+1=3$
$\vdots$
$n=4k-3$, $4k$ $(k=1,\ 2,\ \cdots)$인 경우 $a_n=3$
$n=4k-2$, $4k-1$ $(k=1,\ 2,\ \cdots)$인 경우 $a_n=1$
즉, 수열 $\{a_n\}$은 $(3,\ 1,\ 1,\ 3)$이 계속 반복된다.
이때 $2022=4\times505+2$이므로

$\displaystyle\sum_{n=1}^{2022}a_n=8\times505+a_{2021}+a_{2022}$
$\qquad\qquad=4040+3+1=4044$

**답** ④

---

**06** 시행을 $n$번 반복한 후 소금의 양을 $b_n$이라 하면
$b_{n+1}=b_n+15$
소금물 $W_n$의 농도를 $a_n$이라 하면
$a_n=\dfrac{b_n}{100(n+1)}\times100$, $a_{n+1}=\dfrac{b_{n+1}}{100(n+2)}\times100$
$b_n=(n+1)a_n=(n+2)a_{n+1}-15$
$\therefore a_{n+1}=\dfrac{n+1}{n+2}a_n+\dfrac{15}{n+2}$

**답** ④

---

**07** 공차가 양수인 등차수열 $\{a_n\}$에 대하여
$a_n=a+(n-1)d$라 하자.
조건 ㈎에서 $f(a_9)=0$이므로 $f(a_9)=|3a_9-1|=0$이다.
즉, $a_9=a+8d=\dfrac{1}{3}$에서 $3a=1-24d$ ··· ㉠
조건 ㈏에서 $\displaystyle\sum_{k=1}^{17}f(a_k)=72$이므로

$\displaystyle\sum_{k=1}^{17}f(a_k)$
$=f(a_1)+f(a_2)+f(a_3)+\cdots+f(a_{17})$
$=|3a_1-1|+|3a_2-1|+|3a_3-1|+\cdots+|3a_{17}-1|$
$=|3a-1|+|3(a+d)-1|+|3(a+2d)-1|+\cdots$
$\qquad+|3(a+16d)-1|$
$=|3a-1|+|3a+3d-1|+|3a+6d-1|+\cdots$
$\qquad+|3a+48d-1|$
$=|(1-24d)-1|+|(1-24d)+3d-1|$
$\qquad+|(1-24d)+6d-1|+\cdots$
$\qquad+|(1-24d)+48d-1|\ (\because ㉠)$
$=|-24d|+|-21d|+|-18d|+\cdots+|21d|+|24d|$
$=2(3d+6d+9d+\cdots+24d)$
$=6d(1+2+3+\cdots+8)$
$=6d\times\dfrac{8\times9}{2}$
$=216d=72$
$\therefore d=\dfrac{1}{3}$

$d=\dfrac{1}{3}$을 ㉠에 대입하면 $a=-\dfrac{7}{3}$
$\therefore \displaystyle\sum_{k=9}^{17}(3a_k+6)$
$\quad=3(a_9+a_{10}+\cdots+a_{17})+6\times9$
$\quad=3\{(a+8d)+(a+9d)+\cdots+(a+16d)\}+54$
$\quad=3a\times9+3d(8+9+10+\cdots+16)+54$
$\quad=(1-24d)\times9+3d(8+9+10+\cdots+16)+54$

$$= 9 - 216d + 324d + 54$$
$$= 108d + 63 = 99 \qquad \text{답 ④}$$

**08** 점 $P_n$의 $x$좌표를 $a_n$이라 하면
$\triangle OP_nQ_n$과 $\triangle Q_nP_nP_{n+1}$은 닮음이다.

즉, $a_n : 2\sqrt{a_n} = 2\sqrt{a_n} : (a_{n+1} - a_n)$이므로

$a_{n+1} = a_n + 4$, $a_1 = 1$

$\therefore a_n = 1 + (n-1) \times 4 = 4n - 3$

따라서 $\triangle OP_{n+1}Q_n$의 넓이는

$A_n = \dfrac{1}{2} a_{n+1} \times 2\sqrt{a_n}$

$\qquad = \dfrac{1}{2}(4n+1) \times 2\sqrt{4n-3}$

$\qquad = (4n+1)\sqrt{4n-3}$

이므로 $A_7 = 29 \times \sqrt{25} = 145 \qquad \text{답 ④}$

**09** $\triangle ABC$에서 코사인법칙에 의하여

$\overline{BC}^2 = \overline{AB}^2 + \overline{AC}^2 - 2 \times \overline{AB} \times \overline{AC} \times \cos(\angle BAC)$

$\qquad\qquad = 4 + 9 - 2 \times 2 \times 3 \times \dfrac{1}{3} = 9$

$\therefore \overline{BC} = 3$

$\triangle ABC$에서 외접원의 반지름의 길이를 $R$라 하면
사인법칙에 의하여

$\dfrac{3}{\sin(\angle BAC)} = 2R$

$\sin(\angle BAC) = \sqrt{1 - \cos^2(\angle BAC)} = \dfrac{2}{3}\sqrt{2}$

즉, $\dfrac{3}{\frac{2}{3}\sqrt{2}} = 2R$에서 $R = \dfrac{9}{8}\sqrt{2}$

$\triangle ABC$의 넓이를 $S$라 하면

$S = \dfrac{1}{2} \times 2 \times 3 \times \sin(\angle BAC) = 2\sqrt{2}$

$\triangle ABC$의 내접원의 반지름의 길이를 $r$라 하면

$S = \dfrac{1}{2} r(2+3+3) = 2\sqrt{2}$이므로 $r = \dfrac{\sqrt{2}}{2}$

$\therefore \pi R^2 - \pi r^2 = \dfrac{81}{32}\pi - \dfrac{1}{2}\pi = \dfrac{65}{32}\pi$

따라서 $p = 32$, $q = 65$이고 $p + q = 32 + 65 = 97 \qquad \text{답 ②}$

**10** 삼각형 $ABC$의 외접원의 반지름의 길이를 $R$라 하면
사인법칙에 의하여

$\dfrac{b}{\sin B} = \dfrac{c}{\sin C} = 2R$

즉, $\sin B = \dfrac{b}{2R}$, $\sin C = \dfrac{c}{2R}$

조건 ㈎에서 $\sin^2 B = 4\sin^2 C$이므로

$\dfrac{b^2}{4R^2} = 4 \times \dfrac{c^2}{4R^2}$, $b^2 = 4c^2$

이때 $b > 0$, $c > 0$이므로 $b = 2c \qquad \cdots \ \bigcirc$

조건 ㈏에서 $\cos^2(A+B) = \cos^2 A + \sin^2 B$이고

$A + B + C = \pi$이므로 $A + B = \pi - C$

$\cos^2(\pi - C) = \cos^2 C = \cos^2 A + \sin^2 B$

$1 - \sin^2 C = (1 - \sin^2 A) + \sin^2 B$

$\sin^2 A = \sin^2 B + \sin^2 C$

사인법칙에서

$\sin A = \dfrac{a}{2R}$, $\sin B = \dfrac{b}{2R}$, $\sin C = \dfrac{c}{2R}$이므로

$\left(\dfrac{a}{2R}\right)^2 = \left(\dfrac{b}{2R}\right)^2 + \left(\dfrac{c}{2R}\right)^2$

$a^2 = b^2 + c^2 \qquad \cdots \ \bigcirc$

$\bigcirc$, $\bigcirc$에서 삼각형 $ABC$는 $\angle A = 90°$이고 $b = 2c$인

직각삼각형이므로 넓이는 $\dfrac{1}{2} \times 10 \times 5 = 25 \qquad \text{답 ③}$

**11** $S_1 = 3 + 6 + 9 + 12 + 15 = 9 \times 5 = 45 = 3 \times 15$

$S_2 = 3 + 6 + 9 + 12 + 18 = 48 = 3 \times 16$

$S_3 = 3 + 6 + 9 + 12 + 21 = 51 = 3 \times 17$

$\qquad\qquad\qquad \vdots$

$S_k = 87 + 90 + 93 + 96 + 99 = 93 \times 5 = 465 = 3 \times 155$

$\therefore k = 155 - 14 = 141 \qquad \text{답 ③}$

**12** (i) 등차수열 $\{a_n\}$을 이용하여 등비수열 $\{b_n\}$의 첫째항과
공비를 구하면

$a_n = 1 + (n-1)2 = 2n - 1$이므로

$b_n = 3 \times 2^{2n-1} = 6 \times 2^{2(n-1)} = 6 \times 4^{n-1}$

즉, 수열 $\{b_n\}$은 첫째항이 6이고 공비가 4인 등비수열
이다.

$\therefore S = \dfrac{6(4^6 - 1)}{4 - 1}$

$\qquad = 2 \times (2^{12} - 1)$

$\qquad = 2 \times (2^6 - 1)(2^6 + 1)$

$\qquad = 2 \times (2^3 - 1)(2^3 + 1)(2^6 + 1)$

(ii) 등비수열 $\{b_n\}$을 이용하여 등차수열 $\{c_n\}$의 첫째항과
공차를 구하면

$c_n = \log(6 \times 4^{n-1}) = \log 6 + (n-1)\log 4$이므로

수열 $\{c_n\}$은 첫째항이 $\log 6$이고, 공차가 $\log 4$인 등
차수열이다.

$\therefore T = \dfrac{6(2\log 6 + 5\log 4)}{2}$

$\qquad = 3(2\log 6 + 5\log 4)$

$$= 3\{2(\log 2 + \log 3) + 10\log 2\}$$
$$= 6(6\log 2 + \log 3)$$

(i), (ii)에서

$$\frac{T}{S} = \frac{6(6\log 2 + \log 3)}{2 \times 7 \times 9 \times 65}$$
$$= \frac{6\log 2 + \log 3}{21 \times 65}$$
$$= \frac{6\log 2 + \log 3}{1365}$$

**답** ⑤

**13** 수열 $\{b_n\}$이 등차수열이므로 $2b_{n+1} = b_n + b_{n+2}$

즉, $3b_{n+1} = b_n + b_{n+1} + b_{n+2}$이므로

$$\sum_{k=n}^{n+2} (a_k + b_k + c_k) = (n-1) + 2n + (3n+1) = 6n$$

$$\therefore \sum_{k=1}^{30} a_k + \sum_{k=1}^{30} b_k + \sum_{k=1}^{30} c_k$$
$$= \sum_{k=1}^{30} (a_k + b_k + c_k)$$
$$= 6 \times 1 + 6 \times 4 + 6 \times 7 + \cdots + 6 \times 28$$
$$= 6(1 + 4 + 7 + \cdots + 28)$$
$$= 6 \times \frac{10(1+28)}{2} = 870$$

**답** ①

**14** ㄱ. 삼각형 ACD에서 코사인법칙에 의하여

$$\overline{CD}^2 = 2^2 + 3^2 - 2 \times 2 \times 3 \times \cos\frac{\pi}{4} = 13 - 6\sqrt{2} \ (\text{참})$$

ㄴ. 점 C를 직선 AB에 대하여 대칭이동한 점이 C′이므로

$$\angle CAB = \angle C'AB = \frac{\pi}{4}$$

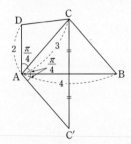

즉, $\angle CAC' = \frac{\pi}{2}$이고, $\overline{AC} = \overline{AC'} = 3$이므로

삼각형 AC′C는 직각이등변삼각형이다.

$$\therefore \overline{CC'} = 3\sqrt{2} \ (\text{참})$$

ㄷ. 사각형 ABCD의 넓이는

$$\triangle ACD + \triangle ABC$$
$$= \frac{1}{2} \times 2 \times 3 \times \sin\frac{\pi}{4} + \frac{1}{2} \times 4 \times 3 \times \sin\frac{\pi}{4}$$
$$= \frac{3\sqrt{2}}{2} + 3\sqrt{2} = \frac{9\sqrt{2}}{2} \ (\text{참})$$

따라서 옳은 것은 ㄱ, ㄴ, ㄷ이다.

**답** ⑤

**15** ㄱ. $f\left(\frac{1}{2}\right) = \frac{\sqrt{9}}{\sqrt{9}+3} = \frac{1}{2}$ (참)

ㄴ. 함수 $y = f(x)$의 그래프가 점 $\left(\frac{1}{2}, \frac{1}{2}\right)$에 대하여

대칭이면 모든 실수 $x$에 대하여 $f(x) + f(1-x) = 1$

이때 $f(1-x) = \frac{9^{1-x}}{9^{1-x}+3} = \frac{9}{9 + 3 \times 9^x} = \frac{3}{9^x + 3}$

이므로

$$f(x) + f(1-x) = \frac{9^x}{9^x+3} + \frac{3}{9^x+3} = \frac{9^x+3}{9^x+3} = 1 \ (\text{참})$$

ㄷ. ㄴ에서 $f(x) + f(1-x) = 1$이므로

$$f\left(\frac{1}{51}\right) + f\left(\frac{50}{51}\right) = 1$$
$$f\left(\frac{2}{51}\right) + f\left(\frac{49}{51}\right) = 1$$
$$f\left(\frac{3}{51}\right) + f\left(\frac{48}{51}\right) = 1$$
$$\vdots$$
$$f\left(\frac{25}{51}\right) + f\left(\frac{26}{51}\right) = 1$$

$$\therefore \sum_{k=1}^{50} f\left(\frac{k}{51}\right) = 1 \times 25 = 25 \ (\text{참})$$

따라서 옳은 것은 ㄱ, ㄴ, ㄷ이다.

**답** ⑤

**16** $\sum_{k=1}^{n} m^{a_k} = S_n$이라 하자.

$S_n = 2^{n+1} - 2$이고,

$m^{a_n} = 2^{n+1} - 2 - (2^n - 2) = 2^n \ (n \geq 2)$, $m^{a_1} = S_1 = 2$이므로

$m^{a_n} = 2^n \ (n \geq 1)$

이때 $m = 1$이면 $1 = 2^n$이므로 모순이다. 즉, $m \neq 1$

$m \neq 1$이면 $a_n = \log_m 2^n = n\log_m 2$

$a_n$은 유리수이므로 $m = 2, 2^2, 2^3$

즉, $a_n = n, \frac{n}{2}, \frac{n}{3}$

$$\sum_{k=1}^{10} a_k = \sum_{k=1}^{10} k = 55 \ \text{또는} \ \sum_{k=1}^{10} a_k = \sum_{k=1}^{10} \frac{k}{2} = \frac{55}{2} \ \text{또는}$$

$$\sum_{k=1}^{10} a_k = \sum_{k=1}^{10} \frac{k}{3} = \frac{55}{3}$$

$$\therefore 55 + \frac{55}{2} + \frac{55}{3} = \frac{605}{6}$$

**답** ⑤

**17** $n$번째 달의 토끼 쌍의 수를 $a_n$이라 하면

수열 $\{a_n\}$에서 $a_1 = 1$, $a_2 = 1$

홀수 달인 경우 $a_{n+2} = a_{n+1} + a_n$

짝수 달인 경우 $a_{n+2} = a_{n+1} + 2a_n$

$a_3 = a_2 + a_1 = 1 + 1 = 2$

$a_4 = a_3 + 2a_2 = 2 + 2 \times 1 = 4$

$a_5=a_4+a_3=4+2=6$

$a_6=a_5+2a_4=6+2\times4=14$

$a_7=a_6+a_5=14+6=20$

$a_8=a_7+2a_6=20+2\times14=48$

$a_9=a_8+a_7=48+20=68$

$a_{10}=a_9+2a_8=68+2\times48=164$

따라서 10월에는 164쌍이 된다. 답 ⑤

**18**
$\sum\limits_{k=n-m+1}^{n+m}a_k$

$=a_{n-m+1}+a_{n-m+2}+a_{n-m+3}+a_{n-m+4}+\cdots$

$\quad+a_{n+m-1}+a_{n+m}$

$=(n-m+1)+(n-m+3)+(n-m+5)+\cdots$

$\quad+(n+m-1)$

$=\dfrac{m\{(n-m+1)+(n+m-1)\}}{2}$

$=mn$ 답 ③

**19**
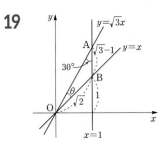

원점을 O, $y=\sqrt{3}x$와 $y=x$가 $x=1$과 만나는 점을 각각 A, B라 하면

△OAB에서 $\angle AOB=\theta$, $\angle OAB=30°$이고,

사인법칙에 의하여 $\dfrac{\sqrt{3}-1}{\sin\theta}=\dfrac{\sqrt{2}}{\sin30°}$이므로

$\sin\theta=\dfrac{\sqrt{6}-\sqrt{2}}{4}$

따라서 $\cos^2\theta=1-\sin^2\theta=\dfrac{2+\sqrt{3}}{4}$ 답 $\dfrac{2+\sqrt{3}}{4}$

**다른 풀이**

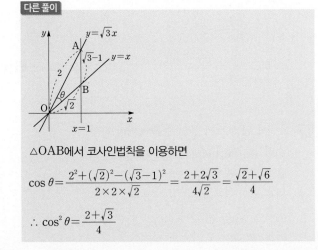

△OAB에서 코사인법칙을 이용하면

$\cos\theta=\dfrac{2^2+(\sqrt{2})^2-(\sqrt{3}-1)^2}{2\times2\times\sqrt{2}}=\dfrac{2+2\sqrt{3}}{4\sqrt{2}}=\dfrac{\sqrt{2}+\sqrt{6}}{4}$

$\therefore \cos^2\theta=\dfrac{2+\sqrt{3}}{4}$

**20** $a_3=3$이므로

$a_2$가 홀수이면 $a_3=\dfrac{a_2+3}{2}=3$, 즉 $a_2=3$

$a_2$가 짝수이면 $a_3=\dfrac{a_2}{2}=3$, 즉 $a_2=6$

$a_2=3$이면 $a_1=3$ 또는 $a_1=6$

$a_2=6$이면 $a_1=9$ 또는 $a_1=12$

이때 $a_1\geq10$이므로 $a_1=12$, $a_2=\dfrac{12}{2}=6$

$a_3=3$이므로 $a_4=a_5=3$

$n\geq3$일 때, $a_n=3$, $a_4=a_5=\cdots=a_{10}=3$

$\therefore \sum\limits_{k=1}^{10}a_k=12+6+8\times3=42$ 답 42

**21** 조건 ㈎에서 $\sum\limits_{k=1}^{3}a_k=26$이므로 조건 ㈏에서

$3^2c-3+c-1=26$, 즉 $10c=30$, $c=3$

이때 수열 $\{a_n\}$의 첫째항부터 제$n$항까지의 합을 $S_n$이라 하면 조건 ㈏에서 $S_n=3n^2-n+2$

(ⅰ) $a_1=S_1=3\times1^2-1+2=4$

(ⅱ) $n\geq2$일 때

$\quad a_n=S_n-S_{n-1}$

$\quad\quad=(3n^2-n+2)-\{3(n-1)^2-(n-1)+2\}$

$\quad\quad=6n-4=2(3n-2)$

$\therefore \sum\limits_{k=1}^{10}a_k{}^2=a_1{}^2+\sum\limits_{k=2}^{10}a_k{}^2$

$\quad\quad=4^2+4\sum\limits_{k=2}^{10}(3k-2)^2$

$\quad\quad=16+4\times(4^2+7^2+10^2+\cdots+28^2)$

$\quad\quad=16+4\sum\limits_{k=1}^{9}(3k+1)^2$

$\quad\quad=16+4\sum\limits_{k=1}^{9}(9k^2+6k+1)$

$\quad\quad=16+4\times\left\{9\times\dfrac{9\times10\times19}{6}+6\times\dfrac{9\times10}{2}+9\right\}$

$\quad\quad=16+11376=11392$

따라서 $p=11392$이므로

$\dfrac{p}{32}=\dfrac{11392}{32}=356$ 답 356

**22** △ABC의 외접원의 반지름의 길이를 $R$, △ADC의 외접원의 반지름의 길이를 $r$라 하자.

사인법칙에 의하여 $\dfrac{\overline{AC}}{\sin\alpha}=2R$, $\dfrac{\overline{AC}}{\sin\beta}=2r$

$\dfrac{\sin\beta}{\sin\alpha}=\dfrac{R}{r}=\dfrac{4}{3}$

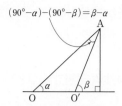

$(90°-\alpha)-(90°-\beta)=\beta-\alpha$

이때 $R=4t$, $r=3t$ $(t>0)$라 하면 코사인법칙에 의하여

$1^2=(3t)^2+(4t)^2-2\times(3t)\times(4t)\times\cos(\beta-\alpha)$

$t^2=\dfrac{1}{16}$

따라서 삼각형 ABC의 외접원의 넓이는

$\pi R^2=16t^2\pi=\pi$　　　　　　　　답 $\pi$

**23** 등차수열 $\{a_n\}$의 공차를 $d$라 하자.

조건 (가)에서 $S_{10}=a_{10}$이고, $S_{10}=S_9+a_{10}$이므로

$S_9+a_{10}=a_{10}$, $S_9=0$

이때 $S_9=\dfrac{9(2a_1+8d)}{2}=9(a_1+4d)$이므로

$9(a_1+4d)=0$

즉, $a_1+4d=0$　　　　… ㉠

조건 (나)에서 $n\geq4$일 때

$T_n=S_n+80$　　　　… ㉡

㉡의 $n$에 $n+1$을 대입하면

$T_{n+1}=S_{n+1}+80$　　　　… ㉢

㉢－㉡을 하면 $T_{n+1}-T_n=S_{n+1}-S_n$, $|a_{n+1}|=a_{n+1}$

즉, $n\geq4$일 때 $a_{n+1}\geq0$이므로 $n\geq5$일 때 $a_n\geq0$

한편, ㉠에서 $a_5=a_1+4d=0$

이때 5보다 큰 자연수 $n$에 대하여 $a_n=0$을 만족하는 $n$의 값이 존재하면 $a_5=0$이므로 등차수열 $\{a_n\}$의 공차 $d=0$이다.

따라서 모든 자연수 $n$에 대하여 $a_n=0$이 되어 조건 (나)를 만족시키지 않는다.

그러므로 $n\geq6$인 모든 자연수 $n$에 대하여 $a_n>0$이고 등차수열 $\{a_n\}$의 공차 $d>0$이다. 즉,

$a_1<a_2<a_3<a_4<a_5=0<a_6<a_7<\cdots$

$n\geq4$일 때

$T_n=|a_1|+|a_2|+|a_3|+\cdots+|a_n|$

$\quad=-a_1-a_2-a_3-a_4+a_5+a_6+a_7+\cdots+a_n$

이므로 $T_n-S_n=-2(a_1+a_2+a_3+a_4)$이고 $T_n=S_n+80$

즉, $T_n-S_n=80$이므로 $a_1+a_2+a_3+a_4=-40$

$\dfrac{4(2a_1+3d)}{2}=-40$에서 $2a_1+3d=-20$　　　… ㉣

㉠, ㉣에서 $a_1=-16$, $d=4$

$\therefore a_{20}=-16+19\times4=60$　　　　　　답 60

**기말고사 대비** (2회)　　　　　　　　| 본문 105~110p |

| 선택형 | 01 ⑤ | 02 ② | 03 ② | 04 ③ |
| --- | --- | --- | --- | --- |
| | 05 ③ | 06 ④ | 07 ④ | 08 ① | 09 ⑤ |
| | 10 ② | 11 ⑤ | 12 ④ | 13 ④ | 14 ③ |
| | 15 ③ | 16 ③ | 17 ④ | 18 ④ | |

| 서술형 | 19 $10\sqrt{41}$ | 20 27 | 21 $50\sqrt{23}$ | 22 30 |
| --- | --- | --- | --- | --- |
| | 23 106 | | | |

**01** $a_2=\dfrac{1}{2-\dfrac{1}{2}}=\dfrac{2}{3}$

$a_3=\dfrac{1}{2-\dfrac{2}{3}}=\dfrac{3}{4}$

$a_4=\dfrac{1}{2-\dfrac{3}{4}}=\dfrac{4}{5}$

$a_5=\dfrac{1}{2-\dfrac{4}{5}}=\dfrac{5}{6}$

$a_6=\dfrac{1}{2-\dfrac{5}{6}}=\dfrac{6}{7}$

$a_7=\dfrac{1}{2-\dfrac{6}{7}}=\dfrac{7}{8}$

따라서 $p=8$, $q=7$이므로 $p+q=15$　　　답 ⑤

**02** 원 O의 반지름의 길이를 $r$라 하면

△OAB에서 코사인법칙에 의하여

$2^2=r^2+r^2-2r^2\cos\dfrac{\pi}{4}$, $4=r^2(2-\sqrt{2})$,

$\therefore r^2=\dfrac{4}{2-\sqrt{2}}=\dfrac{4(2+\sqrt{2})}{2}=4+2\sqrt{2}$

이때 △OAB, △ODA, △OCD는 합동이므로

사각형 ABCD의 넓이는

$\dfrac{1}{2}r^2\sin\dfrac{\pi}{4}\times3-\dfrac{1}{2}r^2\sin\dfrac{3}{4}\pi=\dfrac{3\sqrt{2}}{4}r^2-\dfrac{\sqrt{2}}{4}r^2$

$\qquad\qquad\qquad\qquad=\dfrac{\sqrt{2}}{2}\times(4+2\sqrt{2})$

$\qquad\qquad\qquad\qquad=2\sqrt{2}+2$　　　답 ②

**03** $\dfrac{1}{n\sqrt{n+1}+(n+1)\sqrt{n}}=\dfrac{1}{\sqrt{n}\sqrt{n+1}(\sqrt{n}+\sqrt{n+1})}$

$\qquad\qquad\qquad\qquad=\dfrac{\sqrt{n+1}-\sqrt{n}}{\sqrt{n}\sqrt{n+1}}$

$\qquad\qquad\qquad\qquad=\dfrac{1}{\sqrt{n}}-\dfrac{1}{\sqrt{n+1}}$

이므로

$$\sum_{n=1}^{80} \frac{1}{n\sqrt{n+1}+(n+1)\sqrt{n}}$$

$$=\sum_{n=1}^{80}\left(\frac{1}{\sqrt{n}}-\frac{1}{\sqrt{n+1}}\right)$$

$$=\left(1-\frac{1}{\sqrt{2}}\right)+\left(\frac{1}{\sqrt{2}}-\frac{1}{\sqrt{3}}\right)+\left(\frac{1}{\sqrt{3}}-\frac{1}{\sqrt{4}}\right)+\cdots$$

$$+\left(\frac{1}{\sqrt{80}}-\frac{1}{\sqrt{81}}\right)$$

$$=1-\frac{1}{\sqrt{81}}=\frac{8}{9}$$

답 ②

**04** $S_3>0$이므로 $S_3=|S_3|$

$$\frac{|S_6-S_3|}{|S_3|}=\left|\frac{S_6-S_3}{S_3}\right|=\left|\frac{a_4+a_5+a_6}{a_1+a_2+a_3}\right|$$

$$=\left|\frac{r^3(a_1+a_2+a_3)}{a_1+a_2+a_3}\right|=|r^3|$$

$$=\frac{168}{21}=8$$

$\therefore r=2$ 또는 $r=-2$

( i ) $r=2$인 경우

$S_3=\dfrac{a_1(2^3-1)}{2-1}=21$에서 $a_1=3$

$\therefore S_6=\dfrac{3(2^6-1)}{2-1}=189$

(ii) $r=-2$인 경우

$S_3=\dfrac{a_1\{1-(-2)^3\}}{1-(-2)}=21$에서 $a_1=7$

$\therefore S_6=\dfrac{7\{1-(-2)^6\}}{1-(-2)}=-147$

( i ), (ii)에서 $189+(-147)=42$

답 ③

**05** 3으로 나누면 2가 남는 수는 2, 5, 8, 11, 14, $\cdots$

5로 나누면 4가 남는 수는 4, 9, 14, 19, $\cdots$

이므로 구하는 수는 두 수열의 공통항으로 첫째항이 14이
고, 3과 5의 최소공배수인 15를 공차로 하는 등차수열이다.

즉, 일반항은 $14+(n-1)\times15=15n-1$

이때 $100\le15n-1\le200$을 만족하는

7항부터 15항까지의 합을 구하면

$$S=\frac{7\{(15\times7-1)+(15\times13-1)\}}{2}=1043$$

답 ③

**06** 점 A를 지나고 $y=x^2$에 접하는 직선은 $y=8x-16$이므로

$B_1(2,0)$, $A_1(2,4)$이다.

점 $A_1$을 지나고 $y=x^2$에 접하는 직선은 $y=4x-4$이므로

$B_2(1,0)$, $A_2(1,1)$이다.

점 $A_2$를 지나고 $y=x^2$에 접하는 직선은 $y=2x-1$이므로

$B_3\left(\dfrac{1}{2},0\right)$, $A_3\left(\dfrac{1}{2},\dfrac{1}{4}\right)$이다.

즉, $A_n$의 $x$좌표는 첫째항이 2이고, 공비가 $\dfrac{1}{2}$인

등비수열이다.

$$\therefore \sum_{n=1}^{9}x_n=\frac{2\left\{1-\left(\frac{1}{2}\right)^9\right\}}{1-\frac{1}{2}}=4\left\{1-\left(\frac{1}{2}\right)^9\right\}$$

$$=4\left(1-\frac{1}{512}\right)=4\times\frac{511}{512}=\frac{511}{128}$$

따라서 $p=128$, $q=511$이고, $p+q=639$

답 ④

**07** $\angle CAB=\theta$라 하면

변 AB와 변 CD는 평행하므로 $\angle ACD=\theta$,

이때 $\overline{AC}=\overline{AD}$이므로 $\angle ADC=\theta$

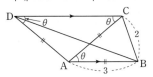

삼각형 ABC에서 코사인법칙에 의하여

$$\cos\theta=\frac{3^2+3^2-2^2}{2\times3\times3}=\frac{7}{9}$$

$\angle CAD=\pi-2\theta$, $\angle DAB=\pi-\theta$이고,

$\cos(\pi-\theta)=-\cos\theta=-\dfrac{7}{9}$이므로

삼각형 ABD에서 코사인법칙에 의하여

$$\overline{BD}^2=3^2+3^2-2\times3\times3\times\cos(\pi-\theta)=32$$

$$\overline{BD}=4\sqrt{2}=a$$

$$\therefore 5a=20\sqrt{2}$$

답 ④

**다른 풀이**

점 A에서 변 CD에 내린 수선의 발을 H라 하면

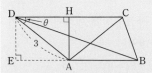

$\overline{AE}=3\times\cos\theta=\dfrac{7}{3}$, $\sin\theta=\sqrt{1-\cos^2\theta}=\dfrac{4\sqrt{2}}{9}$이므로

$\overline{DE}=\overline{AH}=3\times\sin\theta=\dfrac{4\sqrt{2}}{3}$

따라서 직각삼각형 DEB에서 피타고라스 정리에 의하여

$$\overline{BD}^2=\left(\frac{4\sqrt{2}}{3}\right)^2+\left(\frac{7}{3}+3\right)^2, \overline{BD}=4\sqrt{2}=a$$

$$\therefore 5a=20\sqrt{2}$$

**08** 점 P의 좌표를 $P(x,y)$라 하면

$(x+4)^2+y^2=4\{(x+1)^2+y^2\}$

점 P의 자취는 원 $x^2+y^2=4$이고, 점 C, D는 원 위의 점이다. 즉, △PCD는 원에 내접하므로 사인법칙에 의하여

$$\frac{\overline{CD}}{\sin\theta}=4$$

이때 $\overline{CD}=2\sqrt{2}$이므로 $\sin\theta=\dfrac{\overline{CD}}{4}=\dfrac{\sqrt{2}}{2}$   답 ①

**09** 세 조건을 만족시키는 수열 $a_n$을 구하면

$a_1=30,\ a_2=10$

$a_3=12,\ a_4=4$

$a_5=6,\ a_6=2$

$a_7=3,\ a_8=1$

$a_9=3,\ a_{10}=1$

$a_{11}=a_{13}=a_{15}=\ \cdots\ =3$

$a_{12}=a_{14}=a_{16}=\ \cdots\ =1$

ㄱ. $a_8=1$ (참)

ㄴ. $a_{2021}+a_{2022}=3+1=4$ (참)

ㄷ. $\displaystyle\sum_{k=1}^{10}a_k=30+10+12+4+6+2+3+1+3+1=72$

(참)

따라서 옳은 것은 ㄱ, ㄴ, ㄷ이다.   답 ⑤

**10** 공차를 $d$라 하면 $a_3=a_5-2d$, $a_9=a_5+4d$로 나타낼 수 있고, ${a_5}^2=(a_5-2d)(a_5+4d)$에서

$2d(a_5-4d)=0$

이때 $d\neq0$이므로 $a_5=4d$

또, $a_3=2d$, $a_9=8d$이므로

$r=\dfrac{4d}{2d}=\dfrac{8d}{4d}=2$   답 ②

**11** $S_n={a_1}^2+\dfrac{{a_2}^2}{3}+\dfrac{{a_3}^2}{5}+\ \cdots\ +\dfrac{{a_n}^2}{2n-1}$이라 하면

$S_n-S_{n-1}=n^2+2n-\{(n-1)^2+2(n-1)\}$
$\qquad\qquad\ =2n+1\ \ (n\geq2)$

이때 $S_1=1^2+2\times1=3$이므로

$\dfrac{{a_n}^2}{2n-1}=2n+1\ \ (n\geq1)$

즉, $a_n=\sqrt{(2n-1)(2n+1)}$

$\dfrac{2}{a_k(\sqrt{2k+1}+\sqrt{2k-1})}=\dfrac{\sqrt{2k+1}-\sqrt{2k-1}}{a_k}$

$\qquad\qquad\qquad\qquad\ =\dfrac{1}{\sqrt{2k-1}}-\dfrac{1}{\sqrt{2k+1}}$

이므로

$\displaystyle\sum_{k=1}^{40}\dfrac{2}{a_k(\sqrt{2k+1}+\sqrt{2k-1})}$

$=\displaystyle\sum_{k=1}^{40}\left(\dfrac{1}{\sqrt{2k-1}}-\dfrac{1}{\sqrt{2k+1}}\right)$

$=\left(1-\dfrac{1}{\sqrt{3}}\right)+\left(\dfrac{1}{\sqrt{3}}-\dfrac{1}{\sqrt{5}}\right)+\left(\dfrac{1}{\sqrt{5}}-\dfrac{1}{\sqrt{7}}\right)+\ \cdots$

$\qquad+\left(\dfrac{1}{\sqrt{79}}-\dfrac{1}{\sqrt{81}}\right)$

$=1-\dfrac{1}{9}=\dfrac{8}{9}$   답 ⑤

**12** 등차수열 $\{a_n\}$의 공차를 $d\ (d\neq0)$라 하자.

(i) $d<0$인 경우

$S_n$의 최솟값이 $-92$라는 조건에 모순이다.

(ii) $d>0$이고, $a_1<0<a_2<a_3<\cdots$인 경우

조건 ㈏에서 $a_1=-92$, $a_1+a_2=-91$,

$a_1+a_2+a_3=-90$이므로 $a_1=-92$, $a_2=1$, $a_3=1$

수열 $\{a_n\}$은 등차수열이 아니다.

(iii) $d>0$이고, 2 이상의 자연수 $m$에 대하여

$a_m<0<a_{m+1}<a_{m+2}<\cdots$인 경우

$S_1>S_2>\cdots>S_{m-1}>S_m<S_{m+1}<S_{m+2}<\cdots$이므로

$b_1=S_m$이고,

$b_2=S_{m-1}$, $b_3=S_{m+1}$ 또는 $b_2=S_{m+1}$, $b_3=S_{m-1}$

① $S_m=-92$, $S_{m-1}=-91$, $S_{m+1}=-90$이면

$a_m=S_m-S_{m-1}=-92-(-91)=-1$,

$a_{m+1}=S_{m+1}-S_m=-90-(-92)=2$이므로

$d=a_{m+1}-a_m=3$이고,

$a_{m+1}=a_1+m\times3=2$에서 $a_1=-3m+2$

즉, $S_m=\dfrac{m(a_1+a_m)}{2}=\dfrac{m(-3m+2-1)}{2}$

$\qquad\ =\dfrac{m(-3m+1)}{2}$

$m(-3m+1)=-184$, $(m-8)(3m+23)=0$

$\therefore m=8$ 또는 $m=-\dfrac{23}{3}$

이때 $m$은 자연수이므로 $m=8$

② $S_m=-92$, $S_{m+1}=-91$, $S_{m-1}=-90$이면

$a_m=S_m-S_{m-1}=-92-(-90)=-2$,

$a_{m+1}=S_{m+1}-S_m=-91-(-92)=1$이므로

$d=a_{m+1}-a_m=3$이고,

$a_{m+1}=a_1+m\times3=1$에서 $a_1=-3m+1$

즉, $S_m=\dfrac{m(a_1+a_m)}{2}=\dfrac{m(-3m+1-2)}{2}$

$\qquad\ =\dfrac{m(-3m-1)}{2}$

$m(-3m-1)=-184$에서 $(m+8)(3m-23)=0$

$\therefore m=-8$ 또는 $m=\dfrac{23}{3}$

이때 $m$은 자연수이므로 조건을 만족시키지 않는다.

(i), (ii)에서 $a_8=-1$, $d=3$이므로

$a_3=a_8-5d=-1-5\times3=-16$

$\therefore 3|a_3|=3\times|-16|=3\times16=48$    目 ④

**13** 점 $B_n$이 직선 $x=a_n$과 $y=b_nx$의 교점이므로

$\overline{A_nB_n}=a_nb_n$이고

$\overline{OB_n}=\sqrt{\overline{OA_n}^2+\overline{A_nB_n}^2}=\sqrt{(a_n)^2+(a_nb_n)^2}$

$\qquad=a_n\sqrt{\boxed{1}+b_n^2}$

원 $T_n$이 $x$축에 접하므로 $\overline{A_nC_n}=r_n$이다.

$\overline{OD_n}=\overline{OB_n}+\overline{B_nD_n}=\overline{OB_n}+\overline{B_nC_n}$

$\qquad=\overline{OB_n}+(\overline{A_nB_n}-\overline{A_nC_n})$

$\qquad=a_n\sqrt{\boxed{1}+b_n^2}+a_nb_n-r_n$

$\overline{OE_n}=a_n+r_n$, $\overline{OD_n}=\overline{OE_n}$이므로

$a_n\sqrt{1+b_n^2}+a_nb_n-r_n=a_n+r_n$

$r_n=\dfrac{a_n(b_n-1+\sqrt{\boxed{1}+b_n^2})}{2}$

$\therefore a_{n+1}=a_n+2r_n=(b_n+\sqrt{1+b_n^2})\times a_n$

그런데 $b_n=\dfrac{1}{2}\left(n+1-\dfrac{1}{n+1}\right)$이므로

$\sqrt{1+b_n^2}=\dfrac{1}{2}\left(n+1+\dfrac{1}{n+1}\right)$

즉, $b_n+\sqrt{1+b_n^2}=n+1$이므로

$a_{n+1}=(\boxed{n+1})\times a_n\ (n\geq1)$

이때 $a_1=2$이고

$a_n=\boxed{n}\times a_{n-1}$

$\quad=\boxed{n(n-1)}\times a_{n-2}$

$\quad\vdots$

$\quad=\boxed{n(n-1)(n-2)\times\cdots\times2}\times a_1$

이므로 $a_n=\boxed{2n!}$

따라서 (가)$=p=1$, (나)$=f(n)=n+1$, (다)$=g(n)=2n!$

이므로 $p+f(7)+g(4)=1+8+48=57$    目 ④

**14**

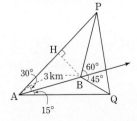

$\overline{AB}=3$ km이고 $\triangle ABP$에서 $\angle APB=60°-30°=30°$

즉, $\triangle ABP$는 이등변삼각형이므로

$\overline{AP}=2\overline{AH}=2\times\overline{AB}\cos30°$

$\qquad=2\times3\times\dfrac{\sqrt3}{2}=3\sqrt3$ (km)

$\triangle AQB$에서 $\angle ABQ=135°$, $\angle AQB=30°$이므로

사인법칙에 의하여 $\dfrac{\overline{AQ}}{\sin135°}=\dfrac{\overline{AB}}{\sin30°}$

$\overline{AQ}=3\times\dfrac{\sqrt2}{2}\times2=3\sqrt2$ (km)

$\triangle AQP$에서 코사인법칙에 의하여

$\overline{PQ}^2=\overline{AP}^2+\overline{AQ}^2-2\times\overline{AP}\times\overline{AQ}\times\cos45°$

$\qquad=(3\sqrt3)^2+(3\sqrt2)^2-2\times3\sqrt3\times3\sqrt2\times\dfrac{\sqrt2}{2}$

$\qquad=27+18-18\sqrt3=45-18\sqrt3$

따라서 $a=45$, $b=-18$이고, $a+b=27$    目 ③

**15** $a_n$, $\beta_n$은 방정식 $(x-m^n)^2=2^{n+1}x$의 두 실근이다.

$x^2-2m^nx+m^{2n}=2^{n+1}x$에서

$x^2-2(m^n+2^n)x+m^{2n}=0$

$\therefore \begin{cases} a_n+\beta_n=2(m^n+2^n) \\ a_n\beta_n=m^{2n} \end{cases}$

이때 $a_n\beta_n=(m^n)^2$이므로

세 수 $a_n$, $m^n$, $\beta_n$은 이 순서대로 등비수열을 이룬다.

자연수 $a_n$이 $m^n$의 약수이므로, 이 수열의 공비 $r$는 자연수이다.

$a_n+m^n+\beta_n=3m^n+2^{n+1}$은 등비수열의 합이므로

$3m^n+2^{n+1}=\dfrac{a_n(r^3-1)}{r-1}=a_n(r^2+r+1)$에서

$3m^n+2^{n+1}$이 두 자연수의 곱의 꼴이 되기 위하여 자연수 $m$은 $2^k$을 약수로 가져야 한다. ($k$는 자연수)

그런데 $m$은 소수이므로 $m=2$

즉, $3\times2^n+2^{n+1}=5\times2^n$

$\therefore \displaystyle\sum_{n=1}^{5}(a_n+m^n+\beta_n)=\sum_{n=1}^{5}5\times2^n=\dfrac{10(2^5-1)}{2-1}=310$

   目 ③

**16** $\overline{AB}$와 $\overline{AC}$가 원의 접선이므로 $\angle BAO=\angle CAO$이고, 각의 이등분선의 성질에 의하여

$\overline{BO}:\overline{CO}=4:3$

$\overline{BO}=4x$, $\overline{CO}=3x\ (x>0)$라 하고, $\angle BOA=\alpha$라 하면

$\cos\alpha=\dfrac{(2\sqrt{21})^2+(4x)^2-16^2}{2\times2\sqrt{21}\times4x}$,

$\cos(180°-\alpha)=\dfrac{(2\sqrt{21})^2+(3x)^2-12^2}{2\times2\sqrt{21}\times3x}$

이때 $\cos(180°-\alpha)=-\cos\alpha$이므로

$\dfrac{(2\sqrt{21})^2+(4x)^2-16^2}{2\times2\sqrt{21}\times4x}+\dfrac{(2\sqrt{21})^2+(3x)^2-12^2}{2\times2\sqrt{21}\times3x}=0$

에서 $x=3$

즉, $\overline{BO}=12$, $\overline{CO}=9$

$\angle OAC = \angle OAB = \beta$라 하면 $\triangle AOC$에서

$\cos\beta = \dfrac{12^2 + (2\sqrt{21})^2 - 9^2}{2\times 12\times 2\sqrt{21}} = \dfrac{7}{48}\sqrt{21}$

$\overline{AH}\times\cos\beta = 2\sqrt{21}$이므로

$\overline{AH} = \dfrac{48}{7\sqrt{21}}\times 2\sqrt{21} = \dfrac{96}{7}$

$\therefore \overline{BA} = 16 \quad \dfrac{96}{7} = \dfrac{16}{7}$

따라서 $a=16$, $b=7$이고, $a+b=23$    답 ③

**17**

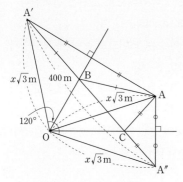

그림과 같이 배의 위치를 A, 점 A를 두 해안 도로에 대하여 대칭이동한 점을 각각 A′, A″이라 하자.

이때 두 해안 도로 위의 두 점 B, C에 대하여

$\overline{AB} = \overline{A'B}$, $\overline{AC} = \overline{A''C}$이므로

$\overline{AB} + \overline{BC} + \overline{CA} = \overline{A'B} + \overline{BC} + \overline{CA''} \geq \overline{A'A''}$

따라서 수영코스의 최단길이는 선분 A′A″의 길이와 같다.

두 해안 도로가 만나는 점을 O라 하면

$\overline{OA} = \overline{OA'} = \overline{OA''} = x\sqrt{3}$ (m)

$\angle A'OA'' = 2\angle BOC = 120°$

삼각형 OA″A′에서 코사인법칙에 의하여

$400^2 = (x\sqrt{3})^2 + (x\sqrt{3})^2 - 2\times x\sqrt{3}\times x\sqrt{3}\times\cos 120°$

$400^2 = 9x^2 = (3x)^2$

$\therefore 3x = 400$    답 ④

**18** 등차수열 $\{a_n\}$의 공차를 $d$라 하면

조건 ㈎에서 $a_7 = a_1 + 6d = 37$    … ㉠

조건 ㈏에서 $a_{13} \geq 0$    … ㉡

이고, $a_{14} \leq 0$    … ㉢

$a_{13} = a_1 + 12d \geq 0$에 $a_1 = 37 - 6d$를 대입하면

$37 + 6d \geq 0$, $d \geq -\dfrac{37}{6}$

$a_{14} = a_1 + 13d \leq 0$에 $a_1 = 37 - 6d$를 대입하면

$37 + 7d \leq 0$, $d \leq -\dfrac{37}{7}$

즉, $-\dfrac{37}{6} \leq d \leq -\dfrac{37}{7}$이고 $d$는 정수이므로

$d = -6$, $a_1 = 73$

$\therefore \displaystyle\sum_{k=1}^{23}|a_k| = |a_1| + |a_2| + \cdots + |a_{23}|$

$= (a_1 + a_2 + \cdots + a_{13}) - (a_{14} + a_{15} + \cdots + a_{23})$

$= \displaystyle\sum_{k=1}^{13} a_k - \left(\sum_{k=1}^{23} a_k - \sum_{k=1}^{13} a_k\right)$

$= 2\displaystyle\sum_{k=1}^{13} a_k - \sum_{k=1}^{23} a_k$

$= 2\times\dfrac{13\{2\times 73 + 12\times(-6)\}}{2}$

$\quad - \dfrac{23\{2\times 73 + 22\times(-6)\}}{2}$

$= 801$    답 ④

**19** 삼각형 ABC에서 코사인법칙에 의하여

$\overline{BC}^2 = 5^2 + 8^2 - 2\times 5\times 8\times\cos A$

$= 25 + 64 - 2\times 5\times 8\times\dfrac{3}{5} = 41$

$\overline{BC} = \sqrt{41}$

이때 $0 < A < \pi$에서 $\sin A > 0$이므로

$\sin A = \sqrt{1 - \left(\dfrac{3}{5}\right)^2} = \dfrac{4}{5}$

또, 사인법칙에 의하여 $\dfrac{\overline{BC}}{\sin A} = 2R$

$R = \dfrac{1}{2}\times\overline{BC}\times\dfrac{1}{\sin A} = \dfrac{1}{2}\times\sqrt{41}\times\dfrac{5}{4} = \dfrac{5\sqrt{41}}{8}$

$\therefore 16R = 16\times\dfrac{5\sqrt{41}}{8} = 10\sqrt{41}$    답 $10\sqrt{41}$

**20**

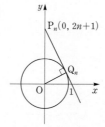

직각삼각형 $OQ_nP_n$에서

$\overline{P_nQ_n}^2 = (2n+1)^2 - 1 = 4n(n+1)$

$\displaystyle\sum_{n=1}^{10}\dfrac{1}{\overline{P_nQ_n}^2} = \sum_{n=1}^{10}\dfrac{1}{4n(n+1)}$

$= \dfrac{1}{4}\displaystyle\sum_{n=1}^{10}\left(\dfrac{1}{n} - \dfrac{1}{n+1}\right)$

$= \dfrac{1}{4}\left\{\left(1 - \dfrac{1}{2}\right) + \left(\dfrac{1}{2} - \dfrac{1}{3}\right) + \left(\dfrac{1}{3} - \dfrac{1}{4}\right) + \cdots\right.$

$\left. + \left(\dfrac{1}{10} - \dfrac{1}{11}\right)\right\}$

$$=\frac{1}{4}\left(1-\frac{1}{11}\right)=\frac{5}{22}$$

따라서 $p=22$, $q=5$이고, $p+q=27$     **目 27**

**21** 삼각형 ABG에서 $\angle ABG=\frac{\pi}{2}$이므로

$$\frac{\overline{AB}}{\overline{AG}}=\sin\frac{\pi}{3}=\frac{\sqrt{3}}{2},\ \frac{\overline{AB}}{\overline{BG}}=\tan\frac{\pi}{3}=\sqrt{3}$$

$$\therefore\ \overline{AG}=8,\ \overline{BG}=4$$

삼각형 GEF에서 $\angle GEF=\frac{\pi}{2}$이므로

$$\frac{\overline{GE}}{\overline{GF}}=\sin\frac{\pi}{6}=\frac{1}{2}$$

$$\therefore\ \overline{GE}=6$$

이때 $\overline{BE}=4+6=10$이고 $\overline{AD}=\overline{BE}=10$

삼각형 ADF에서 $\angle ADF=\frac{\pi}{2}$이므로

$$\frac{\overline{AD}}{\overline{AF}}=\sin\frac{\pi}{4}=\frac{\sqrt{2}}{2}$$

$$\therefore\ \overline{AF}=10\sqrt{2}$$

삼각형 AGF에서 코사인법칙에 의하여

$$(10\sqrt{2})^2=8^2+12^2-2\times8\times12\times\cos G$$

$$200=208-192\times\cos G,\ \cos G=\frac{1}{24}$$

또, $\sin G=\sqrt{1-\cos^2 G}=\frac{\sqrt{24^2-1}}{24}=\frac{5\sqrt{23}}{24}$

따라서 삼각형 AGF의 넓이 $S$는

$$S=\frac{1}{2}\times8\times12\times\sin G=10\sqrt{23}$$

$$\therefore\ 5S=50\sqrt{23}$$     **目 $50\sqrt{23}$**

**22** $\frac{1}{2}<a_1<1$, $-1<1-\frac{1}{a_1}<0$이므로 $a_2=\frac{1}{a_1}-2$

$-1<a_n<0$이면 $1-\frac{1}{a_n}>0$이므로

$$a_{n+1}=1-\frac{1}{a_n}-1=-\frac{1}{a_n},\ -\frac{1}{a_n}>1$$

$a_n>1$이면 $0<1-\frac{1}{a_n}<1$이므로

$$a_{n+1}=1-\frac{1}{a_1}-1=-\frac{1}{a_n},\ -1<-\frac{1}{a_1}<0$$

$$|a_n|+|a_{n+1}|=|a_n|+\frac{1}{|a_n|}>2$$

$$\therefore\ S_{2n+1}>|a_1|+2n=a_1+2n$$

이때 $\frac{1}{2}+2n<a_1+2n<1+2n$이므로 $[S_{2n+1}]\geq2n$

따라서 $f(n)=2n$이므로 $f(15)=30$     **目 30**

**23** [그림 1]에서 $t$는 $s$의 배수이고
[그림 2]에서 $g$는 5와 1의 최소공배수, $h$는 9와 1의 최소
공배수이므로 $g=5$, $h=9$
이때 $d=5\alpha$, $e=9\beta$라 하면 $de=45^2$
$$(5\alpha)(9\beta)=45^2,\ \alpha\beta=45$$
즉, $\alpha$와 $\beta$는 45의 약수이므로 순서쌍 $(\alpha,\ \beta)$로 나타내면
$(1, 45)$, $(3, 15)$, $(5, 9)$, $(9, 5)$, $(15, 3)$, $(45, 1)$
$(1, 45)$이면 $d=5$, $e=405$
405와 45의 최대공약수는 45이므로 $h=9$에 모순이다.
$(3, 15)$이면 $d=15$, $e=135$
15와 45의 최대공약수는 15이므로 $g=5$에 모순이다.
$(5, 9)$이면 $d=25$, $e=81$이므로 조건을 만족한다.
$(9, 5)$이면 $d=45$, $e=45$
45와 45의 최대공약수는 45이므로 $g=5$에 모순이다.
$(15, 3)$이면 $d=75$, $e=27$
75와 45의 최대공약수는 15이므로 $g=5$에 모순이다.
$(45, 1)$이면 $d=225$, $e=9$
225와 45의 최대공약수는 45이므로 $g=5$에 모순이다.
따라서 $d=25$, $e=81$이고, $d+e=106$

    **目 106**

# 빈출 유형과 기출 문제로 내신 유형을 정복하라!

빈출 유형 + 내신 기출 = 듀얼 수학 (DUAL MATH)

## ⭐ 왜, 고등수학 유형 학습을 〈듀얼 수학〉으로 해야 하는가?

**첫째,** 교과서 핵심 개념과 필수 기본 연산을 익힐 수 있습니다.

**둘째,** 시험에 자주 출제되는 유형을 집중 학습할 수 있습니다.

**셋째,** 최신 내신 기출 문제를 다양한 형태로 학습할 수 있습니다.

# 고등 국어 수업을 위한 쉽고 체계적인 맞춤 교재

# 고등국어

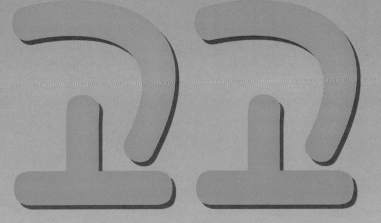

기본 | 문학 | 독서 | 문법
(전 4권)

## 고등 국어 학습, 시작이 중요합니다!

■ 고등학교 공부는 중학교 공부에 비해 훨씬 더 사고력, 독해력, 어휘력이 필요합니다.

■ 국어 공부는 모든 교과 학습의 기초가 됩니다.

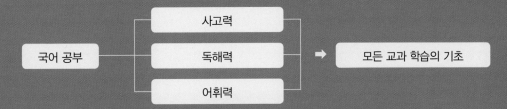

## '고고 시리즈'로 고등 국어 실력을 키우세요!

■ 국어 핵심 개념, 교과서 필수 문학 작품, 주요 비문학 지문, 문법 이론 등 고등학교
국어 공부에 필요한 모든 내용을 알차게 정리하였습니다.

■ 내신 대비는 물론 수능 기초를 다질 수 있는 토대를 마련할 수 있습니다.

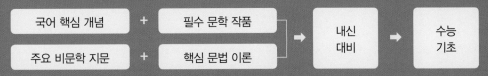

# 네이버 웹툰 인기 작가, 현직 국어 교사
## 이가영(seri) 선생님의 유쾌 발랄한 고전시가 학습서!

최신 개정판

네이버 웹툰 인기 작가이자
현직 국어 교사의 고전시가 학습서

"학생들이 가장 어려워하는 고전시가,
이 책을 미리 읽으면 수업이 100배 쉬워집니다!"

서울대 국어교육과 김종철 교수 추천

전국 서점 베스트셀러

## 만화로 읽는 수능 고전시가

이가영(seri) 지음 | 278쪽 | 18,800원

### 온라인에 쏟아진 격찬들 ★★★★★

"어울릴 수 없으리라 생각한 재미와 효율의 조화가 두 드러진다."

"1. 수능에 필요한 고전시가만 담겨져 있다. 2. 재미있다. 3. 설명이 쉽고 자세하다."

"미리 읽는 중학생부터 국어라면 도통 이해를 잘 못하는 고등학생들에게 정말로 유용한 멋진 책이다."

---

## 서울대 합격생의 비법을 훔치다!

### 서울대 합격생 공부법 / 노트 정리법 / 방학 공부법 / 독서법 / 내신 공부법

tvN 〈유 퀴즈 온 더 블록〉 출연

청소년 분야 베스트셀러

전국 중·고등학생이 묻고 서울대학교 합격생이 답하다    서울대생들이 들려주는 중·고생 공부법의 모든 것!

---

## 융합형 인재를 위한 교양서

이 정도는 알아야 하는 **최소한의 인문학**
## 과학 / 국제 이슈 / 날씨 / 경제 법칙

세상을 보는 눈을 키워 주는
가장 쉬운 교양서를 만나다!

★ 한국출판문화산업진흥원 이달의읽을만한책
★ 한국출판문화산업진흥원 청소년권장도서
★ 한국출판문화산업진흥원 우수출판콘텐츠 지원사업선정작

---

서울시 영등포구 당산로 50길 3 꿈을담는빌딩 6층 | 전화 1544-6533 | 홈페이지 dreamybook.co.kr